浙江省文化研究工程指导委员会

浙江省社科联社科普及课题成果

浙江简史丛书

浙江自然简史

颜越虎　李迎春　李　睿　著

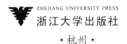

ZHEJIANG UNIVERSITY PRESS
浙江大学出版社
·杭州·

本书为浙江文化研究工程项目成果

本书为浙江省社科联社科普及课题成果

本书受浙江省社会科学院资助

浙江文化研究工程成果文库总序

　　有人将文化比作一条来自老祖宗而又流向未来的河,这是说文化的传统,通过纵向传承和横向传递,生生不息地影响和引领着人们的生存与发展;有人说文化是人类的思想、智慧、信仰、情感和生活的载体、方式和方法,这是将文化作为人们代代相传的生活方式的整体。我们说,文化为群体生活提供规范、方式与环境,文化通过传承为社会进步发挥基础作用,文化会促进或制约经济乃至整个社会的发展。文化的力量,已经深深熔铸在民族的生命力、创造力和凝聚力之中。

　　在人类文化演化的进程中,各种文化都在其内部生成众多的元素、层次与类型,由此决定了文化的多样性与复杂性。

　　中国文化的博大精深,来源于其内部生成的多姿多彩;中国文化的历久弥新,取决于其变迁过程中各种元素、层次、类型在内容和结构上通过碰撞、解构、融合而产生的革故鼎新的强大动力。

　　中国土地广袤、疆域辽阔,不同区域间因自然环境、经济环境、社会环境等诸多方面的差异,建构了不同的区域文化。区域文化如同百川归海,共同汇聚成中国文化的大传统,这种大传统如同春风化雨,渗透于各种区域文化之中。在这个过程中,区域文化如同清溪山泉潺潺不息,在中国文化的共同价值取向下,以自己的独特个性支撑着、引领着本地经济社会的发展。

　　从区域文化入手,对一地文化的历史与现状展开全面、系统、扎实、有序的研究,一方面可以藉此梳理和弘扬当地的历史传统和文化资源,繁荣和丰富当代的先进文化建设活动,规划和指导未来的文化发展蓝图,增强文化软实力,为全面建设小康社会、加快推进社会主义现代化提供思想保证、精神动力、智力支持和舆论力量;另一方面,这也是深入了解中国文化、研究中国文化、发展中国文化、创新中国文化的重要途径之一。如今,区域文化研究日益受到各地重视,成为我国文化研究走向深入的一个重要标志。我们今天实施浙江文化研究工程,其目的和意义也在于此。

　　千百年来,浙江人民积淀和传承了一个底蕴深厚的文化传统。这种文化传统的独特性,正在于它令人惊叹的富于创造力的智慧和力量。

　　浙江文化中富于创造力的基因,早早地出现在其历史的源头。在浙江新石器时代最为著名的跨湖桥、河姆渡、马家浜和良渚的考古文化中,浙江先民们都以不同凡响的作为,在中华民族的文明之源留下了创造和进步的印记。

　　浙江人民在与时俱进的历史轨迹上一路走来,秉承富于创造力的文化传统,这深深地融汇在一代代浙江人民的血液中,体现在浙江人民的行为上,也在浙江历史上众多杰出人物身上得到充分展示。从大禹的因势利导、敬业治水,到勾践的卧薪尝胆、励精图治;从钱氏的保境安民、纳土归宋,到胡则的为官一任、造福一方;从岳飞、于谦的精忠报国、清白一生,到方孝孺、张苍水的刚正不阿、以身殉国;从沈括的博学多识、精研深究,到竺可桢的科学救国、求是一生;无论是陈亮、叶适的经世致用,还是黄宗羲的工商皆本;无论是王充、王阳明的批判、自觉,还是龚自珍、蔡元培的开明、开放,等等,都展示了浙江深厚的文化底蕴,凝聚了浙江人民求真务实的创造精神。

代代相传的文化创造的作为和精神,从观念、态度、行为方式和价值取向上,孕育、形成和发展了渊源有自的浙江地域文化传统和与时俱进的浙江文化精神,她滋育着浙江的生命力、催生着浙江的凝聚力、激发着浙江的创造力、培植着浙江的竞争力,激励着浙江人民永不自满、永不停息,在各个不同的历史时期不断地超越自我、创业奋进。

悠久深厚、意韵丰富的浙江文化传统,是历史赐予我们的宝贵财富,也是我们开拓未来的丰富资源和不竭动力。党的十六大以来推进浙江新发展的实践,使我们越来越深刻地认识到,与国家实施改革开放大政方针相伴随的浙江经济社会持续快速健康发展的深层原因,就在于浙江深厚的文化底蕴和文化传统与当今时代精神的有机结合,就在于发展先进生产力与发展先进文化的有机结合。今后一个时期浙江能否在全面建设小康社会、加快社会主义现代化建设进程中继续走在前列,很大程度上取决于我们对文化力量的深刻认识、对发展先进文化的高度自觉和对加快建设文化大省的工作力度。我们应该看到,文化的力量最终可以转化为物质的力量,文化的软实力最终可以转化为经济的硬实力。文化要素是综合竞争力的核心要素,文化资源是经济社会发展的重要资源,文化素质是领导者和劳动者的首要素质。因此,研究浙江文化的历史与现状,增强文化软实力,为浙江的现代化建设服务,是浙江人民的共同事业,也是浙江各级党委、政府的重要使命和责任。

2005年7月召开的中共浙江省委十一届八次全会,作出《关于加快建设文化大省的决定》,提出要从增强先进文化凝聚力、解放和发展生产力、增强社会公共服务能力入手,大力实施文明素质工程、文化精品工程、文化研究工程、文化保护工程、文化产业促进工程、文化阵地工程、文化传播工程、文化人才工程等"八项工程",实施科教兴国和人才强国战略,加快建设教育、科技、卫生、体育等"四个强省"。作为文化建设"八项工程"之一的文化研究工程,其任务就是系统研究浙江文化的历史成就和当代发展,深入挖掘浙江文化底蕴、研究浙江现象、总结浙江经验、指导浙江未来的发展。

浙江文化研究工程将重点研究"今、古、人、文"四个方面,即围绕浙江当代发展问题研究、浙江历史文化专题研究、浙江名人研究、浙江历史文献整理四大板块,开展系统研究,出版系列丛书。在研究内容上,深入挖掘浙江文化底蕴,系统梳理和分析浙江历史文化的内部结构、变化规律和地域特色,坚持和发展浙江精神;研究浙江文化与其他地域文化的异同,厘清浙江文化在中国文化中的地位和相互影响的关系;围绕浙江生动的当代实践,深入解读浙江现象,总结浙江经验,指导浙江发展。在研究力量上,通过课题组织、出版资助、重点研究基地建设、加强省内外大院名校合作、整合各地各部门力量等途径,形成上下联动、学界互动的整体合力。在成果运用上,注重研究成果的学术价值和应用价值,充分发挥其认识世界、传承文明、创新理论、咨政育人、服务社会的重要作用。

我们希望通过实施浙江文化研究工程,努力用浙江历史教育浙江人民、用浙江文化熏陶浙江人民、用浙江精神鼓舞浙江人民、用浙江经验引领浙江人民,进一步激发浙江人民的无穷智慧和伟大创造能力,推动浙江实现又快又好发展。

今天,我们踏着来自历史的河流,受着一方百姓的期许,理应负起使命,至诚奉献,让我们的文化绵延不绝,让我们的创造生生不息。

2006 年 5 月 30 日于杭州

"浙江简史丛书"前言

地处中国东南沿海的浙江,因钱塘江江流曲折而得名。浙江历史悠久,文化璀璨,自古人杰地灵,人才辈出,素有"丝绸之府、鱼米之乡、文物之邦"和"诗画江南,活力浙江"等盛誉,在中华文明发展史上具有重要地位。"浙江简史丛书"正是这样一套力求全面系统地记述浙江自然、政治、经济、文化和社会等各项事业历史巨变的书籍。

一、"浙江简史丛书"的编写来由及基本情况

千百年来,浙江也曾留下不少记载全省历史、传承区域文明的史志著述文献,仅改革开放以来,就有12卷、580万字的《浙江通史》和上百卷、上亿字的《浙江通志》等一批具有一定厚重度和较大影响的史志著述相继问世。但从省级层面看,还缺乏一套篇幅适当、适合广大读者阅读的科普类地方史读物,相应也缺乏"浙江经济史""浙江社会史"等记述研究浙江某一领域历史与重大变化的史志著述。为此,2020年底,浙江省及有关部门领导都提出,能否在已基本完成的《浙江通志》基础上,组织编写一套"浙江简史丛书",以多种方式展示浙江历史,同时弥补以往相关

成果的缺憾,并委托浙江省社会科学院和浙江省地方志编纂委员会办公室承担这一任务。浙江省社会科学界联合会还下达了"浙社科联发〔2021〕49号"文,将"浙江简史丛书"正式列为"重大委托课题"(编号:22KPWT05ZD)。浙江省社科院、浙江省财政厅和浙江省地方志编纂委员会办公室等部门都十分重视,很快便落实了编写班子、相关经费等保障条件,并于2021年正式启动了编写工作。

全书编写工作由浙江省地方志编纂委员会办公室原主任潘捷军主持负责。五本书的作者按书序分别是:

《浙江自然简史》作者:颜越虎,浙江省社会科学院(浙江省地方志编纂委员会办公室)研究员;李迎春,浙江省社会科学院(浙江省地方志编纂委员会办公室)助理研究员;李睿,浙江大学地球科学学院副教授。

《浙江政治简史》作者:潘捷军,浙江省社会科学院(浙江省地方志编纂委员会办公室)研究员。

《浙江经济简史》作者:徐剑锋,浙江省社会科学院研究员;毛杰,浙江省社会科学院助理研究员。

《浙江文化简史》作者:汤敏,浙江省社会科学院(浙江省地方志编纂委员会办公室)研究员;范玉亮,杭州电子科技大学讲师。

《浙江社会简史》作者:杨张乔,浙江省社会科学院研究员。

以上作者长期从事相关领域的研究工作,同时大都参与了《浙江通志》相关门类各卷的编纂工作,在这一过程中积累了丰富的经验和大批史料,为完成"浙江简史丛书"的编写工作打下了基础。

2024年,由于浙江省社科联等部门有关领导的高度重视和编辑出版团队全体同志的共同努力,并经规范评审程序,"浙江简史丛书"又被列入"浙江文化研究工程重大项目"("浙社科办〔2024〕40号",项目编号:24WH20ZD)。各卷分别被列为重点项目。浙江文化研究工程由习近平总书记在浙江工作时亲自倡导设立,是浙江历史上第一次有组织、有计划、大规模地系统梳理历史文脉,深入挖掘文化内涵,重点研究当代发展的重大社科工程。"浙江简史丛书"被列入其中,充分体现了全省各方面对地方史编写价值意义的高度重视及对该项目前期工作的基本肯定。为此,编辑团队又按工程要求和评审专家的修改意见,对各卷书稿进行了认真修改完善。

二、"浙江简史丛书"的主要特点

在认真学习中国地方志指导小组《地方史编写基本规范》等文件和借鉴相关史志著述成果的基础上,经作者团队认真研究和编写,"浙江简史丛书"力求体现以下几个主要特点:

一是定位为既有一定学术色彩,同时又能适应广大读者阅读的社科科普类读物。各卷篇幅一般为二三十万字,同时在语言风格上力求深入浅出,便于普通读者阅读,也与以往的《浙江通史》等史著成果在形式上有所区别。

二是在体例框架上,借鉴了国务院《地方志工作条例》对地方志书的大类划分方法和《中华人民共和国史研究丛书(6卷)》等成果,尝试将全书分为自然、政治、经济、文化和社会共五大类(即五卷)。同时在编写以及装帧设计上,使全书合起来是一个整体,拆开来又各为一卷,在规范、风格基本统一的基础上又各有特点,便于读者各取所需,自行选择。

三是全书总体上力求把握几个特色。一是内容全:即力求通过各卷全景式展示浙江自古至今自然、政治、经济、文化和社会各个领域发展中的重大事件、重要人物和重要特点,既力求不遗漏重大事件、重要人物等要素,又要处理好各卷的交叉关系。二是脉络清:即将编年体、纪事本末体等几种形式有机融为一体,在各卷"横排门类"的基础上,按史序"纵述史实"并力求"纵不断线",同时借鉴《浙江通志》的体例,除个别事实、数据需考虑相互间的逻辑关系对时间下限进行调整外,各卷下限基本统一到 2010 年。三是史实准:通过查找、考订大量的历史文献、档案资料等,做到言而有据,对一些重要史实等视情形进行规范注解,力求客观准确。四是规律明:即力求以马克思主义唯物史观指导编研工作,努力探寻并总结浙江数千年历史发展的总体规律,并通过对一些重要历史阶段、重要史实的记述,注重展现浙江发展不同于其他地域(省份)的独特规律。同时,按"详今明古"等原则,力求彰显新中国成立七十多年来特别是改革开放四十多年来的发展变化,突出习近平新时代中国特色社会主义思想对浙江发展的指导引领意义。

三、"浙江简史丛书"的编写出版过程

"浙江简史丛书"从编写到出版的全过程中,先后得到了来自各方面领导、专家的精心指导和大力支持。李志庭、梁敬明、陶水木、袁成毅、袁朝明等专家于 2021 年 3 月参加了篇目论证会,对全书框架给予了充分肯定和具体指导;李志庭、包晓峰、宫云维、陈剩勇、陈微、徐吉军、李建中、梁敬明等专家先后参加了各卷的评审工作,都从各自的专业角度给予了悉心指导。同时,郭华巍、王四清、查志强、俞世裕、何显明、谢利根、陈先春、郑金月、范钧、刘东、蔡青、王三炼、杨金柱等有关领导专家,也通过不

同方式给予了大力指导与支持。

　　浙江大学出版社袁亚春、陈洁、徐婵、宋旭华等有关领导和各位责任编辑,在这一工作全过程中兢兢业业,严谨认真,从而保证了"浙江简史丛书"按质量和进度要求如期出版,在此一并表示真诚的谢意!

　　此外,除全书每卷前都附有这篇统一的《"浙江简史丛书"前言》外,各卷都结合本卷实际情况,在开篇附有《导论》,分别介绍本卷特点并说明有关情况。

　　最后需要说明的是,由于我们水平有限和时间较紧等主客观原因,尤其是按自然、政治、经济、文化和社会五大类分卷编写,实为2015年中宣部和国家新闻出版广电总局发文"将地方史编写纳入地方志工作范畴"(见"新广出办发〔2015〕45号")后,在全国地方史志系统的创新之举,因而在探索性编写过程中肯定还存在很多不足,恳请广大读者给予批评指正。

目　录

导　论

　　浙江省简称"浙"，地处中国东南沿海、长江三角洲南翼。东临东海，南接福建省，西与江西省、安徽省毗连，北与上海市、江苏省为邻。位于北纬 $27°02'44''$～$31°10'57''$，东经 $118°01'16''$～$123°09'23''$。境内最大的河流钱塘江，古称"浙江"，省以江名。陆域面积 10.55 万平方千米，海域面积 26.44 万平方千米。海岸线总长 6715 千米，海岛总数 3820 个，均居全国沿海省份之首。

　　浙江省地处东亚大陆边缘，以江山—绍兴断裂带为界，分为扬子准地台浙西北区和华南褶皱系浙东南区两大构造单元。在中生代之前，二者具有不同的地质构造发展演化历史，印支运动始，整体进入大陆边缘活动阶段。两构造单元在沉积建造、岩浆活动、变质作用、构造形变、成矿作用等方面，各具特色。多期次的构造继承和多层次的构造叠覆，形成了浙江省现今错综复杂的构造格局。

　　浙江省地处中国地势第三级阶梯，地貌跨中国东南低中山大区浙闽低中山区和东部低山平原大区华北—华东平原区。境内山脉自北而南有天目山、仙霞岭和洞宫山等 3 支，均由西南向东北延伸。根据地表形态的相似性和地貌成因的联系性，浙江全省可划分为浙北平原、浙西中山丘陵、浙东低山盆地、浙中丘陵盆地、浙南中山、沿海岛屿丘陵与平原 6 个地貌区。

浙江水系发达,流域面积在 50 平方千米以上的河流总数为 865 条,主要有钱塘江、瓯江、椒江、甬江、苕溪、飞云江、鳌江、运河 8 大水系及沿海诸河水系、海岛河流。除苕溪、运河水系外,其他河流均独流入海。从北往南,浙江沿海有杭州湾、象山港、三门湾、浦坝港、台州湾、隘顽湾、漩门湾、乐清湾、温州湾和苍南东部诸海湾。

浙江山海兼备,地质地貌复杂多样,气候四季分明、温暖湿润,生物多样丰富,这些要素相互联系,共同作用,构成了支撑人类生存与发展的自然环境与生态资源,为世世代代生活在这片土地上的人们和社会经济文化提供了独特的活动空间,为国际商贸往来和文化交流提供了得天独厚的港口岸线。

在浙江区域范围内,经过考古发掘、研究,累计发现了 80 多处旧石器时代古人类活动遗址,年代从早更新世晚期一直延续到晚更新世。其中,长兴七里亭旧石器遗址下文化层可追溯至 100 万年前,中、上文化层年代从距今 99 万年延续到 12.6 万年前;安吉上马坎旧石器遗址文化层年代从距今 80 万年延续到 12.6 万年前;大约距今 10 万年前,"建德人"已栖息生活在浙西山地一带,用其双手开辟生存空间,推动了人类社会的发展;长兴合溪洞遗址文化层的年代从距今 10 万年延续到 2.8 万年前,先民们靠采集和渔猎为生。浙江境内有新石器时代遗址数百处,远古文明璀璨夺目,先后诞生了上山文化、跨湖桥文化、河姆渡文化、马家浜文化、崧泽文化、良渚文化等,先民们在世界上率先栽培水稻等作物,驯化猪、狗、水牛、羊、鸡和鸭等家养畜禽,建造干栏式建筑,制作独木舟,烧制陶器,打磨玉器,编制竹器,纺丝织麻,令后人不胜敬佩。

　　进入历史时期，浙江境内的人口不断增长，生活在这片土地上的人们，垦地造田，耕读渔樵，兴工振商，建村筑城。并开凿河道，建堰坝水闸，修海塘河堤，用以挡潮御灾、排涝蓄水、灌溉抗旱，这是农业经济时代取得的一个又一个自然源开发利用的巨大成就。藉此，浙江的人类活动影响范围从滨海平原深入内陆山区，拓展至海洋，浙江成为闻名遐迩的"鱼米之乡""丝绸之府"，成为宜居宜游的"江南胜地"。"一方水土养一方人"，在这个过程中，历代浙江人勤劳俭朴，勇于拼搏，以独特的理念、过人的智慧，谱写了一篇篇卓越华章。

　　众所周知，自然灾害与人类关系密切，可谓如影随形，灾害的历史与人类社会发展的历史一样久远、悠长。在漫漫的历史长河中，浙江境域范围内也发生了无数的自然灾害。浙江首例有明确年份记载的自然灾害见于春秋时期鲁定公十四年（前496）。这一年，吴王阖闾"兴师伐越，败兵就李。大风发狂，日夜不止。车败马失，骑士堕死。大船陵居，小船没水"①。此后，历代史书、笔记、文集、地方志中对各类自然灾害的记载层见叠出，特别是各地的志书中，灾异往往作为一个必不可少的内容加以记述。而人们面对水灾、旱灾、风灾、潮灾、地质灾害以及有害生物灾害等，迎难而上，积极应对，不断寻找新法，不断积累经验，创造了一个又一个奇迹。屹立于浙江沿海的千里海塘就是浙江人科学、持久应对灾害、战胜灾害的最好见证。

　　人与自然的关系是人类生存与发展的基本关系。自然为人类提供了生存和发展的条件，也制约着人类的行为；人类的生存

---

　　① 　张仲清译注：《越绝书》卷六，中华书局，2020，第114页。原书中的"吴王夫差"根据沈起炜编著的《中国历史大事年表（古代）》（上海辞书出版社1983年版）当为"吴王阖闾"。

发展依赖于自然,也影响着自然的结构、功能与演化。如果人类盲目地改造自然,一味索取和破坏,其结果只能是自然界的平衡被破坏,人类遭受自然的报复也就在所难免。在浙江的历史上,这方面也有不少例子。从越国开始,造船业一直是浙江的重要产业,唐宋之后浙江的森林逐渐减少,以至于许多地方无树可伐,不仅造船业难以为继,而且造成了植被破坏,水土流失,环境恶化。这样的教训不可谓不深刻。

当今,得益于"绿水青山就是金山银山"科学论断的深入人心,从东海之滨到钱塘江畔,从杭嘉湖平原到浙西南山区,浙江大地绿意盎然,勃勃生机。

2002 年 6 月,浙江省第十一次党代会提出建设"绿色浙江"。2002 年 12 月,中共浙江省委十一届二次全会明确提出建设生态省。2003 年 6 月 27 日,浙江省十届人大常委会第四次会议通过了《浙江省人民代表大会常务委员会关于建设生态省的决定》。2003 年 7 月,时任浙江省委书记习近平主持召开省委十一届四次全会,在此次会议上,"绿色浙江"作为"八八战略"的一项重要内容被正式提出。2003 年 8 月 19 日,浙江省人民政府印发了《浙江生态省建设规划纲要》,建设生态省这一战略决策开始全面实施。2005 年 8 月 15 日,习近平在安吉余村首次提出"绿水青山就是金山银山"的科学论断。2010 年 9 月 30 日,浙江省第十一届人大常委会第二十次会议决定,每年 6 月 30 日为浙江生态日,这是国内首个省级生态日。2012 年 6 月 17 日,浙江省第十三次党代会提出坚持生态立省方略,加快建设生态浙江。2018 年 9 月,浙江省"千万工程"荣获联合国最高环境荣誉"地球卫士奖"。2020 年 5 月,浙江省通过生态环境部组织的国家生态省建设试点验收,建成中国首个生态省,历时 16 年的生态省创建工作取得了丰硕成果。

进入新时代,浙江人民按照习近平生态文明思想和"干在实处、走在前列、勇立潮头"的要求,正在进一步加快全省生态文明建设,努力使这里的天更蓝、水更清、山更绿、地更净,把浙江打造成为美丽中国的典范,为全面促进人与自然和谐共生的中国式现代化建设做出更大贡献。

最后需要说明的是,《浙江自然简史》一书在向浙江省社会科学界联合会(简称省社科联)申报相关课题时,是以《浙江自然简史——浙江的自然环境与资源开发利用》为标题上报的,也得到了省社科联的认可与同意。我们查阅了国内相关著述,尚未发现省级地域范围自然环境简史,显然,根据目前各地所掌握的相关资料及研究成果,编写一本从远古至今的纯自然环境的发展史的条件尚不成熟。考虑再三,我们决定从浙江自然环境的变迁与资源开发利用两个方面入手来完成这一课题。这是我们认为唯一可行的路径与方法。

由于"浙江简史丛书"5本书的书名都是用《浙江××简史》的方式命名,因此,课题的副标题无法出现在书名中。虽然我们再三坚持,但出版社出于书名形式统一的考虑,未能同意我们的要求。鉴于这一原因,我们要在"导论"中加上这些原本不属于"导论"的文字,以说明事情的来龙去脉。

为了编写好国内第一本省级区域范围的自然简史,虽然已尽了自己的最大努力,但我们深知书中肯定会有许多不足之处,敬请方家和读者批评指正。在书稿撰写与评审过程中,浙江省社会科学院历史研究所原所长、二级研究员徐吉军先生,浙江大学历史学系原主任、教授梁敬明先生等提出了非常宝贵的修改意见和建议,本书的责任编辑赵静老师为本书的出版付出甚多,在此一并致谢!

第一章 远古时代浙江的自然
环境与资源利用

　　一系列考古调查与发掘成果表明,浙江境域古人类活动频繁,从早更新世晚期一直延续到全新世,持续上百万年。先民利用浙江得天独厚的自然环境和资源,谱写了一曲曲远古文明的乐章。

第一节 旧石器时代浙江的自然环境与资源利用

一、旧石器时代浙江远古人类的活动时空

　　数十年来,浙江境内的旧石器时代考古取得了许多重要成果。在浙江省苕溪流域、钱塘江流域、曹娥江流域上游干支流地势较高的二级阶地上,累计发现了80多处旧石器时代古人类活动遗址,从早更新世晚期一直延续到晚更新世。其中,长兴七里亭旧石器遗址下文化层可追溯至距今100万年,中、上文化层年代从距今99万年延续到距今12.6万年;安吉上马坎旧石器遗址文化层年代从距今80万年延续到距今12.6万年;大约距今

10 万年时,"建德人"已栖息生活在浙西山地一带;长兴合溪洞遗址文化层的年代从距今 10 万年延续到距今 2.8 万年。浙江与江苏、安徽、福建等周边省份一起,成为旧石器时代古人类生活的热土。

二、旧石器时代浙江的自然环境

第四纪古气候表现为冷暖相间的波动变化。更新世期间,地球经历了约以 10 万年为周期的冷暖交替。[①]

(一)早更新世

根据对长江三角洲南翼浙北平原沉积物粒度、孢粉和微体古生物的分析[②][③],早更新世古气候总体表现出偏冷的特点。早更新世早期气候转暖,降水增多,森林植被占优势,以温带落叶阔叶林为主。早更新世晚期气候变寒冷干燥,草本植被占优势。

(二)中更新世

中更新世早期,气候温暖偏干,植被为亚热带森林和草原过渡类型。中更新世中期,气候经历冷期和暖期交替。其前期温冷偏干,温带森林植被占优势。其后期温暖湿润,植被为亚热带森林。中更新世晚期,气候温凉偏湿并逐渐变干变冷。植被为暖温带针阔叶混交林。

---

① 丁仲礼:《米兰科维奇冰期旋回理论:挑战与机遇》,《第四纪研究》2006 年第 5 期。

② 林钟扬、金翔龙、管敏琳等:《长江三角洲南翼第四纪沉积层序及其与古环境演变的耦合》,《科学技术与工程》2019 年第 13 期。

③ 林钟扬、赵旭东、金翔龙等:《长江三角洲平原 BZK03 孔更新世以来古环境演变及多重地层划分对比》,《西北地质》2019 年第 4 期。

（三）晚更新世

晚更新世气候经历了温暖湿润—温暖偏干—温暖偏湿—寒冷干燥的变化。早期,气候温暖湿润,植被类型为亚热带草原和森林交互地带,木本植物以常绿栎及松属等针叶植物占优;中前期,气候温暖偏干,亚热带常绿阔叶林占优势;中后期,气候温暖偏湿,植被类型为亚热带森林。晚期,气候寒冷干燥,植被为温带草原和森林交汇类型,草本植物以禾本科、蒿属为主,木本植物以松、常绿栎为主。

王靖泰和汪品先等专家根据对东海大陆架的调查,认为晚更新世中国东部沿海地区曾发生 3 次大海侵与海退,即距今 11 万~7 万年的星轮虫海侵、距今 4 万~2.5 万年的假轮虫海侵和距今 1.5 万年~全新世早期的卷转虫海侵。[①]

晚更新世,广布于中国南方各地的古动物群组合,常常被统称为"大熊猫—剑齿象动物群",拥有一半以上的现存属种。常见的代表性动物种类有中国犀、剑齿象、巨貘、最后斑鬣狗、大熊猫,以及虎、豹、熊、豪猪、水鹿及其他鹿类等。就浙江而言,1974年冬在建德县乌龟洞内发现了若干哺乳动物化石。

三、旧石器时代浙江远古人类对自然资源的利用

（一）旧石器开发利用

旧石器时代的浙江境域,温暖湿润时期亚热带森林植被占

---

① 王靖泰、汪品先:《中国东部晚更新世以来海面升降与气候变化的关系》,《地理学报》1980 年第 4 期。

优,温冷偏干时期温带林草共茂,寒冷干燥时期温带草本植被占优。地广人稀,生产力原始。无论是中更新世的直立人,还是晚更新世的智人,都以采集捕猎为生。

　　浙江发现的旧石器制品,与安徽和江苏发现的旧石器制品接近,地域特色明显。石器类型有砍砸器、刮削器、尖状器、手镐、手斧、石球、球形器等,砍砸器是主要类型[①],手镐和球形器也较常见,刮削器的数量不多。而且,除部分石片外,大多数石制品粗大厚重。这些说明,总体上,对植物性食品、用品的采集砍砸多于动物性食品、用品的捕猎切割。做石器原料的岩石种类丰富多样,以砂岩和石英砂岩为主,原料就近取材。石器加工都用锤击法,以向背面修理为主要方式。

(二)天然洞穴利用

　　浙西山地丘陵区,喀斯特地貌发育,溶洞众多。旧石器时代,远古人类曾把一些自然洞穴作为栖身之所。建德县乌龟洞曾于1974年发现1枚距今约10万~5万年的智人犬齿化石。[②]长兴合溪洞曾于2007年出土1颗晚期智人牙齿化石和大量的动物化石,数量有近10万件,主要有头骨、颌骨、肩胛骨、牙齿、四肢骨等,说明这是人类活动遗留的物品;而骨片、骨刮削器等骨制品及石片、砍砸器等石制品的发现,以及先民遗存的动物烧骨、炭屑、火膛,都确切地证明在2.8万年前古人类曾在此生活和繁衍。[③] 2000年,在桐庐县分水江上游印渚延村的两个石灰

　　① 徐新民:《浙江旧石器考古综述》,《东南文化》2008年第2期。
　　② 韩德芬、张森水:《建德发现的一枚人的犬齿化石及浙江第四纪哺乳动物新资料》,《古脊椎动物与古人类》1978年第4期。
　　③ 刘慧:《茅山与合溪洞受关注》,《浙江日报》2010年5月6日第9版。

岩洞穴中,发现了 8 块远古智人头盖骨化石和包括水牛、黑熊、猪、赤麂与中国犀等在内的近百块古动物化石,它们距今2万～1万年或更早,属旧石器时代晚期。[①]

第二节　新石器时代浙江的自然环境与资源利用

　　大约从距今 1.2 万年开始,便进入地质年代中的全新世时期。从此,人类社会跨入新石器时代,以磨制石器、烧造陶器、制作木器和骨器等器械并筑宅定居、从事农业生产为主要特征。地处长江下游、东海之滨的浙江,古文明灿烂辉煌。

　　浙江地处东部季风区海陆过渡带。距今 1 万年左右,全球气候寒冷,长江三角洲尚未发育,沿海一带湖泊淡水资源贫乏。距今约 1 万年的新石器时代早期遗址——上山文化遗址群,主要分布于内陆丘陵盆地区的浦江、嵊州、义乌、永康、龙游等地。距今 8000～6000 年的全新世大暖期,暖湿程度高,海平面上升,海湾、海岸平原发育,为海洋渔捞、湿地稻作农业和古文化的发展奠定了良好的环境基础,井头山文化、跨湖桥文化、河姆渡文化、马家浜文化应运而生。距今 5500 年前后,全球普遍经历了一次快速降温事件,长三角地区经历了一次海退过程[②],大面积土地裸露;距今 5000～4000 年,湖群开始萎缩,气候温凉略干,为人类活动提供了广阔空间[③],促进了良渚文化在环太湖水网平

---

　　① 刘慧:《桐庐出土智人头盖骨化石》,《浙江日报》2000 年 8 月 9 日第 1 版。
　　② 张强、朱诚、刘春玲等:《长江三角洲 7000 年来的环境变迁》,《地理学报》2004 年第 4 期。
　　③ 史辰羲:《长江中下游全新世环境演变及其对人类活动的影响——以屈家岭遗址和良渚遗址为例》,博士学位论文,北京大学,2011 年。

原的大发展。距今 4000 年前后,长江中下游气候暖湿程度降低,受构造沉降、海面上升和泥沙淤积的影响,洪涝灾害加剧,良渚文化衰退,好川文化、马桥文化接续发展。

一、新石器时代早期

新石器时代早期距今 11000～7000 年。

(一)自然环境

1.上山文化时期自然环境

上山文化以浦江上山遗址命名,距今 11000～9000 年。[①] 截至 2016 年已经发现上山文化遗址共计 10 余处,集中分布于浙江省钱塘江上游的金衢盆地及其周边地区海拔 40～120 米的丘陵河谷地带。[②] 该遗址群是迄今长江下游地区发现的年代最早的新石器时代遗址。上山文化时期,气候转暖,东海海平面在距今 8500 年时已升高到接近－15 米。上山文化遗址地处丘陵,地势较高,随着海平面升高,气温由干冷变得比较温和湿润,植被资源也越来越丰富,自然植被类型为以落叶栎属、松属、常绿栎属等为主的针阔叶混交林。[③] 这对当时仍以采集和狩猎为生的"上山人"来说,十分有利。据对上山遗址区环境的考古[④],受先民生产生活的影响,遗址区附近形成疏林草地的景观。早期水

---

① 蒋乐平:《钱塘江史前文明史纲要》,《南方文物》2012 年第 2 期。

② 徐怡婷、林舟、蒋乐平:《上山文化遗址分布与地理环境的关系》,《南方文物》2016 年第 3 期。

③ 陆文晨、叶玮:《浙江瓶窑 BHQ 孔全新统孢粉组合特征与气候变化》,《古地理学报》2014 年第 5 期。

④ 王凤:《上山遗址区地层记录的环境演变与人类活动》,硕士学位论文,浙江师范大学,2020 年。

稻已经开始被驯化,但驯化程度较低。木本植物花粉减少,蕨类植物增加,人类活动加强,改造了森林植被。[①]

2. 井头山文化时期自然环境

井头山遗址坐落在余姚市三七市镇三七市村,位于四明山余脉——余慈山地翠屏山脉南麓一座海拔仅 72 米的小丘上,北距杭州湾海域 30 余千米,东距田螺山遗址 1.5 千米,南距河姆渡遗址 7 千米。其文化层距今 8300～7800 年[②],与跨湖桥文化在时间上部分重叠。当时,海平面位置大约在－5 米以下,井头山一带是一个海湾,南、西、北三面被丘陵环抱,东北方向则与杭州湾相通。井头山地区在大约距今 8600 年为陆相环境,在距今 8600～8400 年有孔虫丰度急剧增加,显示为受海洋影响的环境;随后在距今 8400～7600 年,出现更多的淡水藻类,转变成半咸水环境。[③] 全新世海平面上升过程中井头山史前遗址被海水淹没,被浅海沉积物掩埋。

3. 跨湖桥文化时期自然环境

跨湖桥遗址位于钱塘江河口跨湖桥西南约 700 米、海拔约 4～50 米的丘陵平原过渡地带,距今 8000～7000 年。距今约 8000 年时,古海平面低于今海平面若干米,跨湖桥一带淡水沼泽、湖泊广布。河口海岸淡水资源丰富、土壤肥沃、食物来源多样,跨湖桥先民不断由西部山地迁移至此,从业栖居。宁绍平原全新世最大海侵应发生在距今 7500～7000 年;距今约 7000 年时,跨湖桥地区海平面上升到位于现今－2 米以下的位置,河口

---

① 项义华:《区域水环境与浙江史前文化变迁》,《浙江学刊》2015 年第 4 期。

② 崔志金:《8000 年前,向海而生的井头山人》,《中国海事》2020 年第 12 期。

③ 邓岚婕:《杭州湾南翼宁绍平原全新世环境变化与人类活动的微体古生物学记录》,硕士学位论文,华东师范大学,2021 年。

外强大的潮汐和风暴潮作用致使海水淹没了跨湖桥遗址,人们不得不遗弃居住点,迁移他方继续发展。[①]

据对该遗址区地层的孢粉分析,当时空气湿润、气候湿暖,山丘上生长着茂盛的亚热带常绿落叶阔叶混交林,以槭、常绿栎及落叶栎为主,枫香、榆、栗、桐次之,还可见到漆、朴、栲、榛、鹅耳枥、悬铃木、楝、水青冈、橄、桑,以及极少量的杨梅、木兰、紫树、枫杨、银杏、胡桃、卫矛、木樨、柳及杜鹃等,树下有稀疏的草本及蕨类植物。森林中栖息着狗、狼、貂、虎、野猪等,树上或林间鸟类自由飞翔,草地上生活着食草动物牛、鹿等。沼泽旁的平地上杂草丛生,水中生长着菱角、香蒲等,垂柳则依立于岸边。沼泽及河流中则生活着各种鱼虾蟹及爬行动物扬子鳄等。[②]

(二)自然资源利用

1.上山文化时期的自然资源利用

距今11000～9000年,末次冰期完结,气候由寒转暖,生活在钱塘江两岸河谷盆地里的"上山人",在采集狩猎的同时,还种植稻米,在这里劳作收获、繁衍生息。

(1)打制、磨制石器

上山遗址出土的打制、磨制石器并存,并以打制石器为主,反映了上山遗址保留着浓厚的由旧石器向新石器过渡的原始特征。打制石器有石片、石核、工具类等,石片石器所占比例最大;磨制石器有上磨石、下磨石等。打制石器的功能包括收割水稻、

① 王慧:《杭州湾跨湖桥新石器文化遗址兴衰——全新世海平面波动的响应》,硕士学位论文,华东师范大学,2007年。
② 梁河、冯宝英、胡艳华等:《浙江杭州萧山跨湖桥遗址发掘中的一些地学问题研究》,《中国地质》2011年第2期。

芦苇、莎草等植物,也有竹木加工等多功能用途。磨制石器的功能则可能有收割水稻、脱粒稻谷等。

(2)最早的彩陶

上山遗址出土的彩陶是目前世界上最早的彩陶。上山遗址出土的陶器主要有盆、罐、钵、盘、杯、筒状器、纺轮、陶拍等类型。外形单调的大口盆、侈口釜、直口罐等陶器,表现出了新石器时代早期陶器的原始质朴性。彩陶可分为红彩和乳白彩两种。

(3)最早的栽培水稻

在上山遗址中,曾发现已炭化的米粒,属于上山文化早期,距今约 10000 年。通过科技考古,根据遗址大量夹炭陶片断面胎土中掺和的稻壳、稻穗遗存,特别是小穗轴特征,学界认定这是迄今发现的最早的人工栽培稻。[①] 稻米已经成为"上山人"重要的粮食之一。

(4)原始房屋

10000 年前,上山先民已率先走出洞穴,在旷野搭建了栖居之所。遗址早期出现了较多带柱洞结构的遗迹和带沟槽基础的房址。柱洞所指示的建筑往往是地面式的或干栏式的[②],在江南地区新石器时代中、晚期遗址中十分普遍。这种居住模式在上山文化时期已经基本确立。

2.井头山先民的自然资源利用

8000 年前,井头山人向海而生,靠滨海捕捞、采集、狩猎、农

---

① 薛帅:《上山文化:三个"中国最早"两个"世界第一"》,《中国文化报》2021 年 11 月 30 日。

② 上山文化时期以及后来的马家浜文化和河姆渡文化时期的先民,因地制宜,构木而居,创造出中国乃至世界上最早的干栏式房屋建筑形式,既可避潮湿或瘴气,亦可防止蛇虫或猛兽之害。

耕混合营生。

（1）渔猎物

井头山遗址埋深 5～10 米，是我国迄今已知埋深最大、年代最早的一处海岸贝丘遗址，贝类残骸堆积如山，都是食用后丢弃的蚶、螺、牡蛎、蛏、蛤、蚝等的贝壳，也有海洋鱼类、蟹、龟、水獭的骨骸，其中海鱼的脊椎骨最粗达 5 厘米左右，另有一些黄鱼的耳石、鳐鱼的牙齿等，显然那时的宁波先民已在享用丰富的海鲜大餐。[①] 同时，他们将部分吃剩的贝壳打磨成贝器，作为生活生产用具。动物骨骸有鹿角及其肩胛骨、猪骨、水牛骨、狗骨等，说明与跨湖桥先民一样，井头山先民已开始驯养猪、狗，并捕猎鹿、水牛等大型哺乳动物。

（2）稻谷栽培与野生植物采集

从遗址出土的少量炭化米、稻谷壳和水稻小穗轴可推测，井头山先民已开始种植、食用大米。植物遗存有橡子（含麻栎果）、桃、猕猴桃、紫苏、灰菜等野生果蔬，还有芦苇秆、芒草秆、漆树等纤维、涂料植物。

（3）器具

石器方面，井头山人打磨石器，出土遗物有斧、锛、锤、凿、石球、垫饼、磨石等。

井头山人对木材的选择已有丰富经验，比较硬的木材会用来制作船桨、斧柄等生产用具，而桑木经常被用来加工制作相对小巧的生活器具，如世界上最早的木碗——四足单耳桑木碗。此外，还有矛、柄、杵、双尖头棍等上百件木器，一些工具制作工艺有一定的先进性。井头山遗址还发现了世界最早的两

---

① 崔志金：《8000 年前，向海而生的井头山人》，《中国海事》2020 年第 12 期。

件漆饰木器,分别是带销钉的残木器和带黑色表皮的扁圆体木棍。

动物遗骸还被加工成多种多样的骨器,如骨镞、骨锥、骨凿、骨笄、骨哨、骨针等。

陶器器型有釜、圈足盘、钵、敞口盆、小杯、折扁腹罐、釜支脚、陶拍、器盖、小陶玩等,陶质以夹砂陶为主。陶色以红褐色为主,纹饰有绳纹、浅方格纹、刻划纹等,原始审美特征明显。

编织物方面有席子、篮子、筐子、背篓等,材料为芦苇(芒草)。

3.跨湖桥文化时期的自然资源利用

距今 8000～7000 年,从山地来到河口海滨的跨湖桥先民,用勤劳和智慧创造了世界上最早的独木舟、世界上最早的漆弓等。

(1)磨制石器

跨湖桥遗址出土的石器以锛为主,还有磨盘、磨棒、斧、凿、镞、锤、镰、璜等。石锛为磨制,多为单面刃、弧背,可用于砍伐、刳木成舟、刨土等。石磨盘、磨棒可用于稻谷脱粒。石镞为柳叶形,断面呈菱形,与弓箭配合用于捕猎。璜为条形,两端有穿鼻形孔,断面呈扁圆形,是一种礼仪性挂饰。

(2)陶器

出土陶质器以夹砂陶、粗泥陶、夹炭陶为主,伴少量夹蚌陶。以黑陶为主,彩陶次之。制法多为手制。烧成温度较高。种类有圜底器、平底器、圈足器等。器形主要有釜、罐、豆、圈足盘等。甑形似罐,用途类似于蒸笼。釜以夹砂黑陶为主,其余多以粗泥陶、夹炭陶为主。

陶器装饰手段多样。陶釜常有绳纹,少量有刻划、镂孔、捺印和堆纹装饰。彩陶陶胎多为粗泥陶,器表施红色或白色陶衣,磨光后彩绘。

（3）世界上最早的独木舟和漆饰木弓

跨湖桥先民的木作技术十分发达。遗址出土的近似完整的独木舟残长 5.6 米,舱内有多处黑炭面,当是借助火焦法挖凿船体的证据,经碳十四测定,距今 8000～7000 年,是迄今发现的世界上年代最早的独木舟。跨湖桥遗址出现的漆弓,堪称世界上最古老的漆饰木弓。[1]　木质陶轮底座是中国迄今发现最早的慢轮制陶技术实物。

（4）编织物

有多经多纬的苇席残片,以及以纵横木条作撑骨的苇草类纺织物。骨质纬刀、定经杆、陶纺轮、线轮等纺织工具的发现,说明跨湖桥遗址已经开始了原始的水平锯织作业。

（5）骨（角）器

骨耜以大型哺乳动物肩胛骨制成,是跨湖桥先民从事水稻种植的主要生产工具。骨哨有一孔和三孔两种,可能是拟声狩猎工具。骨匕、骨针、勾勒器、梭形器、锯形器等疑为纺织工具。

（6）动植物驯化及采集捕猎

跨湖桥先民的生存形态已经开始从单纯依赖自然资源的狩猎采集向食物生产过渡。稻作遗存分布范围较广,从粒形看,跨湖桥遗存稻谷颗粒较短,一半以上的稻粒明显区别于普通野生稻,是人类驯化后的栽培稻。除栽培水稻外,跨湖桥先民还采集菱、芡等水生食物,以及栎、桃、梅、南酸枣、柿等林缘坚果

---

① 　王心喜:《跨湖桥新石器时代文化遗存的考古学观察》,《文博》2004 年第 1 期。

或水果。[①] 出土陶片内壁附着的炭化"锅巴"残留物内,包含了稻、薏米、小豆、橡实等种子或果实的淀粉粒。

跨湖桥遗址出土的猪颌骨标本的齿列明显扭曲,显示出因下颌缩短造成牙齿排列凌乱的现象,证明猪的驯养已经开始。同时,跨湖桥先民已经豢养有家畜狗,并猎杀鹿、水牛等哺乳动物,捕获野鸭、鹤、雁、天鹅等鸟类作为食物。遗址出土的海洋动物主要是海豚、海龟等,海洋水产资源利用尚处于初始阶段。

二、新石器时代中期

新石器时代中期距今 7000～5000 年。

(一)自然环境

1.河姆渡文化时期自然环境

(1)遗址群空间分布

河姆渡文化层距今 7000～5500 年。河姆渡文化遗址广泛分布于宁绍平原东部姚江河谷两岸,最大分布范围东起舟山群岛部分岛屿,西至浦阳江下游河谷盆地,北抵杭州湾,南到浙东南沿海丘陵,遗址有 30 多处[②],其中,仅余姚境内便发现河姆渡文化遗址 24 处,占河姆渡文化遗址发现总数的 72.7%,是核心密集区。据地质部门钻探资料,今日紧挨河姆渡遗址的姚江,在 5000 多年前并不流经这里,而是从遗址西北方向的余姚龙泉山

---

① 潘艳、郑云飞、陈淳:《跨湖桥遗址的人类生态位构建模式》,《东南文化》2013年第 6 期。
② 吴立、朱诚、郑朝贵等:《全新世以来浙江地区史前文化对环境变化的响应》,《地理学报》2012 年第 7 期。

一带向北入杭州湾。[①] 遗址西南隅的小山丘,在"河姆渡人"生活时期是和姚江南岸的渡头山、元宝山(属四明山北麓)连接在一起的,遗址南面的芝岭山谷曾有一条小溪流经遗址近旁。遗址北面的余(姚)慈(城)平原,海拔高程 3～4 米。如今遗址北隅 1千米许的稻田下面深 0.6～1.2 米普遍发现有泥炭层,表明这里曾是一片低洼的湖泊沼泽地带。河姆渡先民正是居住在这南靠四明山、北临湖沼的山地与平原交界处。根据河姆渡遗址第四文化层底部的高程与今日的海平面相近或稍低 0.5 米左右,可推知 7000 年前左右的海平面比今日海平面低 2～3 米。依动植物资料提供的信息,可以认为 7000～6000 年前河姆渡的地貌应属丘陵山地与沼泽平原交接地带。遗址附近不但有着大片淡水的湖塘、沼泽平原,而且距离河口海岸也不太远。距今 6000～5000 年时,杭州湾喇叭口形成,曹娥江和姚江受潮水顶托,向北排水困难,曹娥江水向姚江溢出,提升了姚江水位,在大隐至慈城高地的分水岭东西两侧形成较大水位差,高水头不断侵蚀、切割,姚江穿过遗址向东改道,进而使姚江平原水环境更加恶劣。在这种情况下,河姆渡先民只能向外迁徙,另寻出路,河姆渡文化由此出现断层。

(2)植被与气候

河姆渡文化早期遗址(遗址第四文化层)出土的孢粉含量高,说明当时森林茂盛而稠密。遗址附近丘陵地带生长着以台湾枫香、青冈、赤皮栲、细叶香桂、牛筋树、苦楝等为主的亚热带常绿落叶阔叶混生林,而且以蕨类为主的林下地被层也繁盛。

---

① 李明霖、莫多闻、孙国平等:《浙江田螺山遗址古盐度及其环境背景同河姆渡文化演化的关系》,《地理学报》2009 年第 7 期。

遗址周围有淡水湖泊、沼泽等广阔的湿地水域。孢粉谱中的台湾枫香、覃、南酸枣、九里香、柳叶海金沙、带状瓶尔小草、褐叶星蕨等成分,结合犀、象等动物遗骨的发现,均指示在河姆渡第四文化层之时,气候比当代更温暖湿润,与现在华南地区相近。[①]

河姆渡文化中期遗址(第三文化层)出土的孢粉中,水生、湿生植物花粉减少,耐旱草木花粉增加,当时气候虽然温暖,但较为干燥,平原地带水域面积缩小。

河姆渡文化晚期(第二文化层),气温有所下降,气候湿润,森林面积缩小,水域扩大。至河姆渡文化末期(第一文化层),松、柳及蒿数量增加,表明气温进一步下降。

（3）动物

河姆渡遗址出土的动物遗骨共有 61 种,主要见于第三、第四文化层,尤以后者居多。无脊椎动物有蚌、螺、青蟹;鱼类有鲨、鲟、鲤、鲫、鲇、黄颡、鲻、鲷、乌鳢;爬行类有龟、鳖、鳄;鸟类有鸬鹚、鸳鸯、鹭、鹤、鸭、雁、鸦、鹰;哺乳类有红面猴、猕猴、穿山甲、豪猪、鼠、鲸、狗、貉、豺、熊、鼬、獾、水獭、大灵猫、小灵猫、花面狸、食蟹獴、虎、豹猫、亚洲象、苏门犀、爪哇犀、家猪、野猪、大角鹿、水鹿、梅花鹿、麋鹿、獐、圣水牛、苏门羚等。[②]

这些动物绝大多数属于亚热带的动物。猕猴与红面猴是旧大陆热带、亚热带的典型动物,尤其是对气候条件极为敏感的犀和象,都是生活在热带森林地区的动物。除家猪、狗和水牛是家养动物外,其余都是野生动物。

---

① 孙湘君、杜乃秋、陈明洪:《"河姆渡"先人生活时期的古植被、古气候》,《综合植物生物学杂志》1981 年第 2 期。

② 潘艳、袁靖:《新石器时代至先秦时期长江下游的生业形态研究(上)》,《南方文物》2018 年第 4 期。

2.马家浜和崧泽文化时期自然环境

杭州湾以北,全新世以来最大海侵发生在距今7000年之后,东南方向海退成陆。

马家浜文化距今7000～5800年,海平面从全新世第一个高海面开始下降,水系从前期受海水顶托宣泄不畅的困境中逐渐解脱,河流发育从游荡堆积阶段转入下切侵蚀阶段,地面水患减小,太湖流域内大面积沼泽型平原正好成为马家浜居民畜牧、耕作、采集、渔猎和居住的最佳场所,马家浜文化兴旺起来。[1] 马家浜遗址群主要分布于环太湖水网平原地区,杭嘉湖地区尤为集中,总计已发现80余处。[2] 马家浜遗址所处地区的现代平均海拔高度为2.8米,最低点约1.4米,最高处约5米。马家浜文化层大多埋于现代地表下约2米深度。当时气候暖热潮湿,气温比现代高出2～3℃,利于植物的繁殖生长,亚热带常绿落叶阔叶林繁茂,优势乔木树种有覃树、枫香、栗、栲、山毛榉、樟科植物等;主要动物种类有猕猴、红面猴、麋鹿、鹿、亚洲象和犀等。[3] 热湿气候和局部地域的沼泽环境,正好适于稻的生长。马家浜文化时期,湿度、温度以及海平面缓慢下降,尤其在晚期,杭嘉湖平原地下水位下降,不利稻作;湖塘面积缩减,不利于渔猎。因此,马家浜文化晚期遗址多外移至水分条件更充足的地区。

崧泽文化距今5900～5200年,气候总体仍处于暖期,较为稳定,变化仅为区域性小幅波动。崧泽文化早期,海面水平、气

① 张立、吴健平、刘树人:《中国江南先秦时期人类活动与环境变化》,《地理学报》2000年第6期。

② 肖阳:《环太湖流域新石器时期遗址的空间分布及影响因素》,硕士学位论文,浙江师范大学,2019年。

③ 林华东:《浙江通史·史前卷》,浙江人民出版社,2005,第34页。

候、环境接近马家浜文化晚期,二者遗址分布区域相似或重叠,在浙江分布于嘉兴双桥、南河浜、雀墓桥、大坟浜,桐乡普安桥,海盐仙坛庙、王坟、龙潭港,海宁达泽庙,余杭吴家埠,安吉窑墩,湖州邱城、毗山、塔地等,多分布于湖荡平原,多以土墩型地貌存在。崧泽文化期遗址所处位置现代海拔平均 3.8 米,其文化层大多埋于现代地表下约 1～1.5 米深度。崧泽文化晚期海面上升,气温仍然较高,许多沼泽区开始盐渍化,盐生植物增多。一些河流小规模游荡堆积,暴雨、洪水泛滥,低洼区崧泽文化层出现淤土。[①] 从崧泽遗址中层的孢粉组合来看,崧泽文化早期喜凉的柏科花粉增加,水生植物花粉减少,指示当时附近山地植被演替为落叶阔叶、针叶混交林,相当于当今长江北岸的植被,气候比现在凉干,湖沼面积有所缩小;而桑科和禾本科花粉的增加,应是原始先民耕作和养畜活动有所发展的结果。到了崧泽文化晚期,喜暖湿的青冈栎和水生植物花粉数量增大,附近山地的植被又转变为常绿落叶阔叶混交林,气候温热湿润,湖沼面积有所扩大,水中植物较多,而湖沼间的土岗上生长着桑、柳、榆等树木。

(二)自然资源利用

1.河姆渡文化时期的自然资源利用

河姆渡遗址栽培稻遗存数量巨大、保存完好,木结构建筑榫卯形式多样,双鸟朝阳纹象牙雕精美绝伦,纺织、髹漆和凿井技术开物前民,文化璀璨。

---

① 张立、吴建平、刘树人:《中国江南先秦时期人类活动与环境变化》,《地理学报》2000 年第 6 期。

(1)稻作农业和渔猎采集

河姆渡文化的农业已处于相对成熟的阶段。河姆渡遗址中,考古学家在400多平方米的范围内,发现一层或多层以芦苇类茎叶、稻草、稻谷、秕谷、谷壳、木屑碎渣及禾本科植物与少量动物遗骸相互混杂的堆积层,有研究者推算,其中的稻谷堆积量可达百余吨,可见农业在河姆渡文化经济生活中的重要地位。在余姚田螺山遗址考古发掘中,在遗址边缘的湖沼地带,发现了有田埂的农耕遗迹,说明河姆渡人对稻作农业的经营、管理已经达到较高的水平。与稻作农业相应的器具有绑柄骨耜、木耜、角质靴形器、木杵和石磨盘、石球等。田螺山古村落内出土的距今约6000年的山茶属树根,可能是最早的人工种植茶树。

尽管河姆渡人有着发达的粗耕农业,但是,采集和狩猎活动仍然是不可或缺的经济生活来源。据先后两期考古发掘所知,河姆渡人采集的主要有麻栎果、菱角、酸枣、芡实等高淀粉含量的果实和种子,尤以麻栎果、酸枣居多。有的灰坑可见底铺芦苇席,中存成堆的麻栎果,其上再盖苇席,功能类同于窖藏。此外,遗址中还发现有小葫芦,在孢粉谱中除禾本科外,又有豆科植物出现,这些说明采集活动仍然是维持生活的一种辅助手段。

河姆渡遗址出土的动物遗骸多达61种,这在我国其他史前遗址中绝无仅有。经鉴定,家畜有猪、狗和水牛,可能还有麋鹿。在食物较为充裕的情况下,河姆渡先民以食用野生动物为主,对部分捕获的动物幼崽不再加以宰杀,暂时圈养起来,作为食物紧缺时的补充。

(2)开干栏式建筑先河

河姆渡遗址背山面海,先民智慧地利用四明山区丰富的木材资源,创造性地营造出适应湿地环境的栖居空间——干栏式建筑,树立了人类文明进程中的一座丰碑。河姆渡遗址的干栏式建筑遍及整个发掘区。第一次发掘的第一期文化遗存中,出土了长圆木、桩木、木板等木构件 818 件,以及带榫卯的木构件百件以上。根据排桩的走向组合,复原至少 6 组(栋)地面架空的干栏式建筑,最长的一间面宽至少 23 米,进深 7 米左右。一排排桩木打入土中为屋基,在木桩间架设地梁,上铺地板,距地约 1 米高。由基座中间的中柱和前檐柱挑起屋架,屋架中的梁、枋、柱、檩等木构件均用榫卯结构。上部为两坡或四坡式屋盖,屋顶则有可能铺上稻草或茅草、芦苇作散水面层。带有"架空层"的干栏式建筑,是先民"巢居"的进化版,既可防蛇虫猛兽之害,又可防潮防洪,楼板下还可放杂物、养畜禽。

(3)首创木构水井利用地下水资源

中国最早的水井发现在浙江余姚河姆渡遗址。遗存的木构水井由 200 余根桩木、长圆木构成,外围呈圆形栅栏状,里面是方形竖井。该水井出在第二层堆积下,属于河姆渡遗址的晚期堆积,距今约 6000 年。水井边长 2 米,距当时地表深约 1.35米。水井的发明是人类利用自然的一个飞跃,为人类带来了福祉。有了水井,史前居民再也不必饮用暴涨江河中的浑浊地表水,清洁卫生的饮用水使得人们远离疾病,身体更加健康;有了水井,史前居民再也不必为江河水的枯竭而一筹莫展,人们可以到远离江河的纵深地区开拓生存空间。

(4)工具

河姆渡早期,骨质和木质生产工具数量大、品种丰,已深入当时生产、生活的各个领域。木器器形有铲、桨、耜、矛、器柄、杵、机刀、经轴、匕、筒及鸟形器等多种。

河姆渡先民使用一定比例的石器,石斧、石锛是其最主要的石器,早期以石斧为主,晚期石锛居多。

(5)陶器

河姆渡文化陶器的质料,数量最大而又最具鲜明特征的是夹炭黑陶,夹砂黑陶次之,同时还有少量的泥质红陶。主要靠手工制作成型,有炊器、盛贮器、食器和水器或酒器等。炊器最主要的是釜及其配件——支脚。盛贮器有罐、盆、钵、盂、贮火尊和器盖。食器主要有盘、豆和杯,后来又出现了觯。水器或酒器主要有带嘴器和杯及垂囊式盂等。

(6)艺术品

在河姆渡遗址第四和第三文化层中出土有一些璜、玦、管、珠、环等,质料有玉和萤石两种,有的萤石在阳光下呈半透明状,闪烁着淡绿的光彩,晶莹美丽。同时,还有一些以兽类的獠牙或犬牙、鹿类的尖角和鱼类的脊椎骨制成的装饰品,这些装饰品大多钻有小孔,可贯穿起来组成串饰,佩戴在胸前或挂在脖子上。其中的玉玦有暗红与灰白等色泽,形状如带一小缺口的扁圆环形,属典型的耳饰。河姆渡玉器的出现,表明长江流域浙江境域内用玉历史的悠久。

河姆渡文化的雕刻艺术品甚为精美,材料也相当讲究,有象牙、骨和木等质料,设计奇巧,寓意深奥。题材以鸟为主,其次有太阳、鱼、蚕等形象及几何形图案。

河姆渡人的髹漆工艺也具有开创性。第四文化层出土的髹漆木筒多呈黑色,到第三文化层出现了朱红色的木胎漆碗,髹漆工艺不断进步。

2.马家浜文化时期的自然资源利用

马家浜文化的社会形态应已处在母系社会向父系社会的过渡时期。马家浜遗址群以"双目式"足的鼎、腰檐釜、"牛鼻式"器

耳的罐和外红里黑的豆等陶器,斜顶式石钺、弧背式石锛,形式
多样的骨镞和俯身葬式的墓葬特点,构成了其独特的文化内涵。

(1)生产工具

马家浜文化的生产工具主要有石器、骨器,以及少量的木器
和竹器等。石器系先打制出器身粗坯,再经磨制加工,此时已出
现了采用两面对钻的钻孔新技术。器型有锛、钺、斧、锄、凿、刀、
纺轮、网坠、钻头和砺石等。石锛有长短之分,长者器身方正,通
体磨光,平刃;短者器身较厚重,且背部弧突鼓出,习称"弧背
锛",是有段石锛的滥觞。石钺器身较窄长,较厚,有的扁平如舌
状,通体磨光,双面弧形刃,靠柄部上端钻有一稍大的圆孔,柄部
顶端大多作斜顶式,使之与安装捆绑后的木器柄形成钝角。习
见的骨器有凿、耜、镞、锥、针、笄、鱼镖、矛、匕、管,以及属于角质
的器柄和靴形器、勾勒器等,大多是利用兽类的骨骼直接加工错
磨而成。木器和竹器在当时使用应该较多,主要有木耙(木铲)、
泥抹子形木器,以及一些无法辨明其用途的陀螺状木器与喇叭
形木器、矛形竹器等。

(2)陶器

马家浜文化的陶系以夹砂夹蚌末陶为主,泥质陶次之;有灰
红和褐色之分,少数为灰黑色泽。陶器表面大多为素面,少数器
物有拍印绳纹、弦纹、刻划纹、戳印纹、捺窝双目、镂孔、附加堆纹
或捏塑成花边及锯齿纹等装饰。陶器造型以圆底器、平底器居
多,其次为圈足器和三足器;此外,还有少量袋足器。主要器型
有釜、鼎、盉、罐、豆、盆、盘、钵、匜、杯、异形鬶、器盖、支脚,以及
一些奇特的四口器、炉条架等。其中尤以炊器中的腰檐釜、扁腹
釜、"双目式"足的鼎、炉条架(炉箅)及底附三足、镂空把手和管
状嘴的盉,食器中的外红里黑豆,盛贮器中的"牛鼻式"耳的罐和

多角沿的盘最具典型特征。

（3）衣食住行

马家浜先民的房屋形式既有如同罗家角等地所见的干栏式木结构房屋建筑[①]，又有诸如马家浜遗址上层和邱城遗址下层发现的平面呈长方形的地面起建式房屋建筑，同时还有如同马家浜遗址下层的一种平面呈椭圆形（带浅凹坑）和近圆形的房屋建筑。

马家浜先民的主食是稻米，副食既有狩猎获得的动物和饲养的家畜，又有野菜和从树上采集的果实及沼泽边的菱角、芡实与葫芦等，还有从水中捕捞的大量鱼类和龟、鳖、虾与蚌、螺等。当时的食物既可煮着吃，又可蒸着吃，还可烧烤着吃。桐乡罗家角遗址中曾出土有两条独木舟残骸，常州圩墩遗址中发现有木制船桨和桨槽，说明舟楫已是马家浜先民的水上交通工具。

马家浜先民某些上层人士已穿（披）上了以野生葛为原料的布衣，在冬天则穿（披）上简单的兽皮御寒护身。马家浜文化的装饰品主要是玉质或石质的玦、璜、珠、管、环和坠饰等，同时也有骨质的珠、管及璋牙饰等人体装饰品，但出土数量都不多。其中的玉玦是主要饰品，器身呈扁圆环状，一端开置小缺口。罗家角遗址出土的象牙饰品，是目前我国发现最早的象牙饰品。

3.崧泽先民对自然资源的利用

崧泽文化上承马家浜文化，下接良渚文化，距今5900～5200年。伴随着人类父系时代的到来，长江下游的太湖流域从原来以釜为特征的马家浜文化，发展成以鼎为特征的崧泽文化；从红

---

① 马家浜文化时期和河姆渡文化时期的干栏式建筑，其众多的榫卯形式和梁架结构的发明，在中国古代建筑史上产生了巨大而深远的影响。

陶的时代进入了黑陶时代。

延续马家浜文化传统,崧泽文化先民普遍种植水稻,过着以农业为主,狩猎、采集和饲养家畜为辅的定居生活。[①] 常见的生产工具以石器为主,骨器和木器及陶器被发现的不多。石器主要是长条形石锛和石凿、石刀、石斧、石钺、石锄、石镰之类,往往通体磨光,并已出现了两面对钻的"管钻法"来进行钻孔,制作技术相较于马家浜文化有了明显进步。石犁的出现开启了犁耕农业的先河。骨器有鱼镖、链、匕、刀、锥及耜,木器有锛柄、耜、点种棒及桨等。

崧泽先民虽已过着以稻作农业为主、家猪饲养业为辅的定居生活,但结合石链、石矛和陶网坠的出土,还有许多遗址中经常发现有诸如梅花鹿、麋鹿、獐、獾、水獭、龟、鳖、鲤鱼等动物与鱼虾类遗骨和螺、蚌壳,还有自然界中生长的可食植物如菱角、麻栎果、芦笋、竹笋、梅、桃、葫芦和小瓠瓜等,表明当时的渔猎、采集活动仍占有一定的比重,渔猎和采集应是以农业为主的崧泽文化社会经济中的一种辅助性的经济生活来源。

陶质生产工具则有网坠和纺轮等。生活用器多为陶器,主要器型有鼎、釜、豆、盘、盆、罐、碗、钵、壶、杯、觚、瓶和澄滤器。

装饰品由玉石、象牙或玛瑙磨制而成,有璜、玦、珩和镯以及陶环等。

三、新石器时代晚期

新石器时代晚期距今 5000～4000 年。

---

① 林华东:《浙江通史·史前卷》,浙江人民出版社,2005,第 208 页。

（一）自然环境

1.良渚文化时期的自然环境

良渚文化的年代为距今 5300～4300 年。良渚文化遗址分布的空间范围非常广阔,不仅覆盖了前几种文化的分布地域,而且有了很大的拓展,向西发展到桐庐、淳安,向北拓至西苕溪流域北缘,向南扩展到浦阳江中上游的诸暨、义乌等地,向东延伸至姚江流域和舟山群岛,环太湖流域已发现的良渚文化时期遗址有 600 多处,覆盖面积达 36500 平方千米,以杭嘉湖平原东部和东苕溪中上游两地最为集中。其中心良渚遗址位于浙江省杭州市余杭区瓶窑镇、良渚街道,小部分位于湖州市德清县三合乡。遗址分布区地形地貌为丘陵山地与平原过渡地带的山间河网冲积平原。

良渚文化早期,海平面下降,气候干凉,地下水位降低,浅湖、沼泽面积减少,江南逐渐脱离海洋的影响,大面积低洼沼泽出露,成为良渚先民定居、农耕和发展的资源基础;一些河床干涸后出露的砾石成为石器、玉器制品的最佳原材料。年平均温度 18.9～19.3℃,比现今高 3℃左右;年平均降水量 1378～1700 毫米,比现今多 120 毫米左右;植被为含有少量落叶阔叶树的常绿阔叶林。良渚文化中期,海面略有上升,成陆范围进一步扩大,达到了顶峰,低洼区开始不适宜民居生活,依山傍水的较高爽的冲积平原区成为该地区先民创造灿烂文化的摇篮。良渚文化晚期,海平面上升,降水骤增,沼泽、湿地化加剧,排水不畅,水患频发。

2.钱山漾文化时期的自然环境

钱山漾文化遗址位于太湖南岸水乡平原,文化层距今

4600～4200 年。[①] 钱山漾一期文化遗存时期,平原低湿地带以芦苇为优势种群,干燥地带以芒草为优势种群,平原地区有大面积的稻田等人工植被;周围山地树木葱郁,为常绿阔叶树木与落叶树木的混交林,常绿栎和栲树为代表的壳斗科占优势,其次为杉属和松属,落叶树种有落叶栎、榆、胡桃、桤木、鹅耳栎、枫香、柳树等。钱山漾一期文化遗存晚期到二期文化遗存时期,该地区有过一次较大的环境变化,平原地区植被覆盖率和稻田面积减少,对先民生活产生了很大影响。

(二)自然资源利用

1.良渚文化时期的自然资源利用

良渚文化以犁耕稻作农业,玉器、陶器、漆器为代表的专门化的手工业,大型人工营建工程及金字塔型的社会结构为特征,实证了中华五千年文明史。

(1)生物资源利用

良渚时期原始稻作农业十分发达。生产工具呈现多样化和专业化,石犁、石铲、石破土器、石镰等稻作农具的较多发现,表明稻作已由耜耕进入犁耕阶段;水稻生产规模大,仅在余杭茅山遗址就发现了总面积达 80 多亩的良渚古稻田,布局规整,田埂清晰可见,具有十分完善的灌溉系统;粮食产量也较高,稻米成为良渚先民的主要食物。

除稻米外,良渚先民还采食蔬菜、瓜果等。根茎类有芋、薯蓣、葛根、竹笋等,瓜果类有甜瓜、葫芦、桑椹等,水生或湿生植物类有菰、菱、莲、薏苡、芡实、芦苇的新芽等,还有在丘陵山区的橡

---

① 郭梦雨:《试论钱山漾文化的内涵、分期与年代》,《考古》2020 年第 9 期。

子、榛子、松子、板栗、南酸枣、核桃、杏子、杨梅、橘柚等果品。

良渚文化时期,原始农业的发展促进了聚落定居,良渚先民已圈养了家猪、狗、水牛、鸡和鸭等。[①] 尤其是杂食性动物家猪,当时其饲养已较普遍。当时,狩猎捕获的野生动物已处于补充地位,猎获的动物主要有鹿、梅花鹿、麋鹿、麂、麝、獐、野猪、虎和象及各种鸟类等。良渚文化区江河湖泊密布,并邻近东海著名的舟山渔场,水草茂盛,淡咸水渔业资源极其丰富。水中滋生的各种动物,主要有鳖、龟、鲤鱼、鲫鱼、黑鱼、青鱼、蟹、蚬、螺蛳、蛤蜊、河蚌和海中的鲨鱼等,都已成为良渚先民食物来源的重要补充。如余杭吴家埠遗址发现灰坑 20 个,第四文化层共 14 个,灰坑内除杂有较多的陶片外往往包含大量的兽骨、鱼骨、龟蚌甲壳等,尤以鱼骨为最。水产食品是良渚先民摄取动物性蛋白质等营养的重要来源,"饭稻羹鱼"高度概括了其饮食习俗。

(2)聚落用地

空间分布上,600 多个良渚文化遗址形成了若干个大的聚落群,主要包括以余杭良渚一带为中心的聚落群、以嘉兴东南部为中心的聚落群、以嘉兴西北部为中心的聚落群,以及以上海福泉山一带为中心的聚落群等。这些聚落群规模庞大,密度较高,不仅聚落群与聚落群之间形成了等级上的差异,而且聚落群内也存在着明显的等级差异。每个聚落群的遗址数量均达几十处甚至是百处以上,单个遗址的规模,一般在几万平方米左右。遗址有了明显的功能分区,出现了专门的墓地、居住区与作坊区。[②]

良渚遗址群发现遗址达 100 多处,遗迹类型较为丰富,主要

---

①　程世华:《良渚人饮食之蠡测》,《农业考古》2005 年第 1 期。

②　郑建明:《环太湖地区与宁绍平原史前文化演变轨迹的比较研究》,博士学位论文,复旦大学,2007 年。

有居址、墓地、祭坛、手工业作坊等功能区分。居址规模至少分 3 级，分别以莫角山、姚家墩、庙前为代表。墓地也至少分 3 级，其中反山、瑶山是最高级别（都是祭坛所在地），汇观山、文家山次之，另有较多的平民墓地。核心区良渚古城呈现出包含宫殿区、内城和外城的三重空间形制，展现出中国都城规划的典型特征。古城略呈圆角长方形，总面积达 290 多万平方米。

（3）玉石及建筑石材利用

发掘出土玉器的良渚文化遗址和墓葬多达 60 余处，发掘出土的良渚文化玉器，数量多达上千万件，种类多达数十种，有璧、琮、钺、璜、玦、环、镯、圭、斧、瑗、佩、带钩、杖端饰、靴形饰、冠状饰、锥形饰、管状饰、菱形饰、三叉形饰、柱状器、纺轮、珠、圆片等。用玉制度揭示了阶层分化，不同社会身份的人物在丧葬时的玉器配置有着非常大的差异。高等级墓地的墓葬中大多包含有玉琮、玉钺；而在最低等级的墓坑中，完全没有成型的玉器出现。这些玉器不仅仅是装饰品，更是体现了王权和神权拥有者对稀有资源的控制和垄断，形成了以琮、璧、钺为代表的一整套玉器使用制度，用来明确尊卑、划分等级、区别身份、显示权力，反映出当时已经形成了一套适用于不同阶层人群的用玉制度和社会规范。良渚文化玉器属于软玉，是透闪石—阳起石系列矿物，其品种有白玉、青（白）玉、碧玉、墨玉、黄玉等，原料可能产于太湖流域的天目山脉、宜溧山脉及茅山山脉的个别山体。[①]

建造规模宏大的良渚古城是一个十分复杂的系统工程，据估算，营建良渚古城的宫殿、城墙和水坝所需土石方总量达 1000 余万方，是一项超级史前工程。古城城墙底部和城外水利系统

---

① 何国俊：《良渚文化玉器原料来源探讨》，《南方文物》2005 年第 4 期。

低水坝底部,都采用了"铺底垫石"工艺,以便在沼泽地上夯实构筑物基础。这些铺底垫石的岩性,以火山碎屑岩(晶屑熔结凝灰岩、玻屑凝灰岩)为主,其次为火山熔岩(安山岩)、浅成侵入岩(二长斑岩),以及少量的硅化岩、砂岩、板岩等,与周边山丘的岩性一致。其外形以次棱角状为主,其次为次圆状,浑圆状和棱角状的仅少数,说明绝大多数铺底垫石都经过短距离的搬运,极有可能是取自周边山坡脚和山涧冲沟。①

（4）水资源利用

此外,在大莫角山台地北面和南面,发现有石块垒砌的排水沟。良渚古城外围建有大型多功能水利系统,水利系统位于古城西北,由谷口高坝、平原低坝、山前长堤与自然丘陵围合而成②,目前共有 11 条堤坝遗址。坝体充分利用自然山体,多选择在谷口依山而建,减少了建筑土方量,节约了劳动力,缩短了施工周期,体现出良渚先民具有利用自然、改造自然、防范水患和控制水能的智慧和能力。天目山充沛的雨水在夏季极易形成山洪,良渚高坝、低坝一高一低两道防护体系,能有效保护良渚古城及周边稻田不受洪水冲击,同时,能够在山谷高地和平原低地内蓄水,为古城的水运交通和日常用水提供保障。水利系统是良渚古城规划建设的重要组成部分,它是中国最早的大型水利工程乃至世界迄今发现最早的堤坝系统之一,堪称早期城市文明的杰出范例。

良渚文化时期普遍挖井,水井已成为当时最基本的生活设施,各地已发掘出土的良渚古井有 195 口以上。其基本为直筒

---

① 吕青、董传万、许红根等：《浙江良渚古城墙铺底垫石的特征与石源分析》,《华夏考古》2015 年第 2 期。

② 良渚博物院：《实证中华五千多年文明史的圣地》,《求是》2022 年第 14 期。

形土坑井,口径一般在 1 米左右,深度可达 3 米。为使所挖水井能够长期使用,先民们便对一些水井的井壁进行加固。井圈的材料和制作方式可分为竹苇编织式、剞木式、木板拼合式、积木式等。除了提供清洁卫生的饮用水,水井可能还兼有灌溉功能。

(5)木材资源利用

良渚文化的木质遗存有木桩、木柱、木板及经过加工的木构件等建筑部件,水井或窖穴的护板,棺板,木桨等水上交通工具,木柄、木勺、木槌、木插、木屐等生产生活工具,木陀螺等玩具,木矛、木剑等兵器。木桩的材质有柳树、樟树、櫸树、栗树、常绿栎、麻栎等 30 多种;各种木质工具和器皿,由于使用上、加工上的差异,其选材也有所不同,大体有梅树、櫸树、常绿栎、松木、桑木等10 多种。木材主要取自阔叶树,少量为针叶树。

(6)陶土资源利用

良渚文化时期的陶器种类繁多,型式丰富,原料为可塑性好的黏土,多为就地取材。从使用类型来看,包括炊具、盛贮用具、食具、酒水具、工具等。炊具有鼎、甗等,盛贮用具包括双鼻壶、贯耳壶、盆、盘、钵、罐、尊、簋、缸、瓮等,食具则主要指豆类,酒水具包括双鼻壶、壶、杯、宽把杯、匜、过滤器等,工具包括陶纺轮、陶网坠等。良渚文化陶器有泥质灰陶、夹细砂的灰黑陶、泥质灰胎黑皮陶和夹砂红褐陶等。技术上轮制与模制结合使用。彩绘、细刻纹与浅浮雕,是良渚陶器的突出装饰艺术。

2.钱山漾文化时期的自然资源利用

钱山漾文化是以侧扁足鼎和弧背鱼鳍形足鼎为代表的遗存,钱山漾出土的一批丝线、丝带和没有炭化的绢片是目前世界上发现并已确定的最早的丝绸织物成品。

（1）生物资源利用

植物性食物资源的作物种类主要包括水稻、葫芦、甜瓜、芡实、菱、桃、梅、杏等[①]，野生植物主要包括漆树科的南酸枣、葡萄科的葡萄等。水稻种植在遗址周边的低地水田中，葫芦和甜瓜种植在较干燥的岛状隆起旱地中，芡实和菱角种植在河湖水体中，桃、梅、杏种植在丘陵山地。葡萄采摘自较干燥的岛状高地中，南酸枣采摘于丘陵山地。

驯化动物主要包括猪、狗和水牛，野生动物主要包括麋鹿、獐、龟、鼋、鱼等。麋鹿、獐栖息于接近水源的平原地带，龟、鼋、鱼则是栖居于河湖水体中。

（2）丝麻

钱山漾遗址首次发现史前残绢片、丝线、丝带等。残绢的组织密度达到每寸（1寸≈3.33厘米）蚕丝120根。经初步鉴定，残绢是缫而后织的，为家蚕丝织物。[②] 这反映钱山漾文化时期的先民已经知道利用桑叶养蚕。出土的纺织品还有麻布片和麻绳，原料为苎麻。

（3）竹木资源

钱山漾遗址两次考古发掘共出土竹编器物200多件，种类有箩、筐、篮、簸箕、竹席、竹绳、笆等，说明竹编器物在钱山漾文化先民的生产生活中非常盛行，而这在国内同时期遗址中非常少见。环太湖水乡平原及周边山区自古多竹，钱山漾竹编实证了环太湖竹子文明的悠久历史。

钱山漾出土的木质物有桨、杵、千篰及木桩等。可辨的有栎

---

① 王榕煊：《吴兴钱山漾遗址资源域分析》，《丝绸之路》2020年第1期。
② 周匡明：《钱山漾残绢片出土的启示》，《文物》1980年第1期。

木、杉木、樟木、青冈木、甜槠木、苦槠木和朴木,其中以苦槠木为多。

（4）石料

钱山漾出土的石器,有石刀、石锛、石斧、耘田器、石犁、石簇、石戈、石钻、砺石等,其岩性有泥质粉砂岩、粉砂质泥岩、砂岩、泥岩、板岩、千枚岩、斜长角闪质糜棱岩、晶屑凝灰岩、辉绿岩、花岗斑岩等,均取自遗址附近山区。

（5）陶土

钱山漾出土的陶器有鱼鳍形足的鼎、长颈鬶、纺轮、网坠、豆、壶、簋等。特别是鱼鳍形足的鼎,充分反映了南太湖水乡平原鱼文化对陶器制作艺术的深远影响。

第二章 先秦时期浙江的自然环境与资源开发利用

先秦时期的浙江,历经夏、商、西周、春秋战国,直到秦王政二十五年(前222)秦灭楚尽收故吴越之地。

先秦时期浙江地区最早被古代典籍所记录的重大事件是见于今本《竹书纪年》的"于越来宾",发生于周成王二十四年(前11世纪末)。此后,历史时期的浙江及浙江人民利用自然、开发自然的活动不绝于书。

第一节 自然环境

先秦时期的浙江,气候的干湿、冷暖有过波动;海面也有过高低的升降;山区多为茂密的原始森林,动物种群繁多。越人就是在这样的自然环境中生存、发展,并用他们的不懈努力,将原本不尽如人意的山河改造成安宁、富庶的鱼米之乡。

一、气候及其变迁

在先秦时期的近1900年中,浙江的气候与现在有些差异,这主要表现在干湿、冷暖两个方面。

在许多良渚文化晚期遗址中,都发现了厚度不等的一层黄色或黄褐色泛滥相淤泥沉积[1],最厚处可达 1.5 米,最薄处也有 0.1 米。另据古籍记载,公元前 24 世纪至公元前 20 世纪的三四百年,相当于传说中的尧至夏代,我国有关洪水的传说不绝于书,为中国洪水泛滥时期。如《孟子·滕文公上》:"当尧之时,天下犹未平,洪水横流,泛滥于天下,草木畅茂,禽兽繁殖,五谷不登。"这反映了当时湿热的气候条件。又如《史记》:"帝尧六十一年,汤汤洪水滔天……下民其忧。"[2]《竹书纪年》《尚书》等古籍均有大洪水的记载。另外,西方神话传说中诺亚方舟事件发生的时间,与良渚文化晚期相一致。尧鲧治水,据说鲧采用堵的办法治水,没有成功。鲧之子禹继续治水,用了 13 年的时间,他三过家门而不入,终于使洪水大治,天下太平。

公元前 20 世纪至公元前 16 世纪,全球从新高温期步入相对的干冷期,降水明显减少,洪水开始减退。因此,大禹治水的后期易于奏效而取得成功。一方面,是由于方法由单纯的堵改进为堵、疏结合;另一方面,是由于气候转变为干冷期,使大洪水暂告一段落。

二、海平面升降与海岸线变迁

大约从 5000 年前开始,浙江海岸从海侵逐渐走向海退,良渚文化遗址的分布几乎已扩及整个杭嘉湖平原,表明距今 5200～4000 年时海水已经从杭嘉湖平原逐渐退去。卷转虫海侵

---

① 史辰羲、莫多闻、李春海等:《浙江良渚遗址群环境演变与人类活动的关系》,《地学前缘》2011 年第 3 期。

② 司马迁撰:《史记》卷一《五帝本纪》,清乾隆四年武英殿校刻本。

以后,今上海市南的柘林到海盐澉浦之间,海岸向东南伸展,与今杭州湾中的王盘山相连。今海盐、乍浦、金山等以东,是一片广阔的陆地。在姚江平原,余姚横河泥炭层和河姆渡泥炭层开始发育的时间分别为距今 5000±190 年和 4470±160 年。再次成陆的是瓯江口南侧平原和萧绍平原,其中前者的郑岙砾石堤和寺前砂堤于距今 4265±128 年已相继形成;后者距今约 4000 年的海岸线已推进到柯桥—绍兴—上虞一线。这一时期浙江各河口与港湾,沙洲开始发育并次第出露成陆,溺谷、海湾和潟湖被充填,河床向自由河曲转化,局部地段海岸线推进较快,其轮廓趋平直化。①

三、宁绍平原的湖泊演变

全新世最后一次海侵极盛时,海水直拍杭州湾南部山麓,仅有少数孤丘和沙洲出露水面。随着长江、钱塘江等河流携带的泥沙的沉积,这片浅海上自南向北形成了今日的宁绍平原。同时,随着岸线的不断北退,加之平原南部的天台、四明、会稽、龙门 4 组山脉都呈北东走向,与海岸斜交,岸线曲折,海湾众多,受到泥沙的封积,部分海湾逐渐发育成潟湖。之后,岸线进一步后退,潟湖就转为淡水湖。这些湖泊,后来在地方史籍中记载有名称的有:萧山的桃湖、大尖湖,绍兴的容山湖,上虞的漳汀湖、朱山湖,余姚的赵兰湖、蒲阳湖,鄞州的马湖、东钱湖,镇海的彭城湖和富都湖,等等。②

---

① 冯怀珍、王宗涛:《全新世浙江的海岸变迁与海面变化》,《杭州大学学报(自然科学版)》1986 年第 1 期。

② 陈桥驿:《论历史时期宁绍平原的湖泊演变》,载陈桥驿《吴越文化论丛》,中华书局,1999,第 327—341 页。

据《国语》《越绝书》等古籍记载,夏商时代,於越部族已经在今浙东地区活动。直到春秋晚期,於越部族的活动中心始终停留在平原南部的山区,因当时海岸线还未远离山麓,平原狭小,湖沼密布,不能为越族人提供适当的生活条件。越王句践七年(前490),越国开始在今绍兴城定都,而当时的盐场朱余距今绍兴城已达35里,今浙东运河沿线以北直到汉唐古海岸之间所分布的许多湖泊,如绍兴的贺家池,余姚的余支湖、桐木湖,慈溪的沈窑湖、灵湖等,均由该时期的潟湖演化而来。

四、植被与动物

先秦时期,浙江地区的山地丘陵,竹木茂盛,浓荫覆地。《尔雅》载:"东南之美者,有会稽之竹箭焉。"记载了浙江丰富的竹资源。据《越绝书》卷八记载,越王句践"初徙琅邪,使楼船卒二千八百人,伐松柏以为桴,故曰木客。去县十五里。一曰句践伐善木,文刻献于吴,故曰木客"。越王句践也曾描述越国"山林幽冥,不知利害所在"。可见,春秋战国时期,会稽山等地均为茂盛的山林。印山大墓中发现的巨木,也是春秋时期浙江地区多原始森林与巨大木材的一个实物证据。

林中深处,野猪、猿、熊、象、虎、豹、蛇等动物众多。从越人以鸟、蛇、蛙等为图腾可以看出,当时的鸟类也极为丰富。应引起注意的是,越人曾向周王朝和中原国家贡献犀角、象牙,这是越人在当地猎获的,充分说明春秋战国时期越国动物种类之丰富。

第二节　自然资源开发利用

一、土地资源

史前至先秦，今浙江省境散布有于越、东瓯、姑篾、句吴等氏族部落。其土地开发利用的记载，最早见于《吴越春秋》卷六关于越人在今会稽山区的生产活动：“随陵陆而耕种，或逐禽鹿而给食。”越人和其他氏族过着原始的迁徙农业与狩猎业生活，这些活动促进了今会稽、四明山区及浙江其他地区的土地开发利用。春秋末期，越王句践把越国都城从会稽山地迁到其北麓沼泽平原，并在沼泽平原围堤筑塘、垦殖耕作，还利用沼泽平原上的一些孤丘如鸡山、豕山等发展畜牧业。总体上，由于当时人口数量不多，对土地资源开发利用的范围和程度较为有限。

二、水资源

（一）堤塘

夏商周时期，浙江地区的杭嘉湖平原、宁绍平原、温黄平原等已基本形成，但仍然海潮直薄。平原上的湖沼比现在多，属于湖沼平原。钱塘江、灵江、瓯江等河流短促，直接汇入东海，海潮往往会沿这些河流上溯至平原，与河水相顶托，在平原地区形成湖泊与沼泽。一旦山洪暴发或大潮上溯，平原湖泊漫溢，便会成为一片汪洋泽国。因此，当时生活于平原地区的越人是在与水害的斗争中转水害为水利，胼手胝足而发展壮大的。

农业逐渐成为经济中的主导产业，而水利是农业的命脉。

特别是浙江沿海平原地区,主要农作物是水稻,对水的需求量很大,因此,水利治理工程的重要性更加突出。

春秋时期,越族人民为了拦蓄山水,抗拒咸潮,保护山麓冲积扇的土地,解决农业灌溉和人畜饮水问题,首先在聚落附近的山麓地带修建了不少堤塘工程。这类水利工程,见之于《越绝书》的就有吴塘和苦竹塘等。

据史料记载,富中大塘是越国最大的平原农田水利工程。《越绝书》卷八载:"富中大塘者,句践治以为义田,为肥饶,谓之富中。去县二十里二十二步。"显然,这是句践发动越国民众治水围堤、广辟田畴之举。后因其大塘筑成,农田肥饶,粮食富足,而取名富中大塘。它是越国至关重要的粮食基地。

（二）山阴故水道

《越绝书》卷八记载:"山阴故水道,出东郭,从郡阳春亭。去县五十里。"阳春亭在今绍兴城五云门外,这条故水道据考由今绍兴城东郭门通往今上虞练塘,与今萧绍运河的该段大致相近。其建成年代应为越王句践主政之前,系我国最早的人工运河之一。其主要作用是贯通了北流向诸河流,使越国的冶炼、种植、养殖及其他活动之地与中心地相互往来的水上交通等问题得以解决。

三、矿产资源

（一）铜铁矿

浙江地域经历了中条、晋宁、加里东、华力西—印支、燕山和喜马拉雅等 6 个构造旋回,形成了类型多样的金属矿床,尽管储量相对有限。江绍拼接带是长期活动的构造薄弱部位,特别在燕山期火山岩活动,出现与火山岩有关的金、银、铜多金属成矿;嵊州—龙泉元古代裂谷带八都群和陈蔡群沉积期形成海底火山岩型块状硫化物矿床;江南古陆(岛弧)海底火山—沉积成矿作用形成块状硫化物型铜—多金属矿床;开化—临安陆内坳陷沉积盆地主要发育三期热水沉积成矿;长兴—德清印支陆表海沉积盆地相对宽阔,燕山期岩浆作用强烈,矽卡岩型或热液交代型硫、铁、金、铜、铅、锌矿化现象普遍。[①]

夏商周时代,在马桥文化和好川文化遗址中,良渚文化中精美的玉器已经不见,规模宏大的"土筑金字塔"也已消失;石器制作粗糙,与良渚文化时期精磨抛光的石器形成鲜明的对照。浙江地区尽管当时的社会发展处于一个低潮期,脚步迈得有些蹒跚而缓慢,仍然从石器时代步入了青铜时代,太湖流域的长兴、安吉、余杭、南浔、海宁等地,都出土过小件青铜器。器物类型有铜盂、铜瓿、铜爵、铜盘等生活用具,铜镰、铜破土器等农具,铜铙、铜钟等乐器,铜剑、铜戈等兵器。以铜、铅、锡矿为原料的浙江的青铜冶铸业已有一定的水平和规模,这种水平和规模是与因未形成统一的国家机构而由分散的土著部落自行经营的生产状况相适应的。

春秋战国时期,浙江青铜器达到鼎盛时期,铸造水平已与中原不相上下,吴戈越剑名闻天下,铸剑神匠欧冶子及莫邪、干将的传说广为流传。同时,铁器滥觞。金属器具逐渐替代石木骨蚌等器具,并最终形成鲜明的地方特色。越国还专门设立"铜

---

① 周乐尧、黄立勇、黄建军等:《浙江地质构造环境与内生金属矿床成矿初探》,《科技通报》2013 年第 1 期。

官"（又称"冶臣"）于锡山，掌管采矿、冶炼技术。浙江地区出土春秋战国青铜器的地点遍及绍兴越城、柯桥、上虞、嵊州、诸暨，湖州吴兴、德清，温州永嘉，舟山定海等地，多农具、兵器，青铜礼器很少见，与中原先秦青铜器多礼器的情形大相径庭。青铜农具有斧、镈、犁、锸、镢、铲、耨、锄、镰等，尤其是在刃部带有锯齿的耨和镰，显然是为了适应湖沼平原种植水稻而生产制作的。青铜兵器有剑、矛、戈、矢镞等，制作精良，数量巨大。越剑的冶铸是一个包含锻焊、嵌铸（刻划）等多项青铜工艺的过程。它集冶炼、铸造、绘画、书法、雕刻于一身，融政治、经济、文化于一体，丰富多彩、独具特色。出土的越国青铜器中，礼器所占的比重很小，主要有鼎、尊、铙、钟、句鑃、鸠杖等。绍兴坡塘出土的伎乐铜屋、汤鼎、铜镇墓兽座等，堪称浙江青铜器之最。另外，春秋战国时期，浙江地区已有冶铁业。绍兴越城曾出土铁镰、铁锄、铁镢、铁削、铁斧等工具，且铁镰刀刃部铸有细锯齿，吴越地域特色鲜明。

古文献中也有大量关于先秦矿冶遗址的记载。《越绝书》卷十一载："赤堇之山破而出锡，若耶之溪涸而出铜。"赤堇山就在今绍兴市区东南大约 15 千米的平水镇铸铺岙村与若耶溪相接处。《越绝书》卷八记载："姑中山者，越铜官之山也。越人谓之铜姑渎。"姑中山，即锡山，又称银山，在今上虞区东关镇，其东南山坡面上堆积大量的废料矿石，坡地上遗有大小坑洼无数。练塘矿冶遗址在银山附近有练塘村。《越绝书》卷八记载："练塘者，句践时采锡山为炭，称'炭聚'，载从炭渎至练塘，各因事名之。"《水经注》卷四十记载："山北湖下有练塘里。《吴越春秋》云：'句践炼冶铜锡之处。'采炭于南山，故其间有炭渎。"从银山往北 2 千米就是练塘村，属上虞区东关镇，与山阴故陆道、故水道相接。练塘,顾名思义,就是冶炼矿产的地方。银山矿场与练塘之间专辟驳运漕线,名为"炭渎",以方便燃料和金属原料的运输。

（二）陶土

夏商周时代,先民的生活器具仍以易熔黏土烧制的陶器为主。马桥文化遗址出土的陶器有泥质灰、黑陶,泥质红褐陶,夹砂陶等陶系,以灰、黑陶占比最高。[①] 好川文化遗址出土的陶器以泥质灰陶居多,泥质灰胎黑皮陶、夹砂陶、印纹陶少量。[②] 陶器表面纹饰丰富,有绳纹、弦纹、方格纹、条纹、席纹等,以方格纹、条纹、席纹、条格纹、叶脉纹、篮纹、折线纹、菱格填线纹等几何印纹为特色。

春秋战国时,越国的制陶业十分发达,在各类相关的遗存中,均可找到具有越文化标志的印纹陶。此外,越国也生产夹砂红陶、泥质黑陶、泥质灰陶等陶器。从绍兴马鞍、壶瓶山、后白洋、袍谷等古文化遗址出土的陶器看,在先越时期,先民们已经在宁绍平原上生息繁衍。在漫长的岁月中,越族先民日常生活的主要用具如炊器、饮食器和盛贮器仍离不开砂质陶器和泥质陶器。绍兴出土的印纹陶器以坛、罐、瓮、盂、杯为主,尤以罐、坛、瓮等盛贮器居多。越王句践大力发展陶瓷生产,除生活用陶之外,还生产过建筑用陶和冶铸用陶等,工艺水平、技术质量也不断提高。产品在泥质灰陶、黑陶（黑皮陶）的基础上进步到硬陶、印纹硬陶。

① 曹峻:《马桥文化再认识》,《考古》2010 年第 11 期。
② 舒锦宏:《论好川文化陶器造型》,《中国陶瓷》2010 年第 6 期。

（三）瓷土（石）

原始瓷是在选料和制陶技术进步的基础上发展起来的,与陶器相比,发生了质的飞跃:①原始瓷器用瓷石/土做坯料,与制陶器用的易熔黏土相比,二氧化硅(SiO_2)和氧化铝(Al_2O_3)含量较高,氧化铁(Fe_2O_3)含量低,使瓷坯能在高温（1100～1200℃)中烧成,减少变形,提高坯体的白度;②原始瓷烧成温度高,均在1200℃左右,平焰(龙)窑烧造技术的出现,为原始瓷的烧制提供了技术保障;③原始瓷表面施釉,有光泽,透明洁净且便于洗涤。

夏商之际,浙江德清出现了中国目前所知年代最早的原始瓷窑址,位于东苕溪流域,包括湖州瓢山Ⅰ区、瓢山Ⅱ区下文化层、北家山、金龙山Ⅰ区等4处。瓢山Ⅱ区下文化层窑址年代相当于马桥遗址的第一、第二阶段,其碳十四样品测年为公元前1500年左右。至商代早期,浙江原始瓷产地有所扩张。商代早期的南山窑址有20处,以第一至第三期为代表,以产原始瓷为主,也有少量印纹硬陶。至商代晚期,东苕溪流域的原始瓷窑址群表现出较大的生产规模,又增加16处水洞坞类型窑址,出土原始瓷有豆、钵等,南山窑第四、第五期所出土原始瓷种类在第一至第三期的基础上增加了尊和簋等。①

春秋中晚期,东苕溪流域原始瓷窑址数量较春秋早期明显增加,并扩展到宁绍平原的萧山、绍兴一带。原始瓷在技术上获得了较大的进展:无论是胎色还是胎质,均更加稳定;釉层变薄,施釉均匀,釉色显示较青翠,剥釉减少;不管是大小器物,普遍使

① 秦超超:《试论夏商时期中国东南地区原始瓷产地的发展与特点》,《南方文物》2021年第1期。

用快轮成型;春秋中期大量使用作为间隔具的托珠,大大提高装烧量。器类以日用的碗占绝大多数,少量罐、盘类器物,偶见少量卣类礼器。

战国早中期,原始瓷窑址以东苕溪流域为中心,浦阳江流域也有部分分布。在胎、釉、器型、装饰、制作、烧造等方面,均达到巅峰状态。[①] 器物胎质细腻匀净,胎色呈稳定的灰白色;施釉均匀,釉层薄,釉色青中泛黄,基本无脱釉和生烧现象;器型规整,内外带光泽,快轮成型技术成为主流,一次拉坯成型器物较多。器类的丰富程度远超过以往,除日用器皿外,还有礼器、乐器、兵器、工具及农具等。

（四）石材

夏商周时代,生产工具绝大部分仍为石器,青铜器尚处于滥觞期。马桥文化的石器种类有斧、锛、刀、镰、镞等,另有少量的钺、镢、锄、犁等器类。好川文化石器种类有斧、凿、锛、刀、钺、有段石锛及网坠等。这些石器多由板岩、页岩或燧石磨制而成,与良渚文化的石器在用料和制法上接近。此外,石材还用于马桥文化土墩石室墓建造。

春秋战国时期,石材开采用于海塘修筑等。富有居民利用青铜或铁制工具在坡度较缓或石质较软的浑圆的砂岩山脊或山顶处凿石作穴,形成特有的石室土墩墓群。

（五）玉石

良渚之后,琮、钺等大型玉制礼器基本上见不到,出土的玉

---

① 郑建明、俞友良:《浙江出土先秦原始瓷鉴赏》,《文物鉴定与鉴赏》2011年第7期。

器数量稀少且相对简单。好川文化遗址曾出土了台阶式祭坛状的玉器、玉质琮形管。安吉西苕溪万华渡口出土一件商代玉器柄,并镶嵌绿松石。绍兴印山越王允常陵出土的春秋线刻玉钩形器,长12.3厘米,钩作龙首形。战国时期的玉石雕刻有绍兴306号墓出土的龙形玉佩、玉虎、玉耳金舟、余姚老虎山一号墩出土的战国玉剑首、玉璧等。

四、食物资源

饭稻羹鱼历来是越地人民最重要和最具特色的饮食习俗。越国的粮食作物,据《越绝书》卷四记载:"甲货之户曰粢,为上物,贾七十;乙货之户曰黍,为中物,石六十;丙货之户曰赤豆,为下物,石五十;丁货之户曰稻粟,令为上种,石四十;戊货之户曰麦,为中物,石三十;己货之户曰大豆,为下物,石二十;庚货之户曰穬,比疏食,故无贾;辛货之户曰果,比疏食,无贾;壬癸无货。"当时种植的农作物有粟(即稷)、黍、赤豆、稻粟(即水稻)、麦、大豆、穬(大豆的一种)。瓜果蔬菜也是越族先民食物的一大构成部分。

春秋时期,吴越的养殖业十分兴盛。《越绝书》卷二记载:"娄门外鸡陂墟,故吴王所畜鸡,使李保养之。去县二十里。"在越国,更有专门蓄养鸡、狗、猪的"鸡山""犬山""豕山"。可见家畜家禽在当时是主要的肉食。此外,当时可能已有人工驯养的鹿,越国有鹿池山的地名。把野鸡、野鸭驯化成家禽,是越族先民对我国养殖业的重要贡献。

越国濒临大海,又有江湖之利,水产资源丰富。种类繁多的鱼类无疑是古越先民捕食的主要水产品。越族先民发明了炙鱼、脍鱼、羹鱼等丰富多样的鱼类烹烧技术及腌晒鱼鲞的鱼类储存技艺。为了常年有鱼可食,除了捕捞,养鱼业也很早在越族中发展起来,并在越族后裔中一直承传。相传范蠡还著有《养鱼经》。

五、纤维作物

至越王句践时代,蚕桑业已有了一定的规模和相当的水平,《越绝书》和《吴越春秋》中往往农桑并提,如"劝农桑",可见蚕桑在经济上有举足轻重的地位。当时,越国民间丝绸纺织也已较为普遍,丝绸品种有帛、丝、罗、縠、纱等。

麻是一种战备物资,系制弓弦所用。据《越绝书》卷八记载,在离山阴县城 12 里处有一座麻林山,因为"句践欲伐吴,种麻以为弓弦",故名之。

葛是越国最主要的纤维作物,用作纺织衣物。《淮南子》卷一记载:"於越生葛絺。"《越绝书》卷八中提到句践开辟"葛山",专门用于种葛,并"使越女织治葛布,献于吴王夫差"。《吴越春秋》卷八则说句践"使国中男女入山采葛,以作黄丝之布以献之"。此时葛布的质地已是"弱于罗兮轻霏霏",也称作"絺素"[1]。

六、海洋资源

(一)盐业

浙江跨湖桥、河姆渡、马家浜、良渚等遗址,大多离海岸线较近,获取海盐自然也就比较方便。因此,浙江早期文明的孕育与盐业之间,应该存在着某种必然的联系。现存关于浙江早期盐

---

① 赵晔撰:《吴越春秋》卷八,元刻明修本。

业情况的资料很少。有文字记录的浙江海洋盐业始于春秋时期的杭州湾两岸。《越绝书》卷八记载"朱余者,越盐官也,越人谓盐曰'余'。去县三十五里",即越王句践当政时曾设立盐官,管理盐业。因越语"余"即汉语"盐",陈桥驿指出"余""常常出现在於越的地名中","余姚、余杭、余暨等这些古代的沿海聚落,都和朱余一样,和当时的盐业生产有密切关系"[①]。越国的盐业生产方式,是直接将海水煎熬成盐。

(二)海洋渔业

先秦时期,海洋捕捞业处于发展初期。《竹书纪年》卷三载,夏代帝王芒"东狩于海,获大鱼",可能是采用梭镖或箭射等方法捕捞。越国濒临大海,《逸周书》卷七中说:"东越海蛤,欧人蝉蛇。"越人利用近海的有利条件,进行近海海洋捕捞也是情理之中的事。

(三)港口岸线

先秦时期,越国舟船已多有专名,如余皇、须虑、楼船、戈船、突冒、桥船、大翼、中翼、小翼等。在距绍兴城 20 千米的沿后海(今杭州湾)地带修筑石塘、防坞、杭坞等港埠。春秋战国时期,在今中国大陆有五大港口,其中越地有会稽(今绍兴市)、句章(今宁波市)两大港口。[②]

---

① 陈桥驿:《越绝书·序》,载袁康、吴平录辑《越绝书》,上海古籍出版社,1985。
② 《浙江通志》编纂委员会编:《浙江通志·海洋经济专志》,浙江科学技术出版社,2021,第 3 页。

第三章　秦汉六朝浙江的自然
环境与资源开发利用

　　秦王政二十五年(前222),秦将王翦率军南下,平定楚江南地,降越君,统一越国故地。秦完成统一后,在全国推行郡县制。最初全国分为36郡,后增至40余郡。今浙江境域分属于会稽郡、鄣郡、闽中郡。会稽郡,郡治在吴县,辖地包括今江苏省镇江以南,南至今浙江省金衢盆地。鄣郡,辖地包括今浙江省西北、安徽省东南和江苏省西南地区。郡治故鄣县在今安吉县安城镇古城村,为今浙江境域最早出现的郡级治所。闽中郡,郡治在冶(今福建福州)。今浙江境域的椒江流域、瓯江流域属闽中郡。东汉永建四年(129),以浙江为界,将秦代建立的会稽郡一分为二,南为会稽郡,北为吴郡。会稽郡到了三国吴时,又一分为四,析分成会稽、东阳、临海、建安4郡。六朝的新都郡包括今浙江、安徽两省的一部分,而在当时是一个完整的郡级行政区域,同时也是一个有着共同源流的经济、文化区。如今的浙南地区,汉武帝时开始归属会稽郡;三国吴,先后分会稽郡设临海郡、建安郡;东晋后分临海郡置永嘉郡,临海、永嘉与会稽、东阳、新安并称浙江东五郡,东瓯故地的文化面貌逐渐与太湖、钱塘江流域趋同。

第一节　自然环境

秦代和西汉气候温和,海平面上升,距今 2000 年左右,海面较今高 2 米左右。东汉时代即公元之初,气候转寒,这种寒冷气候到 3 世纪后半叶特别是公元 280—289 年的 10 年间达到顶点;南北朝时期海平面下降,大致回到了西汉海侵前的位置。东汉末年,筑西险大塘,东苕溪改道往北注入太湖。

一、气候

从春秋战国时期到西汉,包括浙江在内的江南地区经历了一段近 800 年的温暖时期,平均气温较今约高 1.5℃,降水甚多。有水乡之称的江南地区河流密布,湖泊遍地,地势低洼处易积水,遇上充沛的降雨,更是涝化严重。东汉魏晋时期,我国正值一个气候异常期。据竺可桢先生考证,自公元初气温就开始下降,至 4 世纪和 5 世纪达到最低点,冬天要比现在冷大约 2℃,平均年温低 1℃。[①] 王铮等通过研究发现,在近 2000 年中,中国气候逐渐变干,其变干最迅速的则在公元 280—500 年。[②]

从东汉到魏晋南北朝,我国经历历史上第二个寒冷期。三国时魏文帝观兵广陵(今淮阴),由于天气寒冷,淮河结冰,十万大军的演习不得不临时取消。南京是六朝的都城,南朝在覆舟山设有冰房,依据当时南北分裂的状况,其所需冰块应取自当地。另外,北魏贾思勰《齐民要术》一书记载,当时杏花盛开和枣

---

① 竺可桢:《中国近五千年来气候变迁的初步研究》,《考古学报》1972 年第 1 期。

② 王铮、张丕远、周清波:《历史气候变化对中国社会发展的影响——兼论人地关系》,《地理学报》1996 年第 4 期。

树发芽的时间比现在要晚 15～30 天，也足以证明这一时期气候相当寒冷。

竺可桢最早提出魏晋南北朝年平均气温比现在低 1～2℃的看法。尽管此后也有学者对于竺先生的推断提出疑问，但几乎所有古气候研究成果都是在肯定魏晋南北朝属于气候寒冷期的基础上，或者对当时的寒冷程度有所修正，或者进而指出其中尚存在相对的冷暖波动。从目前的研究来看，魏晋南北朝气候相对寒冷应该没有疑问。温暖的气候往往能带来较多降水，故而多与潮湿相伴，而寒冷时期则会相对干燥。竺可桢指出，"第四世纪（西历纪元后三百年至四百年）旱灾之数骤增，而雨灾之数骤减"，"自晋成帝咸康二年（西历三百三十六年）迄刘宋文帝元嘉二十年（西历四百四十三年）一百零八年中，竟无一雨灾之记录，而旱灾则达四十一次之多"，是当时"天气有干旱之趋势"的反映。[①]

二、东苕溪改道

在东汉建筑西险大塘之前，现在的西溪湿地、五常湿地、闲林湿地甚至杭州城西、武林门到上城区这一带都是苕溪的河道和河漫滩。现在的东苕溪在杭州市余杭区余杭镇附近突然北折，经瓶窑、安溪至璋山流向太湖，这显然就是修建西险大塘的结果。关于西险大塘的修建年代，《水经注》卷四十中有记载："浙江又东迳余杭故县南、新县北，秦始皇南游会稽，途出是地，因立为县，王莽之进睦也。汉末陈浑移筑南城，县后溪南大塘即浑立以防水也。"其中的大塘，后来又称为瓦窑塘，是西险大塘的

---

① 竺可桢：《中国历史上气候之变迁》，《东方杂志》1925 年第 22 卷第 4 号。

西端一段。据《水经注》的记载,西险大塘始筑于东汉末年,因此,东苕溪在余杭古镇改道的时间也就是东汉末年。直到东汉熹平年间,余杭县令陈浑组织修筑西险大塘,把苕溪水向北引向瓶窑、德清进入太湖,西溪湿地、五常湿地、闲林湿地就从自然河道、河漫滩变成了湿地地貌。

三、海平面变化

在中国沿海地区,西汉晚期发生了海侵。西汉末到东汉间(约前48—173),东部沿海发生大面积海进。这次海进,海面高约2.5米(柘湖、当湖附近地面今高3米以上),被海水淹没的陆地有4000余平方千米(包括当时为陆地、现为海域的王盘山至故邑之间的大片土地沦入海中)。其时太湖以东重新出现了两个岛屿,即以今海盐高阳山为标志的大岛和以东北部佘山为标志的较小的岛。现今嘉善县北部、嘉兴市区北部、平湖市大部,以至吴兴区、南浔区、德清县东部当时均成为潟湖或浅海。海宁市南部当时亦被淹,长安镇在地面1米以下也发现有众多的千层蚌(牡蛎)。这一次高海面大约从西汉晚期持续到晋朝。南北朝时期海面下降,大致回到了西汉海侵以前的位置。[①]

四、植被与动物

秦汉时期,气候卑湿炎热,地处江南的浙江地区植被以亚热带常绿林为主,并随气候波动与亚热带常绿、落叶混交林之间相

---

① 王文、谢志仁:《从史料记载看中国历史时期海面波动》,《地球科学进展》2001年第2期。

互演替。① 《汉书·严助传》载,越地"以地图察其山川要塞,相去不过寸数,而间独数百千里,阻险林丛弗能尽著"。"夹以深林丛竹,水道上下击石,林中多蝮蛇猛兽。"《史记·货殖列传》载,"江南……多竹木"、盛产"楠、梓、姜、桂"、又有"千树橘"。秦汉时期野象的分布北界还在长江以北地区。《尚书》提到扬州、荆州皆贡"齿、革",其中,"齿"指象牙,"革"指犀革。秦汉人口的缓慢增长对宁绍地区和太湖流域的土地开发发挥了较积极的作用,同时也加速了该区域丘麓平原的局部森林采伐。因原来的森林资源丰富,即使是人口较多的会稽山北麓仍存有不少古木巨树。而浙西北、浙中,尤其是浙南山区原始森林依旧保存完好。

六朝时,虽说气候转寒冷,但山区仍旧植被覆盖完好,《水经注》卷四十说天目山"有霜木,皆是数百年树,谓之翔凤林""松岭森蔚"。谢灵运在剡县(今浙江嵊州)有《登石门最高顶》诗:"长林罗户穴,积石拥基阶,连岩觉路塞,密竹使径迷。……活活夕流驶,嗷嗷夜猿啼。"② 浙东会稽、四明、天台诸山的深山和交通不便的地方,仍是古木森森、藤萝倒挂、猿猴出没的原始森林景象。一些珍稀野生动物如野犀、野象、麋鹿、猿等分布广泛。

第二节　自然资源开发利用

一、土地资源

秦汉时期,秦始皇降服居住在浙江一带的越族,设会稽郡;

---

① 罗启龙、晋文载,《秦汉时期南方天然林木的分布及人类影响》,《中国农史》2017年第4期。

② 萧统编,张葆全、胡大雷主编《文选译注》,上海古籍出版社,2020,第634页。

征服东瓯(今温州一带)和闽越(今福建一带),设闽中郡(今温、台一带属之)。秦统一六国后,乃下令"无伐草木",并广植行道树。公元前210年,秦始皇"东巡之会稽",浙江通径亦为青松夹驰道。由于战争和东瓯人口迁居江淮间,浙、闽地区更见荒落。两汉之际,北方战乱频仍,人口不断南迁,东汉时仅会稽郡人口就比西汉时增加了15万余,这对浙江的开发起了很大作用。西汉时采取薄徭赋、重农桑、弛山泽之禁的政策,令吏勉农尽地利,一时农林事业大有起色。两汉时,浙江的农业生产中,牛耕更加普遍,铁制农具进一步推广,绍兴鉴湖、余杭两湖(南上湖、南下湖)、金华白沙溪三十六堰等水利工程大量兴建,耕作技术显著改进。这对宁绍平原、苕溪流域和金衢盆地的土地开发起到了十分积极的作用,同时也加速了该地域丘麓平原的林地、湿地垦造为耕地的进度。此时,浙江原始森林的早期采垦主要局限在平原地区,宁绍平原和杭嘉湖平原在海退构筑海堤之后,原是一片沼泽草地森林,历经采伐森林、兴修水利、农垦成为农作植被。汉代中叶以后,随着人口增加和陶瓷、冶炼、造船、造纸、缫丝等手工业的发展,木材和薪炭的需求剧增,继而导致周边低丘森林被采伐。

东吴时期,由于东汉末年中原和江淮间大量流民逃入荆、扬两州,南方人口大增。劳动力的增加、先进生产工具和生产技术的带入,促使江南地区的农业得到改进,也扩大了耕地面积。东吴"广开农桑之业,积不訾之储",奖励垦荒,改进耕作方法,农业产量有很大提高。如钟离牧在永兴县(今杭州市萧山区)垦田20余亩,一年得精米60斛,平均每亩产量三石。东吴谷帛如山,稻田沃野,民无饥岁。这是当时的一种繁荣局面的缩影。农业耕作技术上出现了双季稻栽培。蚕业发展,诸暨、永安出产御丝,专供宫廷。

　　两晋南北朝时期,北方战争频繁,大批北人南迁,促进江南广大荒野的开发,垦地面积日益增加,出现"田非疁水,皆播麦菽;地堪滋养,悉艺纻麻;荫巷绿藩,必树桑柘;列庭接宇,唯植竹栗"的景观。而会稽一带"地广野丰,民勤本业,一岁或稔,则数郡忘饥。会土带海傍湖,良畴亦数十万顷,膏腴上地,亩直一金"。三吴(吴郡、吴兴、会稽)地区经济发达,成为东晋南朝官府收入的主要来源地区。南朝宋文帝时,诏耕桑树艺,各尽其力,及弛山泽之利。宋孝武帝时,"种养竹木杂果为林"。梁武帝时,诏开山林薮泽之禁,令官吏教民种植桑果。当时,浙江蚕桑业已相当发达。东阳、新安、永嘉等山区也盛栽桑树,吴兴等平原地区田塍塘旁更是普遍植桑,所谓"荫陌复垂塘"。此时,浙北已有成片桑园。从晋到南朝,茶叶生产也有一定程度发展,上层社会饮茶已较普遍,浙北丘陵地区就有御贡茶园。曹娥江上游(古称剡溪)以野生古藤为原料,开始生产剡藤纸。此时,富阳开始利用竹子造纸,扩大了森林利用范围。永嘉之乱后,晋室被迫南迁建康,大批中州士女避乱南渡。从西晋的永嘉丧乱到南朝宋元嘉年间的一百多年里,中国北方人口的南移数量在 90 万人左右,占南方总人口的六分之一,其中不少迁徙浙江。人口大量增加,使杭州湾两岸平原土地得到较好开发,山阴县还出现"土地偏狭,民多田少"的现象,局部地区浅山低丘的木材薪柴开始不敷需要。南朝初期,稽南丘陵仍然"茂松林密",拥有许多"干合抱,梢千仞"的高大树木。至南朝中后期,因大片森林被伐,部分伐薪者开始深入会稽山地。但浙江广阔的山地和绝大部分丘陵此时仍为原始森林所覆盖。东晋永和九年(353),稽北丘陵兰亭附近的兰渚山一带还有茂林修竹。谢灵运在剡县(今嵊州）留有《登石门最高顶》一诗，对当地的生态环境作了生动的描述。

二、水资源

（一）秦汉时期

秦汉时期，特别是东汉，浙江先民开发利用江河湖泊明显增多。首先，为解决交通运输问题，修建水利工程。据《越绝书》卷二记载："秦始皇造道陵南，可通陵道，到由拳塞，同起马塘，湛以为陂，治陵水道到钱唐，越地，通浙江。秦始皇发会稽适戍卒，治通陵高以南陵道，县相属。"陵水道的开凿，初步奠定了江南运河的走向。其次，东汉出现的由地方官府的郡县长官主持建设的水利工程，大多兼负通渠、蓄水、防洪、排水之功能，像山阴县的镜湖、余杭县的南湖都是防洪、灌溉工程，它们分别使会稽郡山阴平原、吴郡东苕溪流域的水利系统得到根本性的改良。最后，凿井，开发地下水。嘉定《赤城志》卷二十五记载，今仙居县东 17 里有蔡经井 9 口。从考古发掘看，陶井是汉代墓葬中常见的随葬明器之一，在今上虞、新昌、慈溪、奉化、鄞州的汉墓中都有明器陶井出土。今长兴县画溪桥附近田畈出土东汉的陶井、陶井圈等，其中陶井圈 8 件。

汉代浙江地区的水利工程，从地域空间布局看，涉及太湖流域、宁绍平原、金衢盆地、新安江流域。从时间上看，北部早于南部。秦至西汉，浙江地区的水利工程见于记载的都在太湖流域。东汉，钱塘江南岸的水利工程始见于文献记载。从汉代聚落的分布看，百姓自发兴修的小型灌溉工程当是水利工程的主体，只是文献没有记载。同时，这一时期的水利技术有了显著的提高。

人们因地制宜,利用原有的湖泊作为水库,或在溪的中流作堰引水灌溉。人们不仅注意水的流通、水的储蓄,还注意通过水门建设及时地调节水量。

1. 太湖流域

秦始皇在由拳县筑马塘堰,治陵水道,由此沟通会稽郡城吴县—由拳—钱唐的运河,越浙江(钱塘江)可到达山阴县。西汉初,荆王刘贾在今长兴泗安以西筑塘,称荆塘;西汉元始二年(公元 2 年),为御太湖水,吴人皋伯通在今长兴东北筑皋塘。

始筑于东汉年间的南湖和北湖,是苕溪流域在两汉时期最著名的水利工程。东苕溪流至余杭扇形地,襟带山川,地势平衍,易成洪涝,所以余杭堤防建设比其他地方更为重要。东汉熹平年间(172—178),余杭县令陈浑于德清至余杭段建起南湖与北湖。灌溉县境公私田一千余顷,七千余户得其利。南湖和北湖是东苕溪上游最早的分洪滞洪工程,也是太湖流域兴筑最早、规模较大的丘陵水库,加速了东苕溪流域冲积平原的开发。

2. 杭州湾南岸

杭州湾南岸山阴—上虞—余姚—句章一线,秦汉时期水利工程有山阴县有回涌湖、镜湖,上虞县有白马湖(亦称渔浦湖)、上妃湖,余姚县有杜湖、白洋湖,句章县有汉陂(又称汉塘)等。其中,吴会分治后的会稽郡治所在地山阴县的水利建设最突出。

山阴县濒海依山,地势起伏多变,江河湖泊交织其间。主要河流多具山溪性,源短流急,枯洪流量变幅大。曹娥江、浦阳江都是潮汐河流,江道曲窄,河口受钱塘江水流、潮汐影响,泄水不畅。平原地区为山洪、海潮所夹击,农业发展受到制约。秦以前,越人为求生存发展,与海争地不息;筑塘围涂,外以抗御洪潮,内可垦殖生息。山阴北部海塘,越王句践时已建富中大塘、练塘等。

山阴平原河网的整治,为秦汉钱塘江南岸最重要的水利建设。人们根据这里的自然环境,筑堤塘以拒咸蓄淡,修闸堰以蓄泄有节,先在若耶溪口建成中型滞洪水库规模的回涌湖,后在山阴平原兴建大型蓄水工程镜湖。这两大水利工程的兴建,奠定了会稽北部平原大规模开发经营的基础,在会稽郡社会发展史上具有划时代意义。

回涌湖又名回踵湖,坐落在会稽郡城东郭,利用天然山坳泄洪。其修筑时间应早于镜湖,可能在东汉永元十四年(102),水利专家马棱任会稽太守时,就建成了这座今浙江省最早的中型高坝滞洪水库。其坝址在今绍兴市越城区稽山街道葛山东西两侧。其主要作用为拦截若耶溪的洪水,以弯回的堤坝,使山水下泄受阻,造成回涌之水势,经过调蓄,减轻对下游会稽郡城及平原的冲击。但它只能滞洪而不能根据需要提供较充足的淡水资源。镜湖建成后,回涌湖作用逐渐减弱,库区不断淤积,最后约在10世纪中叶废湮。

镜湖又有鉴湖等名称。东汉永和五年(140),会稽太守马臻为治山阴县江海水潦之害主持兴修。《元和郡县图志》卷二十六云:"镜湖,后汉永和五年,太守马臻创立,在会稽、山阴两县界筑塘蓄水,水高丈余,田又高海丈余。若水少则泄湖灌田,如水多则闭湖泄田中水入海,所以无凶年。堤塘周回三百一十里,溉田九千顷。"利用南为山、中为平原、北为台阶式地形的有利条件,以会稽郡城为中心,筑起全长56.5千米的东西向大堤,拦截会稽山北麓三十六源之水,汇成镜湖。堤坝控制集雨面积610平方千米,湖总面积189.93平方千米,湖正常库容约2.68亿立方米,总库容不少于4.4亿立方米。沿堤设置水门以节制水流,斗门用以泄洪、御潮,闸、堰用以排洪及灌溉,阴沟为堤中涵洞直接从湖中向农田输水。湖初创时有篙口、广陵和玉山三大斗门。同时,为计量控制水位,又在会稽五云门外小陵桥以东及山阴常禧门外跨湖桥以南,各设则水牌(即水位尺)一处。镜湖水位高于北部平原2～2.5米。镜湖成为当时江南最大的蓄水灌溉工程。镜湖的建成,为山阴平原提供了丰足的灌溉水源,调蓄了会稽山北麓的暴雨径流,大大减轻了平原的内涝灾害,有力地保障了平原的生产发展。

3.金衢盆地

金衢盆地最早的引水工程是位于金华江支流白沙溪上的三十六堰。相传东汉辅国将军卢文台率所部36人退居辅仓山麓务农开垦,因缺水灌溉,遂于白沙溪上节节截流,筑三十六堰。其灌溉效益,据明代赵崇善《白沙水利碑记》所述,按明代行政区划,灌汤溪县十都、十一都、十二都以达金华县三十四都、三十六都,兰溪县三十一都,灌溉田亩数以万计。

(二)六朝时期

根据史籍记载,六朝今浙江境域水利工程的数量增多,空间布局扩大到瓯江流域,与区域开发同步,与交通建设相联系。不少水利工程既用于农田灌溉,又为水上交通网的有机组成部分,有的还是郡治、县治城防的一部分。如孙吴在吴郡、会稽等郡屯田,水利建设与屯田同步进行;赤乌三年(240),吴大帝诏诸郡县治城郭,起谯楼,穿堑发渠,以备盗贼。按此诏令修建的沟渠,既是防御性工程,又是引水排水工程。赤乌八年(245),吴大帝遣校尉陈勋将屯田兵3万人凿句容中道。凿通之后,运河从句容通云阳西城,将吴郡、会稽郡和都城建业联系在一起。水利兴修具有鲜明的区域特色。如吴兴郡的水利工程,修建沿太湖堤塘,以阻隔太湖之水的侵袭。会稽郡的水利工程,最主要的是山阴平原河湖网的修建,使镜湖水利功能充分发挥,山阴平原不少沼泽地由此垦殖成"亩直一金"的上等之地。

东晋南朝,生活在平原地区的人们更加充分利用河湖纵横交叉的特点,依地势高低,遏山为埭,修建水门,控制水流吐纳,旱则引水灌田,涝则阻水入田。如南朝时,长城县西湖有水门24所,山阴县镜湖有水门69所。水门的大量兴建反映了人们征服自然的能力有了新的提高。

运河连接众多的河流和湖泊,为使各段河道保持一定的水位以利通航,必须设置一系列的堰埭,并以人力或牛力牵挽船只过堰埭以续航。南朝,杭州湾北岸的钱唐、海盐等县,南岸的永兴、山阴、上虞等县都有埭修建。钱塘江边的西陵、柳浦和浦阳南、北津四埭,因地处交通要道,非常出名。永兴县南,还有郭风埭。这些埭的修建,对运河与钱塘江的沟通、船舶的通航,起着重要作用。

挖井汲水,开采和利用地下水资源,是这一时期生活用水的来源之一。以吴兴郡为例,乌程县东北,有乌程侯井一口,口圆径一丈六尺,吴孙皓为乌程侯时掘。长城县(今长兴县)城东4.5千米的下箬寺(广惠院)粮库,有圣井一口,井系石砌井壁,深约15米,直径1.5米,水位保持均衡。嘉泰《吴兴志》卷十八记载:"圣井,在县东广惠院。有五井,其一晋永嘉中陈氏远祖所穿。高祖初生,井泉涌出,家人汲以浴之,今谓之圣井。余四井亦陈时所凿。"足见当时挖井数量之多。

1. 杭州湾北岸太湖流域

见于史籍记载的六朝吴郡、吴兴及浙江东五郡水利工程,以吴兴郡数量最多。吴黄龙元年（229），乌程侯孙皓在乌程县西（今长兴县境内）筑塘，在郡城凿井，人称孙塘、乌程侯井。永安年间（258—264），孙休主持筑青塘。东晋咸和年间（326—334），都督郗鉴在乌程县南 50 步开河，又在乌程县西 27 里开官渎。永和年间（345—356），太守殷康主持修筑获塘。咸安年间（371—372），太守谢安在乌程县西 10 里筑谢塘，在长城县南 70里筑官塘（一名谢公塘）。南朝宋大明七年（463），太守沈枚之筑吴兴塘（今双林塘），溉田 2000 顷。长城县还有方塘、盘塘等。武康县有五官渎、鄱阳汀等。安吉县有邸阁池，溉田 50 余顷。这些所谓的塘，正如南宋谈钥所说："湖之地平，凡为塘岸，皆筑以捍水。"既解决了水陆交通，又改善了低湿洼地的水土状况。其时，太湖溇港逐步开浚形成。这些工程当中，以青塘、获塘影响最大。

六朝时期，太湖流域东部，嘉兴、海盐、盐官、钱唐等县水利建设的史籍记载不如吴兴郡多。今嘉善县嘉善塘（又名华亭塘、魏塘）于南朝宋元嘉年间（424—453）开凿；盐官县于南朝梁天监十八年至中大通三年（519—531）已在上塘河沿岸筑闸。这一区域，孙吴、晋朝都曾有官府主持的屯田。屯田过程中，有水利兴修是可以肯定的。

太湖流域水利兴修虽然不断，但太湖东部吴郡境内淞江沪渎排水不畅造成的水溢成灾问题，始终没有得到解决。

2. 杭州湾南岸会稽郡

六朝时期，会稽郡各社会阶层都重视水利的兴修。围绕镜湖蓄水、溉田、排泄，开展山阴平原河湖网建设。

镜湖的水面面积、水门数、灌溉面积，据《水经注》卷四十记载："浙江又东北得长湖口，湖广五里，东西百三十里，沿湖开水门六十九所,下溉田万顷,北泻长江。"《水经注》的这一记载,应是南朝镜湖的状况。

自马臻创建镜湖之后,对山阴平原这块沼泽地的开垦与河湖网建设是同步的。人们出于灌溉与舟楫的需要,陆续挖掘了许多河道。西晋末年,为灌溉需要,会稽内史贺循主持疏凿了自郡城西郭至永兴县的河道。据嘉泰《会稽志》卷十载:"运河在府西一里,属山阴县,自会稽东来经县界五十里入萧山县,旧《经》云:晋司徒贺循临郡,凿此以溉田。"当时贺循可能是将一些河道疏浚连接而已。这条河道是六朝会稽郡兴建的规模最大、经济效益最高的一项水利工程,后来为浙东运河西段(山阴至钱塘江边西陵段),故也称西兴运河。它与镜湖西段湖堤上各涵闸相接,与山阴平原南北向的河流相接,由此山阴平原形成一片纵横交错、稠密有序的河湖网,从而改善了农田垦殖和灌溉、交通条件。它通过郡城东郭都赐埭进入镜湖,既可与山阴平原任何一个山麓冲积扇的港埠通航,又可缘东而达曹娥江边,然后经上虞与余姚江连接,直达鄞、鄮等县,促进浙东经济流通。它具有农田水利灌溉和交通双重功能。唐代以后的浙东运河,就是在春秋末期越国开凿的山阴故水道、东汉马臻创建的镜湖、西晋贺循开凿的河道基础上逐步形成发展起来的。

3. 钱塘江中上游

东阳郡,金华江支流白沙溪上,创建于东汉的白沙三十六堰,六朝仍是重要水利工程。一说吴赤乌元年(238),当地大旱,乡民在白沙溪上节节筑堰,拦水灌溉,终成三十六堰。吴宁县,东汉修建的洲义堰,分派子堰16处,仍是重要引水工程。

新安郡,东汉末年,新都太守贺齐挖城中壕渠,疏通城西之水,灌溉城东之田。东晋,鲍弘在郡西15里处修水利,至其四世孙安国兄弟筑鲍南堤。

此外,吴郡桐庐县有长林堰,南朝梁天监初年,吴郡太守任防令筑坝堰以蓄水。

4.浙南三江(今瓯江、飞云江、鳌江)流域

瓯江、飞云江下游平原,西晋开始出现较大规模的治水工程。据明嘉靖《温州府志》卷五载,太康年间(280—289),横阳人周凯主持治理三江流域,疏凿河道,通流入海。东晋太宁元年(323),置永嘉郡。郭璞为郡治规划,依山为城,环水为池,外通江河湖沼,内则开河凿井,以闸门控制城内进水、排水,涝而能泄,旱则有水。人们开始利用天然湖泊与河流,开挖塘河蓄水,并利用塘河航运。如在今鹿城区、瓯海区、瑞安市境内的温瑞塘河,古代为大小不一的潟湖,经开挖、整修、沟通,到唐大和年间(827—835)已成塘河雏形。此外,乐成县山区已有简易堰坝。

瓯江支流,见于记载的蓄水工程有吴赤乌二年(239)在恶溪(即好溪)流域筑建的古方塘,坐落在今缙云县胡源乡海拔1216米的古方山巅。通济堰是今浙南最著名的水利工程。南朝梁天监四年(505),司马詹氏欲截松阴溪水灌溉而请于朝,朝廷遣司马南氏共同主持修筑。堰坐落在今丽水市莲都区碧湖镇堰头村松阴溪与瓯江汇合处。堰为拱形大坝,灌田2万多亩,迄今1400多年,仍是丽水碧湖平原的主要引水灌溉工程。通济堰采用的拱形堰体、立体交叉输水道和长藤结瓜式的水利网络等水利技术在当时都是十分先进的,而在管理养护上更以堰规完善而著称。堰坝大抵以木筻和土砾截水,因易漏崩,每春需以木筻修之。至南宋开禧元年(1205),将原条木修筑的坝体改为石砌。

飞云江流域,据现有资料,挡潮、蓄淡、灌田的水利工程,在吴赤乌二年(239)析永宁县建罗阳县前就有石紫河埭(在今瑞安

市城关镇西),埭长 38 丈。晋太宁元年(323),横阳县民开浚城内外河道,出郭外引溉田数十里。太元十年至隆安四年(385—400),横阳县民开浚北塘河,即今万全塘河。

三、矿产资源

秦汉 400 多年间,越国故地的矿冶业、陶瓷业、造船业、制盐业、纺织业、酿造业等手工业获得了新的发展。包括铜铁开采、冶炼和铸造等在内的矿冶业,在大一统的政治格局下,随着社会转型和人们需求的变化,与先秦时期相比发生了很大的变化。西汉越国故地铜铁器物,据《史记》《汉书》记载,最著名的是铸钱,而不是青铜剑。考古发掘出土的器物表明,西汉以来当地最多的兵器也不是青铜剑,而是铜弩机。至东汉,会稽郡成为全国铜镜制作的中心,考古发掘出土铜器也以铜镜最多、最常见。钱币则是汉墓中常见的随葬品之一。这表明越国故地人们所持有的铜器逐渐由兵器转变为日常生活器具以及用于流通的钱币,日常生活器具则主要是铜镜。这一铜器器物类型的转变过程,正是铁器开始广泛使用和瓷器烧制成功的过程,铁器成为主要的兵器和日常生产工具,人们日常生活中廉价的瓷器逐渐取代青铜器。导致这个变化的一个重要因素是秦汉一统后,特别是汉代,国家有关铁的政策有力地推进了铁器及其铸造技术的引进和铁器在生产中的使用。东汉中晚期,会稽郡烧制瓷器获得成功,揭开了中国陶瓷史新的一页,中国由此成为世界上最早生产瓷器的国家,浙江也由此奠定了在中国陶瓷史上的重要地位。

（一）铜铁矿

1. 秦汉时期

(1) 铜矿开采与钱币、铜器铸造

吴、会稽、丹阳等郡交界地带是当时江南主要的铜、铁产区。今德清县有水坞里矿井遗址和前山冶炼场遗址。德清县从前有为纪念吴王刘濞派来监督铜矿开采的赵姓监官而建的赵监庙。凭借铜矿资源丰富的地理优势和善于冶炼青铜的传统优势，这里铜器制造业取得新突破。西汉，铜币铸造规模较大，吴王刘濞采山铜以为钱，所铸铜钱在全国名列前茅。

除钱币、叠铸母范外，出土的其他汉代铜制品还有弩机、矛、戟、刀、镞、戈、箭、削、锋、剑、钺、镳斗、环、鼓、灯、镦、带钩、碗、洗、鉴、壶、釜、甑、尊、锅、盆、盉、簋、鼎、盘、勺、奁、铞、香炉、舫、三足盘、镜以及朱乐昌印、鲁伯之印等。但总体来说，铜制生产工具、兵器逐渐被铁制品代替，铜器日用品逐步被瓷器代替，只有铜镜一枝独秀。

铜镜铸造，始于战国。至汉代，会稽郡成为全国铜镜铸造中心。铸造镜的原料有铜、锡、铅3种。正面涂上水银，经过打磨，镜面变得光亮可鉴。会稽铸造的铜镜，花纹丰富优美。四灵、禽兽、神话传说、历史人物等画像镜较为流行。如20世纪绍兴境域出土的数百面汉代铜镜中，形状有圆、方、菱角、柄形等，镜面图案以画像和神兽居多，喻意吉祥兴旺。铜镜多铸铭文，匠以山阴鲍氏、唐氏等最为著名。

汉代铜制品，尤其是用于流通的钱币和日常生活中用于照容的铜镜，据20世纪80年代以来出版的志书记载，今湖州、德清、安吉、长兴、嘉兴、桐乡、杭州、临安、萧山、绍兴、嵊州、新昌、上虞、余姚、慈溪、海曙、鄞州、定海、奉化、象山、宁海、三门、椒江、路桥、黄岩、临海、仙居、乐清、永嘉、平阳、诸暨、义乌、永康、金华、武义、浦江、兰溪、龙游、衢江、柯城、江山、遂昌、莲都、松阳等地都有出土。

（2）铁器制造

汉代，铁器制造业获得很大的发展，铁制生产工具和兵器逐步普及，并代替了青铜制品。今长兴、嘉兴、杭州、余杭、萧山、绍兴、嵊州、新昌、上虞、余姚、象山、诸暨、永康、武义、龙游、衢江、常山、松阳等地都有出土汉代铁器。

2. 六朝时期

东汉末孙吴，金属矿物开发以铜铁为主。南朝，生铁与熟铁混冶的灌钢技术的发明促进了冶炼业的发展。当时，钢有钢朴、横法钢、百炼钢等。"江南诸郡县有铁者或置冶令，或置丞，多是吴所作置"，即孙吴以来官府对冶铁业专设职官管理。同时，豪门世族占山泽，从事开发性经营，其中一项就是冶炼业。他们铸造的生产工具，既提供给庄园的生产者，也投放市场。南朝史籍中出现的"传、屯、邸、冶"，其中"冶"就是冶铸场所。

吴兴郡西部山区是江南重要矿区之一，乌程铜山、武康铜官山皆产铜。东晋，武康人沈充私铸沈郎钱。

会稽郡是当时冶铁业较为发达的地区之一。东晋咸康（335—342）末年，《晋书》卷七十三载："时东土多赋役，百姓乃从海道入广州，刺史邓岳大开鼓铸，诸夷因此知造兵器。"东土，即会稽郡一带。这表明岭南一带的冶铁技术很可能是由逃亡广州的会稽人传去的。据《中国古代矿业开发史》[①]记载，会稽郡所属

---

① 夏湘蓉等编著：《中国古代矿业开发史》，地质出版社，1980，第 66 页。

剡县(今浙江嵊州)三白山是当时著名的制造兵器的场所。

会稽郡铜镜铸造,在孙吴达到极盛期。这里铸造的各种神兽镜和画像镜,数量众多,在中国工艺发展史上占据极其重要的地位。当时铸造的铜镜往往铸有铸造时间、地点和工匠姓名等铭文。出土的不少神兽镜刻有当时的年号。会稽郡山所产铜镜远销国外,对日本的铜镜制作产生了影响。

(二)瓷器陶器烧制

1.瓷器的烧制成功
(1)秦汉时期

越国故地,早在商周时期已开始生产原始瓷。春秋战国,原始瓷进入鼎盛期,建有专门烧造原始瓷的窑址。楚败越后一度中断,秦汉一统之后得以复兴,陶瓷生产者注重原料的精选、釉料配制和施釉技术的改进、窑炉结构的逐步完善、火候的掌握等,原始瓷开始向成熟瓷发展。东汉早中期,会稽郡原始青瓷生产的一个重要变化是由原来的印纹硬陶、原始青瓷同窑共烧逐步发展为以烧原始青瓷为主。原始青瓷在陶、瓷合烧中取得主要地位。到东汉中晚期,终于烧制出具有胎质细腻、火候较高、施釉晶莹、吸水性低等特点的成熟瓷,揭开了中国陶瓷发展史的新篇章。当时瓷器烧成温度一般在 1200℃ 以上,最高达到 1300℃ 左右,普遍采用龙窑烧瓷。因釉以钴为呈色剂,故釉色呈现青绿或青褐色,遂将这种青釉瓷器简称为青瓷。

会稽郡成为青瓷的发源地,在其北部和东部,今诸暨、绍兴、上虞、慈溪、宁波江北和鄞州等地都发现有东汉中晚期的青瓷窑址,尤以上虞境域最多,该地域唐代起初同属越州(后分为越州、明州),故其窑被称为越窑。器物有罍、钟罐、碗、盘、耳杯、泡菜罐、唾壶、洗、虎子、五管瓶等。同时,会稽郡还成功烧制出黑瓷。

此外,苕溪流域也开始烧制瓷器,今德清县三合乡联胜村北青山坞发现的东汉窑址以生产青瓷为主,兼烧黑瓷。椒江流域,今台州市椒江区和临海市都发现有东汉青瓷窑址。瓯江流域,今永嘉县境内,至东汉晚期,瓷窑也从烧制原始瓷发展至能烧制青瓷和黑瓷两类瓷器。金衢盆地,今义乌、东阳、武义、金华、龙游、兰溪等地都发现了东汉以后窑址。

瓷器的出现,促进了今浙江境域社会经济的发展。东汉以后,瓷器成为这里输出的大宗商品之一。同时,它对人们的生活方式产生很大的影响。它既是人们日常生活中广为使用的器具,也是墓葬中常见的明器。东汉瓷器的烧制成功,奠定了六朝瓷器烧制业空前发展的基础。

(2)六朝时期

六朝时期制瓷业迅猛发展,窑场遍布今浙江北部、中部和东南部广大地区,初步形成各有特色的体系。考古发现的六朝瓷窑,主要分布在会稽郡、永嘉郡、东阳郡、吴兴郡以及临海郡,瓷器生产成为这些地方的一大产业。所发现的瓷器,绝大多数在窑址所在地及六朝墓中。根据产品的釉色差异和唐代以后的行政区划,后人将会稽郡、永嘉郡、东阳郡的瓷窑分别称为越窑、瓯窑、婺州窑。吴兴郡武康县的瓷窑,因唐代析置德清县,1958年武康县、德清县又合并为德清县,故称为德清窑。除德清窑和上虞帐子山窑兼烧黑瓷外,其余瓷窑均烧制青瓷。随着制瓷业的发展,器物种类不断增多,原为铜器、漆器的器皿不少已为瓷器所代替,成为最广泛使用的日常生活器具和明器。两晋时期浙江的青瓷生产规模已十分之大,且已广销全国各地。①

2.陶器烧制

秦汉至六朝,会稽郡随着印纹硬陶、原始瓷的增加和砖瓦、井圈等建筑用陶的发展,罐、豆、盆、钵等泥质陶日渐减少,壶、罐等施釉器皿出现。陶制墓葬明器,由仿铜礼器变为与人们日常生活密切相关的仓、灶、井、家畜以及猪圈、鸡笼等模型。西汉至东汉中期,窑场增加,龙窑结构更为完善,高温硬陶和釉陶大量出现。如今绍兴漓渚镇发掘的汉代中晚期 22 座土坑墓和 9 座砖室墓中,共出土陶瓷制品 250 件,其中不施釉的高温硬陶和局部施釉的釉陶 226 件,占总数的 90.40％。东汉中期以后,会稽郡各地陶器与瓷器合烧窑场增多,制瓷业成为新兴的独立手工业。于是,陶器生产比例下降,品种日益减少。东汉末年,陶瓷分流,陶器成为独立的生产门类。

此外,随着县城的兴起、人口聚落的发展,以砖瓦为主的建材业逐渐发展。汉代至六朝,砖瓦制作普遍,制砖工艺水平提高。因为木材丰富,房屋建筑一般还不用砖瓦,砖瓦的用途主要是建墓。丹阳郡故鄣县(今安吉县)东汉时已有砖瓦制作。吴郡乌程县(今长兴县)画溪桥遗址出土有板瓦、筒瓦、瓦当等,计 20 余件。长兴灵山九女冢,1981 年,附近农民从墓穴中取出汉砖,建屋 3 间,足见其用砖数量之多;从九女冢汉砖上印有"万岁不败""坚牢"等字样看,这些砖很可能出自专门烧制砖瓦的砖瓦窑。由拳县(今嘉善)秦汉时已有砖瓦业。会稽郡(今绍兴)漓渚等地出土汉代方砖和长方砖;今宁波市域,设窑制砖,有花纹砖、

① 叶宏明、叶国珍、叶培华等:《浙江青瓷文化研究》,《陶瓷学报》2004 年第 2 期。

人面砖、兽纹砖等多种;椒江流域,章安县治所在地域,砖瓦业也有所发展,今章安镇一带曾出土有西汉昭帝元平元年(前 74)、东汉安帝永宁元年(120)及桓帝延熹四年(161)纪年残砖。

（三）石料开采

秦汉时期,石料开采有所发展,如会稽郡山阴县若耶山(在今绍兴市越城区境内)等地已有石料开采。吴郡有用石材建墓的,如今长兴县境内的九女冢,1971 年修水利时,从中挖出大量青石板,重达数吨;今海宁市长安镇出土有画像石墓。

六朝时期,石材用途广泛,石雕产品多样。会稽郡山阴县柯岩开始开采石料。吴兴郡於潜县东 12 里"旧有墟冢二十五。古沟通人往来,泉流不竭,石兽之类皆颓仆草莽。后人于其地得陶砖二,有'咸和二年九月参军赵悌建立冢功'十四字"[①]。同时,随着书法艺术的发展,当地还利用石材制砚,用以盛墨水,永嘉郡的一条溪因为多石砚,也叫作砚溪。永嘉郡青田一带开始出现石雕,叶蜡石开始得到利用。

四、农作物

秦汉时期,今浙江境域的农业以水稻种植为主,茶药采集种植兼有,林牧渔业多种经营。因地处东南沿海,河网密布,湖泊众多,水产资源丰富,故有"饭稻羹鱼"之称。

孙吴的经济重心,集中于今太湖流域、杭州湾南岸的山阴、上虞、余姚、句章等县,虽然有"稻田沃野"之称,但农作物单一。

---

① 嵇曾筠修,陆奎勋等纂:雍正《浙江通志》卷二三五,光绪二十五年浙江书局重刻本。

丘陵山地人烟稀少,尚未得到很好的开发。东晋开始,在粮食生产发展的基础上,人们利用平原、山区的各种不同地理条件,开展多种经营。麦、粟、菽、蚕桑、果品、水产、畜牧、樵采等各业俱兴。

（一）水稻及旱地粮食作物

自古以来,水稻在浙江地区粮食结构中占主导地位,人们以稻米为主粮。随着铁器、牛耕的推广,水利的兴修,垦田面积的扩大,耕作技术的进步,东汉时期粮食产量明显提高。从东汉中期起,会稽郡和同属扬州的一些邻郡,粮食不但能自给,且贩济他郡。

六朝时期,今浙江境域种植业以水稻为主。孙吴时,水稻种植面积随着许多地方水利的兴修的有所增加。至东晋南朝,水利建设勃兴,耕地面积扩大,特别是太湖流域筑堤围田、山阴平原河湖网建设,句章、鄞、鄮等县湖田开垦以及丘陵河谷之地开垦为田,使得水稻栽培条件大为改观。

麦、粟、菽等本是北方粮食作物,永嘉之乱后,随着北人南迁,土著和侨人得以彼此交换农作物品种和交流生产技术,为浙江农业生产的发展提供了新鲜血液。麦、粟、菽等作物引进和推广,增加了农作物品种,水田种稻,旱地种麦、粟、菽等杂粮。稻、麦、粟、菽等作物生长期不一,自种植期到收割期都互相交错,利于地尽其利。

（二）蔬菜瓜果

秦汉时期,浙江地区蔬菜有葵（即冬苋菜）、韭、薹、蘑菇（土菌）、茭白、瓠（葫芦）等。茭白,古名菰,是太湖流域的蔬菜和副食。瓠,东汉时余杭有种瓠为业者,所种大瓠能容粟数斗。果有橘、枣、栗、梅、杨梅等。东汉末年,种瓜成为钱塘江下游百姓的经济来源之一。

六朝时期,蔬菜品种及其蔬菜栽培技术有所增加和提高,如谢灵运《山居赋》说自己始宁墅中种植的蔬菜有蓼、蕺、茅、薮、韭、苏、姜、绿葵、白蕺、寒葱、春藿等 10 多种。蔬菜中,汉代作为主要蔬菜之一的葵,至南朝时地位下降。而薮类蔬菜是人们食用的主要品种,并在人工栽培过程中逐渐演变成叶阔大的栽培品种,其色微青者叫青菜,色白者叫白菜,淡黄的称黄芽菜。此外,水生蔬菜以菰、莼最著名。

据《临海水土异物志》记载,六朝时期,水果有杨梅、枸槽子、鸡橘子、猴总子、多南子、余甘子、杨桃、猴闼子、关桃子等。其中,鸡橘子是温州柑橘最早的记载。谢灵运始宁墅中,有杏、奈、橘、栗、桃、李、梨、枣、枇杷、林檎、椹莓、椑柿等水果。其中,北方果树的引进和推广引人注目。诸如梨、枣、杏、奈等原是北方的果树,此时从浙北到浙南都有了培植。热带作物甘蔗,东晋南朝开始种植到瓯江口岸和山阴平原。随着果园业发展,著名果品的地方布局初步形成。如梅主要产于吴兴郡;杨梅、橘主要分布在浙东丘陵和浙南山地、金衢盆地;槜李,又名醉李,为吴郡嘉兴县的传统名产;永嘉郡青田村,民多种梨树。

(三)茶

在浙江,最迟于东汉时,人们对茶的药用及饮用价值已有所认识和了解。东汉时的《桐君录》对茶树的形态及药用和饮用价值有很具体的描述。三国著名高道葛玄(164—244)于赤乌元年和二年(238—239)先后创建了浙江天台山首批道观——天台法轮院、桐柏观和福圣观。他钟情于茶,视茶为养生之"仙药",相继在天台山主峰华顶和临海盖竹山开辟了"葛仙茗圃""仙翁茶园"。[①] 这是浙江人工种植茶之始。三国末代吴主孙皓,曾被封为乌程侯,西晋陈寿所撰的《三国志》中记有其"赐茶代酒"的史料。南朝宋山谦之《吴兴记》载:"乌程县(今浙江湖州西南)西二十里有温山,出御荈。"[②]应该就是孙皓的御茶苑。这是浙江有贡茶种植的最早记载。从以上几个方面的史料记载,可以推断出浙江省最早的植茶、饮茶历史至少可以追溯到三国时期。晋代,饮茶风习已在浙江民间普及开来。在南朝宋刘敬叔《异苑》里,记述一则浙江剡县(今嵊州)有一妇人"好饮茶茗"的故事,可见,晋或南朝时饮茶风习已较为普遍。

（四）药用植物

浙江是较早开始人工种植药材的省份。中草药大多从野生植物中大量采集而来,但有一批来自种植。秦汉时期,浙江的药材主要有白术、丹参、甘菊、黄精、吴萸、越桃等。[③]

六朝时期,服药之风盛行,药物在社会上需求量很大,药物采集和种植有了发展。豪门世族的庄园里一般都有药苑与果园,如谢灵运《山居赋》所记药材就有 30 多种。采药业为民间家庭副业的一种,如永嘉郡青田村至松阳县所经山路黄蘗为林,黄连覆地,当地人时常采集。吴兴的龙胆、前胡,松阳的黄精、细辛、黄连等,都有采集或种植。

---

① 许尚枢:《葛玄与天台山茶文化圈》,《中国茶叶》2017 年第 3 期。
② 范锴撰:《范声山杂著》之《吴兴记》,民国二十年影印本。
③ 朱德明:《秦汉时期浙江医药概述》,《浙江中医药大学学报》2010 年第 6 期。

（五）纺织纤维

秦汉时期，会稽郡作为纺织原料的纤维作物主要有葛、芒、麻等。芒麻一年可收获两三次。蚕桑种植业继续发展。越布因制作精美而成为朝廷贡品。

六朝时期，桑、麻种植与粮食生产并重，民间种麻业、种葛业很发达。民户 3 万，号为"海内剧邑"的山阴，县城中有卖葛之市；新安郡多麻芒；永嘉郡妇女有夜浣纱而旦成布者，名鸡鸣布。植桑养蚕逐渐成为百姓家业之一。大抵太湖流域多植桑养蚕，其他地区麻、葛种植普遍。

五、畜禽、水产及蜜蜂

（一）畜禽

秦汉时期，饲养的畜禽种类有猪、马、牛、羊、狗、鸡、鸭等。猪已圈养，出土的陶制明器猪圈可证明之。如太末县，在今龙游县城郊东华山的汉墓中出土有陶制猪、牛、羊、鸡、马、狗以及猪圈等，今宁波市鄞州区横溪丁湾汉墓出土有陶制猪圈、鸡笼、狗圈等明器。这些都说明当时猪、鸡、狗等饲养已相当普遍。

六朝时期，畜禽存栏数相较于汉代大幅增长，畜禽饲养主要有牛、猪、狗、羊、鸡、鸭、鹅等。东晋南朝，不少人家里畜禽成群，如会稽人魏序家六畜兼有，并出现以养鸭、养鹅为业者。马、牛、羊、鸡、狗、猪六畜中，饲养牛是为农业和交通提供畜力，饲养狗主要是出于人们住所防盗和打猎需要，饲养其他则主要是为人们提供肉类或禽蛋食物。

（二）淡水渔业

渔业养殖捕捞，是农业生产的重要组成部分。秦汉时期，鄞县因多鮚，其中一亭名为鮚埼亭。当时曾列鮚酱为贡品，有"四方玉食之冠"的美称。东汉建武年间，汉侍中习郁在岘山南（今湖州南郊碧浪湖）按照范蠡养鱼法作鱼池，池边有高堤，种竹及长楸，芙蓉绿岸，菱芡覆水。当时已积累丰富的捕鱼经验，如采用木鱼诱捕游鱼。王充《论衡》说："钓者以木为鱼，丹漆其身，近之水流而击之，起水动作，鱼以为真，并来聚会。"

六朝时期，太湖流域，相传孙吴时都城建业杨俊成一家六口流离转徙到乌程县，在今菱湖查家簎村定居，筑塘修堤，养鱼种桑，塘养四大家鱼——青鱼、草鱼、鲢鱼、鳙鱼成功，吴兴郡境内掘塘养鱼和桑基鱼塘自此始。南朝宋时，山谦之《吴兴记》有"东溪出美鱼"的记载；乌程县太湖沿岸独多白鱼，隋灭陈后贡于洛阳。太湖东部淞江一带所产四鳃鲈，肉嫩而肥，鲜而不腥，是野生鱼类中最鲜美的一种，三国西晋时已闻名天下。曹娥江流域，南朝宋时，据谢灵运《山居赋》所述有鳢、鲋、鲩、鲢、鳊、鲂、鮪、鳜、鲤、鲈等多种，沿镜湖一带居民以养鱼为业，鱼成为重要商品。

（三）蜜蜂

六朝时期，会稽郡，谢灵运《山居赋》有"六月采蜜"的记载。临海郡，郡有蜜岩，在梁天监十七年（518），前后太守皆自封固，专收其利。是年，傅昭出任临海太守，与百姓共之。人们在采蜜过程中，逐渐掌握蜜蜂的习性，开始桶养。南朝郑缉之《永嘉郡记》写道："七八月中，常有蜜蜂群过，有一蜂先飞，觅止泊处。人

知,辄内木桶中,以蜜涂桶中,飞者闻蜜气,或停不过,三四来,便
举群悉至。"①这是有关永嘉郡养蜂的记载。

六、林木资源

秦统一后,在包括会稽郡在内的三十六郡中建立"驰道",并
在"驰道"上每隔三丈种青松。汉代造林规模大于夏商周,造林
树种主要是经济林木,各地出现了不少以林致富的庄园主,他们
有的据有千章(大树)之材,有的为千树栗、千树橘、千亩桑麻、千
亩竹等。②

秦汉时期,越国故地的林产品主要有薪炭、车船、建材、家
具、棺椁、竹箭等。当时,木材是主要能量来源,薪炭生产在西汉
已出现商品化的现象。如按传统农业时代每人每年的耗柴量为
1立方米估算,则年薪柴消耗量为60万～80万立方米。越国故
地竹木丰饶,竹箭名闻全国,《盐铁论》卷一中说:"江南之楠梓竹
箭……养生送终之具也,待商而通,待工而成。"江南的竹箭以会
稽最著名,《淮南子》卷四中说:"东南方之美者,有会稽之竹
箭焉。"

六朝时期,薪炭、车船、建材、家具、棺梓、竹箭等的资源消耗
量增大。另外,随着北方士族的大批南移,原盛于北方的庄园和
寺庙经济,在江南和太湖地区发展起来了。浙江地区的林业,呈
现出以庄园、寺庙植树造林为多的特点。

西晋时期,会稽郡剡县已开始用藤造纸。东晋时期,造纸业
有了很大的发展。这一阶段,云集会稽的名士多,对纸的需求量

---

① 政协瑞安文史资料委员会编,郑缉之撰文,孙诒让校集,宋维远点注:《永嘉
郡记校集本》,1993年内部印行,第49页。

② 司马迁撰:《史记》卷一二九《货殖列传》,清乾隆四年武英殿校刻本。

也大,极大刺激了造纸业的发展,竹木简已被纸替代。苎麻、藤、楮、竹等,都是可用来造纸的原料。余杭藤角纸、富阳竹纸等在两晋时期都甚为有名。

七、海洋资源

(一)盐业

盐关系国计民生。秦王政二十六年(前 221)置海盐县,以"海滨广斥,盐田相望"而得名,这是一个完全汉化的原吴越之地的县名,秦统治者对盐的重视由此可见一斑。汉文帝时,海盐县为全国重要的海盐产地。当时允许私人经营,但实行重税政策。刘濞被封为吴王后,在此煮海水为盐,使吴国拥有"海盐之饶"。吴王刘濞凭借铸钱煮盐,"以故无赋,国用富饶"。汉武帝"致诛胡、越,故权收盐铁之利",于元狩四年(前 119)对盐铁实行专卖,置官管理盐的生产、转运、销售,将盐纳入国家垄断性经营。海盐县置司盐校尉,利用海涂作盐场,发展海煮盐业。

六朝时,杭州湾北岸的海盐、钱唐、盐官等县均产海盐。其中海盐县仍是重要的盐业生产基地,孙吴承汉制,由司盐校尉管理。东晋时期,今海盐县城西南 35 里鲍郎市,有移民迁徙至此凿浦煮盐并聚居,形成村市。苏峻之乱平定后,王允之为建武将军、钱唐令,领司盐都尉,说明钱唐县也是重要的海盐产地。司盐校尉、司盐都尉,都是管理食盐生产和销售的官员,海盐生产在官府的控制之下。但豪门世族侵占山泽,染指制盐业,食盐专卖制度松弛。南朝宋、齐、梁三代,允许民间煮盐,促进了今浙江沿海地区盐业的发展。

（二）海洋渔业

秦汉时期,宁波沿海渔民的捕捞作业只停留在捕捉那些随潮进退的鱼虾贝蛤类。捕捞所获的海产品,已作为商品在当时鄞县县治(今鄞州区五乡镇贸山附近)和象山东门岛等地进行"山海互市"。

六朝时期,海洋捕捞主要是浅海滩涂渔业,石首鱼、春鱼、鲻鱼、银鱼、比目鱼、墨鱼等为沿海渔民主要捕捞品种。当时水产品种类繁多,作业方式为在涂面和浅滩上插箔、堆堰,或以舟船随潮进退,采蚌捕鱼。

（三）港口岸线

秦汉三国两晋南北朝时期,浙江与福建、广东的沿海航线已经开通,浙江傍海的会稽、句章、临海、永嘉均是当时的海港。据《后汉书·东夷传》记载,早在秦汉时期,今浙江东部沿海地区就已经与包括台湾岛在内的今中国东南海域岛屿上的居民有了贸易往来。三国时,孙权于黄龙二年(230)"遣将军卫温、诸葛直将甲士万人,浮海求夷洲及亶洲",这次历时一年之久的夷洲之航,是已知文献中首次大规模经航海抵达台湾的记载。[1]

---

[1] 《浙江通志》编纂委员会编:《浙江通志·海洋经济专志》,浙江科学技术出版社,2021,第3页。

第四章　隋唐五代浙江的自然环境与资源开发利用

　　隋唐(581—907)是中国历史上继秦汉之后又一个大一统的时代。其中,隋代(581—618)结束了自西晋末起延续 270 多年的南北分裂局面,使得"六合"重归一统,而唐代(618—907)则书写了中国历史上最为辉煌的篇章之一。

　　隋代灭陈(589)以后,州、县两级制度随之推行到了江南。隋炀帝大业三年(607),改州为郡,实行郡、县两级制度。隋代在今浙江境内设越州(会稽郡,领县 4)、杭州(余杭郡,领县 6)、婺州(东阳郡,领县 4)、处州(开皇十二年改称括州,永嘉郡,领县 4)、睦州(遂安郡,领县 3),另有 2 县在苏州吴郡境内,1 县在宣州宣城郡境内。全省共 5 州(郡)24 县,州(郡)县制度已在浙江确立。唐时浙江境内的州(郡)在隋时 5 州(郡)的基础上进行了析置。武德四年(621)析吴郡置湖州(天宝元年至乾元元年为吴兴郡);武德四年析括州置海州,次年改海州为台州(临海郡);武德四年析婺州置衢州(信安郡,八年废,垂拱二年复置);上元二年(675)析括州置温州(永嘉郡);开元二十六年(738)析越州置明州(余姚郡),浙江境内共有 10 个州(郡)。唐代的地方行政区域在中唐以后又生变故,出现了一种节度使辖区,形成道(镇)、州(府)、县三级地方行政区划。乾元元年(758),唐肃宗于江南东道以浙江(今钱塘江)为界,分置浙江西道节度使和浙江东道节度使,分而治之。以"浙江"冠名地方行政区域,以此为始。五代后晋天福三年(938),吴越国王钱元瓘析苏州置秀州(今嘉兴)奏准,浙江 11 个行政区域的格局至此形成,嗣后历经千年而不变。

隋唐时期,浙江地区的气候总体上较温暖湿润,海平面较今高。滨海平原及环太湖地区河流纵横、湖泊众多、水网密布。先民大量修筑农田水利工程、海塘工程。隋时京杭运河开通,促进了南北物资交流和浙江经济发展,推动了资源环境开发。中唐,受安史之乱的影响,黄河流域大量人口南迁,浙江地区人口剧增,北方移民也带来了一些先进的技术和经验,促进了地方资源环境的开发利用。唐末五代,吴越国立足两浙,尊奉中原,发展生产,保障国用,社会安定,经济繁荣。

第一节　自然环境

隋唐五代时期的浙江,气候温暖湿润,水丰土沃,动植物资源充裕,自然地理环境优越,为社会经济、文化诸方面蓬勃发展奠定了良好的基础。

一、气候

隋唐五代时期是中国和浙江历史上又一个温暖而湿润的时期。[①] 其时,喜欢温暖湿润气候的柑橘遍及浙江全省。越州、明

---

①　葛全胜等:《中国历朝气候变化》,科学出版社,2010,第 307—308 页。

州都是贡橘产地,杭州富阳王洲的橘子为"江东之最"。柑橘树能够抵御的最低气温为 $-8℃$。隋唐五代时期柑橘在浙北广为种植,珍品迭出,说明其时浙北的最低气温高于 $-8℃$。

　　某些农事活动也说明浙江在隋唐五代处于一个比较温暖湿润的时期。白居易《春题湖上》诗中有"碧毯线头抽早稻,青罗裙带展新蒲"[1]句。此诗作于白氏五月离杭之前,也就是说,农历四月底、五月初杭州早稻已开始抽穗。白居易另一首《九日宴集醉题郡楼并呈周殷二判官》又有"江南九月未摇落,柳青蒲绿稻穗香"[2],也即农历九月晚稻已经成熟。近世浙江早稻生育期为4—7月,晚稻生育期为7—10月。可见,唐时气温比近世要高,所以农时也早于近世。据现代科学测定,早稻和晚稻两季合计需积温 $3700\sim4050℃$,合计需水 $630\sim845$ 毫米(其中早稻需水量 $330\sim345$ 毫米,晚稻需水量 $300\sim500$ 毫米)。而目前浙江常年大于等于 $10℃$ 有效积温,浙江南部温州平阳有 $4260℃$,浙江中东部嵊州为 $3875℃$,浙江北部湖州为 $3735℃$,昌化只有 $3580℃$。毋庸置疑,中国古代传统农业远较现在更依赖自然界。考虑到现代耕作技术和水稻品种优于古代等因素,推测隋唐五代时期浙北地区的气候大致相当于现在的浙南,4—10月的降水量在 850 毫米左右,积温在 $4050℃$ 左右;而当时的浙南自然更高一些。

　　值得注意的还有五代时期浙南地区尚有大象出没。《吴越备史》卷一说,长兴三年(932)"秋七月,有象入信安境,王命兵士取之,圈而育焉"。卷四又说,广顺三年(953)"东阳有大象自南

---

　　① 曹寅、彭定求等辑:《全唐诗》卷四百四十六,清康熙四十四年至四十六年扬州诗局刻后印本。

　　② 彭定求等编:《全唐诗》,延边人民出版社,2004,第 2719 页。

方来,陷陂湖而获之"。信安指今衢州一带,东阳指今金华一带。虽然大象来自信安、东阳以外的地方,但也不能排除来自浙南其他地方的可能。而且大象既自然至于浙南,说明其时浙南的自然环境,特别是其温暖湿润状况与更南的地区相接近,有适宜大象生活的要素。隋唐五代时期浙江的气候,尤其是浙南地区,可能与今云南西双版纳相近。

二、海岸线

由于地壳运动、气候变化和水流作用等地貌发育的内外力组合制约,杭州湾在历史上曾反复出现"海退""海进"等现象,造成海岸线的伸展和退缩。

(一)杭州湾北岸海岸线

总体上,温暖的隋唐时期是中国东中部沿海近两千年历史中一个比较突出的高海平面时期,当时的海平面较今高约 1 米。[①] 在高海面的背景下,江浙地区的潮灾频率及海塘修筑工程在唐中期达到一个高潮。[②] 隋唐五代时期,杭州湾北岸,据《新唐书》卷四十一记载,杭州盐官县"有捍海塘堤,长百二十四里,开元元年(713)重筑"。这条"捍海塘"也就是隋唐时期的海岸线。南宋《咸淳临安志》附《盐官县境图》(同治六年补刊)绘其位置在赭山(今钱塘江南岸萧山境)与黄湾山(今钱塘江北岸海宁境)之间,南起盘山西北,向北经岩门山、蜀山以西,盐官城南,又东至

---

① 谢志仁:《海面变化与环境变迁——海面—地面系统和海—气—冰系统初探》,贵州科技出版社,1995,第 66—68 页。
② 王文、谢志仁:《中国历史时期海面变化(Ⅰ)——塘工兴废与海面波动》,《河海大学学报(自然科学版)》1999 年第 4 期。

于袁花场以西。盐官城,建于隋大业十三年(617,一说唐永徽六年),唐永徽六年(655)迁盐官县于此,直到唐末,"海水在县南七里"①。按《新唐书·地理志》说捍海塘为"重筑",既是"重筑",自当有旧塘,始于何时,不得其详。而既然开元元年还在"重筑",说明此时海岸线仍在这一带。

今海宁黄湾山东晋时尚与其东北的王盘山相连,同为海岸屏障。其后黄湾山东北的海岸线内缩,王盘山②遂沦为海岛。宋代常棠所撰《澉水志》卷上云:"秦王石桥柱在秦驻山背,旧传沿海有三十六条沙岸,九涂十八滩,至黄盘山上岸,去绍兴三十六里,风清月白,叫卖声相闻。始皇欲作桥渡海,后海变,洗荡沙岸,仅存其一。黄盘山邈在海中。"同书又云:"茶磨山在黄巢弄侧,周回山下有港,港外周回有城堑,旧传唐末伏兵处。"又云:"王家坑在长墙山下石帆村,古田坑也。今田废为海,尚存数家生聚于潮花鼓舞间。""穿山洞在长墙山外,下临大海,石岩如洞。"茶磨山在澉浦以西六里乡境,东南即南北湖。南北湖为潟湖,其时尚与海连,宋代始筑为湖。长墙山亦作长山,今处澉浦东南海滨,石帆古村在其西南。秦驻山又称秦望山、秦径山,俗称秦山,位于澉浦东北,临杭州湾。秦山以北古马嗥城,故址在今海盐城东南隅,唐开元中于其西北筑城,即今武原镇。唐时武原镇东有望海镇,又东北有宁海镇,至元《嘉禾志》考证为唐天宝十年(751)太守赵居贞置。又东北为乍浦镇,唐贞元五年(789)设乍浦下场榷盐官,会昌四年(844)置乍浦镇遏使,五代仍之。乍浦东北的金山卫,据正德《金山卫志》记载,五代时金山建城,

---

①　李吉甫撰,孙星衍辑辑:《元和郡县图志》卷二六,中华书局,1983,下册,第604页。
②　在浙江省平湖市东南海域,距陆地最近点18.5千米,宋代以来古籍记载都称"黄盘山"。

又城东 5 千米当潮处设周公墩,北宋时尚有闽船泛海来此贸易。由上述可知,隋唐五代时期,茶磨山东南已逐渐淤为陆地,南北湖由海湾成为内湖,长墙山已傍海边,王盘山则远离大陆,澉浦、乍浦也距海不远。其时海岸线大致在今海盐黄湾山,海宁长墙山、望海镇、宁海镇及上海金山卫以东 5 千米一线,又东北与长江口南岸新涨岸线相接。

(二)杭州湾南岸海岸线

杭州湾南岸海岸线,在公元 4 世纪时,大致当今西兴、龛山、孙端、临山、浒山一线。钱塘江河口自春秋战国以来一个很长的历史时期里,一直由南大门(今萧山区赭山南、龛山北)入海。北魏郦道元《水经注》卷四十云"浙江又经固陵城北",卷二十七又云"江水又东经赭山南"。固陵即今杭州滨江区西兴、今杭州萧山区赭山,原在钱塘江北岸,其后江道变迁而隔在江南。隋唐五代时期,钱塘江仍由南大门入海。

萧(山)绍(兴)地区,大约春秋战国时代已经开始局部修建海塘。明确的海塘记载首见于《新唐书》卷四十一:"东北四十里有防海塘,自上虞江抵山阴百余里,以蓄水溉田,开元十年令李俊之增修,大历十年观察使皇甫温、大和六年令李左次又增修之。"直至唐末五代,杭州湾南岸海岸线基本沿袭未变。由于屡遭潮灾,因而唐代后期及五代屡屡增修。又因为实际上杭州湾南岸已趋伸展之势,所以海塘能够修建成功并被保全,只要增修即可。[①]

明州、台州、温州海岸基本以山为际,由于向海面海水较深,

---

① 李志庭:《浙江通史·隋唐五代卷》,浙江人民出版社,2005,第 15 页。

而这些地区的入海河流都流程较短,流域范围水土保持良好,含沙量较少,所以历史时期海岸线变化不大。但是与杭州湾相似,当地河口也在向外伸展,如温州瓯江口海岸线从《元和郡县图志》到《太平寰宇记》的一百六七十年时间里,向东拓展达 3 千米。[①]

三、河流与湖泊的变迁

(一)河流的变迁

钱塘江江道进入杭州、萧山境内以后,北(左)岸自西向东有如意尖、定山、浮山、五云山、月轮山诸山,南(右)岸有大岩山、石岸山、冠山诸山。如意尖、大岩山以上,山体挟裹,江道狭窄。出此两山,江道豁然开朗,江面宽达数里,江中泥沙淤积,形成分叉型河段,直达河口。《水经注》卷四十云:"定、包诸山,皆西临浙江,水流于两山之间,江川急浚,兼涛水昼夜再来,来应时刻,常以月晦及望尤大,至二月、八月最高,峨峨二丈有余。"定山、包山或说即今西湖区周浦钱塘江左岸定山、浮山。隋唐五代,随着海平面变化,钱塘江下游定山、包山一带河道南移。杭州城东涨沙逐渐加剧,由此使河道弯曲度增加。钱塘江支流,左侧主要有横江、练江、富强溪、分水江、渌渚江;右侧主要有寿昌溪、兰江、壶源江、浦阳江、曹娥江。就隋唐五代时期而言,大致仍沿旧观,少有变化。

瓯江、椒江水系在隋唐五代时期也有某些变迁。瓯江的重要支流之一好溪(一名丽水,源出磐安南部大盘山,流经缙云,于

---

① 李志庭:《浙江通史·隋唐五代卷》,浙江人民出版社,2005,第18页。

丽水古城村入大溪），原名恶溪。《新唐书》卷四十一云："恶溪，
多水怪。唐宣宗时刺史段成式有善政，水怪潜去，民谓之好溪。"
可见，瓯江水系在隋唐五代时期发生了某些变化，或者江潮有所
退缩，或者河道状况有所改善，使"恶溪"变为"好溪"。瓯江河口
冰后期尚在垟湾，5世纪时已向外淤涨至龙湾、状元一带，大约每
年向外淤涨10米。[①] 椒江水系，五代吴越国时期，在永宁江畔黄
岩至峤岭（今温岭市温岭街）之间开凿了官河。嘉定《赤城志》卷
二十四记载："官河在（黄岩）县东南一里，自南浮桥南流，至峤岭
一百三十九里，陆程九十里，广一百五十步。……溉田七十一万
有奇。旧建闸一十有一，以时启闭。"进一步扩大了椒江水系的
流域面积。

（二）湖泊变迁

隋唐五代时期，浙江湖泊众多，主要集中在浙北地区。

其时，海平面上升，太湖地势沉降，太湖水面扩大。宋初乐
史《太平寰宇记》卷九十四湖州乌程县"太湖条"说其水域面积
"三万七千顷"，比皮日休的"三万六千顷"的说法扩大了一千顷。
另外，北宋水利学家单锷在《吴中水利书》中记述亲眼所见，昔日
的高原当时已变为圩（污）泽。

湖州长城西湖（一名吴城湖），传为吴王阖闾时夫概所筑，其
后逐渐埋废。《新唐书》卷四十一云："西湖，溉田三千顷，其后湮
废，贞元十三年，刺史于頔复之，赖其利。"

杭州余杭的南上湖、南下湖，为东汉时县令陈浑所开，隋唐
时期也逐渐埋废。

---

① 瓯江志编纂委员会编：《瓯江志》，水利电力出版社，1995，第27页。

杭州西湖,白居易任杭州刺史之初,淤塞严重。由于白居易引领大加疏治,其后钱镠又加以开浚,杭州西湖才得以保全。

一些潟湖水质发生了变化。如余姚的烛溪湖,嘉泰《会稽志》卷十说其"俗号淡水海"。宁波东钱湖,大约形成于晋代,唐时始见记载,并得到重视,天宝二年(743)鄞县令陆南金开而广之,宝庆《四明志》卷十二记载"一名万金湖","盖因其泽利至博"。说明这些潟湖随着岁月的流逝,其水质已经淡化,从而成为农田水利之所赖。

四、动物和植物

隋唐五代时期,浙江境内动植物种类很多。宋代嘉泰《吴兴志》、《橄水志》、淳熙《临安志》、嘉泰《会稽志》、宝庆《会稽续志》、《刻录》、宝庆《四明志》、嘉定《赤城志》等方志记载,共有兽类 31 种,飞禽类 82 种,鱼类和软体动物与爬行动物共 134 种,各种树木(包括果树)110 种,草本植物(包括花卉)30 种,竹子 41 种。鉴于隋唐五代时期为我国历史上第三个温暖期,唐代中叶至北宋中叶又是我国历史上最长的湿润期,而且其时浙江境内人口不多,还不至于大量砍伐森林、破坏植被以及大量捕杀野生动物,所以宋代存在于浙江的这些动植物,隋唐五代时期应该大都已经存在,以至于志书著录时常引唐人诗文为证。

第二节　自然资源开发利用

隋唐五代时期,浙江自然资源环境开发利用体现出鲜明的时代特征。隋时京杭运河的开通,促进了南北物资交流和浙江经济发展,推动了资源环境开发。隋唐均田制与庄园经济的强力推行,促进了土地资源、水资源的开发利用及种养殖业和林业发展。中唐安史之乱造成北方人口大规模南迁,越地人口剧增,资源开发能力增强。唐末五代,吴越国立足两浙、尊奉中原,发展生产、保障国用,社会安定,经济繁荣。

一、土地资源

唐代以前,浙江地区主要实行水田轮休制,即种植一年,闲置一年,任杂草生长,然后通过火耕水耨,变杂草为肥料,恢复土地肥力,以供作物生长所需的养分。唐代则主要实行一年一作制,即每年都进行种植。更为先进的种植制度即稻麦复种制和水稻复种制(即双季稻种植)也开始出现。[①] 这是种植制度的重大改革。导致这一种植制度改革的因素,一是人口有了大幅度的增长,增加了单位面积耕地的人口负载;二是诸如江东犁、水车等农机具的改进和推广提高了劳动生产率,农民有可能运用同样的时间种植更多的庄稼;三是隋唐时期浙江地区气候暖湿,农田水利建设已经达到相当水平,能保障更多作物的生长、发育、成熟。人口的增长,还促进了土地垦殖,许多丘陵山地得到开发利用,用于生产粮油、蔬菜、瓜果、茶叶、桑树等。浙西屯田,成效显著,塘浦圩田初步形成。广德元年(763)所建立的浙西三屯,嘉禾为大。其围田垦殖一直拓广到海边,湖海荒原低处洼地,一律围垦。隋唐时期,两浙尤其是包括杭嘉湖地区在内的太湖平原,其粮食生产对全国粮食安全保障作用日益重要,由此开启了持续了十几个世纪的南粮北运。[②]

---

① 李志庭:《浙江通史·隋唐五代卷》,浙江人民出版社,2005,第131—132页。
② 同上书,第134—136页。

浙江有不少城市在六朝时就已修建,至隋唐五代仍在使用。不过由于时间久远,大部分城市都经历过修建整新。隋代又对保留下来的一些城市进行了建设,如越、杭等州城,於潜、盐官、长兴、武康等县城。唐初高祖武德年间,修复战乱中受损的城市,出现了一股建设小高潮,如湖州、剡县的县城等都是在这个时期得到修建的。之后,是在高宗、武则天和玄宗时期。这个阶段不仅新析了很多县治,而且对众多城池进行了修建,如武则天时修建了黄岩、宁海、仙居,玄宗时修建了睦州、海盐、诸暨、乐清、浦阳等城市。规模最大的修筑风潮是在唐末五代时期,当时许多州县城市,或扩建、或改修,加宽加高城墙,深挖护城河。如唐末修治的有杭州、睦州、明州、婺州、衢州、宣阳县、新城县、萧山县、上虞县等城,五代修治的有杭州、温州、嘉兴、余杭县、临安县、定海县、新昌县等城,有的城市经多次修建。

二、水资源

隋唐时期是浙江古代史上水资源开发利用大发展的时期。开凿运河、修筑海塘、疏浚河湖、重修湖陂水利工程等,工程规模、技术成就达到了相当高的水平。[①]

隋大业六年(610),炀帝敕开江南河,自京口(今镇江)至余杭(今杭州)长 800 里,北与邗沟、通济渠、永济渠相连通,形成以洛阳为中心,北至涿郡(今北京附近),南抵余杭,长达 5000 多里的南北大运河,沟通了海河、黄河、淮河、长江和钱塘江五大河流,在世界水利史上占有重要地位。江南运河既是一项水路交

---

① 《浙江通志》编纂委员会编:《浙江通志·水利志》,浙江人民出版社,2020,第 3—4 页。

通工程,也在农田灌溉方面发挥了重要作用。沿途钱塘湖、临平湖等既为运河提供了水源,同时也通过运河将湖水灌溉到那些远离湖泊的农田。

唐代,水利成效最显著者,一是杭州西湖水利:先是刺史李泌开凿六井引西湖水入城,解决居民饮用咸苦水之困;接着刺史白居易于长庆年间(821—824)筑西湖捍湖堤,蓄水溉田达千顷,并亲撰《钱塘湖石记》,制定保护堤防、蓄泄湖水制度。他离任时写下《别州民》一诗,最后两句是:"唯留一湖水,与汝救凶年。"①二是湖州荻塘的三次整修,尤以第三次由刺史于頔主持整修规模最大,影响深远,民颂其德改名頔塘,有黄金水道之誉。三是余杭县令归珧重整南湖,创筑北湖,滞蓄南苕溪、中苕溪、北苕溪洪水,并灌田千余顷。四是完善越州水利设施,改建御潮泄涝的玉山斗门,建成自山阴至萧山的运道塘等。五是发展明州(今宁波)水利,其中尤以鄮县(今鄞州)县令治水业绩昭著。唐天宝二年(743)陆南金开广东钱湖;大历八年(773)储仙舟修治广德湖(原名莺脰湖);太和六年(832)于季友筑仲夏堰,溉田数千顷;太和七年(833)王元暐建造它山堰,垒石为坝,阻咸引淡,江河分流,涝则七分水入江,三分水入溪,以泄暴流;旱则七分水入溪,三分水入江,以供灌溉。它山堰坝工精致坚固,历千年不毁,可称水利一绝,1988年被列为全国重点文物保护单位,2015年被列为世界灌溉工程遗产。

五代十国时,吴越国王钱镠的水利业绩,彪炳史册。主要有:修筑杭州捍海塘,首创竹笼填石筑塘和滉柱固塘之法;疏通杭州城内外运河,置浙江、龙山两闸,御咸阻沙,遏制江潮,使城

---

① 周振甫主编《唐诗宋词元曲全集·全唐诗》,黄山书社,1999,第3262页。

内河免遭淤塞、居民摆脱"盐卤之苦";整治疏浚太湖、西湖、鉴湖、东钱湖等蓄水灌溉工程,并于太湖、西湖创置"撩浅军"凡七八千人,专责治湖筑堤,济旱除涝;改革唐代农田水利官制,合都水监、营田使为一职,设都水营田使,统一筹划农田水利事宜,进一步完善、发展浙西的塘浦圩田系统。钱镠治国治水,巩固了吴越国 70 多年之治,使杭州发展成"东南第一州",为其成为北宋名城、南宋京都奠定了基础。

三、矿产资源

(一)金属矿产

隋代浙江境内的金属矿产采冶情况未详。唐代浙江是全国主要金属矿产采冶地区之一,所采冶的金属矿产有铜、铁、银、锡等。[①]

根据《新唐书》卷四十一记载,浙江境内铜矿产地有杭州余杭,湖州武康、长城、安吉,睦州及其所属建德、遂安,明州奉化,温州安固,处州丽水,婺州金华等 11 处。位于淳安县西南的铜山,有唐代铜矿开采遗址。

唐代浙江省境内采冶的铁矿有越州山阴及台州临海、黄岩、宁海等 4 处,《新唐书》等均有记载。

此外,采冶的金属矿产还有睦州、越州诸暨和处州松阳、衢州西安的银矿,湖州安吉、越州会稽的锡矿等。

---

① 李志庭:《浙江通史·隋唐五代卷》,浙江人民出版社,2005,第 139—140 页。

（二）瓷器烧制

隋唐是浙江瓷业发展的兴盛时期，以越窑为主，另有婺州窑、德清窑、瓯窑等窑口。越窑青瓷窑址主要分布在今上虞、余姚、慈溪、绍兴、萧山、诸暨、鄞州、镇海、奉化等地。越窑青瓷明澈如冰、莹润如玉，胎骨坚致轻薄、釉色纯洁温润，声名鹊起，备受人们喜爱，热销海内外。越窑精品秘色瓷，更是登峰造极。陆龟蒙《秘色越器》诗赞云："九秋风露越窑开，夺得千峰翠色来。"①品类主要有碗、碟、盘、洗、钵、罐、盒、盂、灯、罂、壶、瓶等。

五代吴越国时期是浙江制瓷史上最繁荣的时期。窑场广布于今浙东绍兴、上虞、鄞州、慈溪、奉化、临海、天台、仙居、黄岩、温岭，浙南永嘉，浙中东阳、武义以及浙北湖州等地。其中越窑系窑场主要集中在曹娥江沿岸、慈溪上林湖和鄞州东钱湖一带。瓯窑系窑场主要分布在楠溪江下游的东岸、罗溪、黄田和仁溪（乌牛溪）上游西部，特别是瑞安飞云江下游北岸及其支流南溪交汇的夹角地带，即陶峰、丰和、荆谷和梅屿等地。台州地区的窑址以温岭、临海等地较为密集。瓷器的烧制技术也有了明显的提高。尤其是越窑秘色瓷，其制作之巧妙精美，已远远超过了唐代，以至于时人有将秘色瓷直接断定为钱氏吴越国的特种瓷品者。

（三）建筑石材

随着人口增加，城池、民间建筑、工程设施修建频繁，石材用

---

① 刘兰英等编：《中国古代文学词典（第5卷）》，广西教育出版社，1989，第31页。

量增加,广泛用于凿建运河、围堰建闸、兴筑海塘、建设港口、修建都城等。主要采石中心位于杭州湾沿岸、浙东沿海、钱塘江流域。[①] 隋代新增 2 处采石点:公元 591 年,越国公杨素发动民工采石,大修绍兴城,在绍兴地区新增齐贤采石场;另一处位于天台县始丰街道,紧邻椒江支流始丰溪,均地下开采凝灰岩。唐代,地方建设中采石、用石量大,新增采石场共 9 处,分别是奉化南山、宁波它山堰、宁波鄞溪村、台州朱砂堆、仙居船山村和临海石仓村;另外 3 处则分别出现在德清武康、新昌县城南和金华寿溪,除朱砂堆采石场开采红砂岩外,其余采石场均开采凝灰岩,露天或地下开采。

四、农作物

(一)水稻及旱地粮食作物

浙江自古以产水稻出名,稻米是人们的主粮。唐代,浙江水热条件优越,农田水利配套,水稻的早、中、晚三大品系已选育形成,早晚稻的出现,对于复种制的形成具有重大作用,是农业发展过程中的重大进步。水稻直播法逐步改为水稻移植法,稻田由过去二年一作的轮休制改为一年一作至早晚稻复种、稻麦复种制。两浙以生产水稻为主,浙西所在的太湖流域,则是盛产稻米的膏腴之地,特别是到了唐后期,水稻生产对保障全国的粮食安全已具有举足轻重的作用。浙北杭嘉湖平原,是太湖流域的一个重要组成部分。唐代,湖州上贡糯米、糙粳米、重粳米、糙糯

---

① 朱丽东、金莉丹、谷喜吉等:《隋唐宋时期浙江采石格局及其环境驱动》,《浙江师范大学学报(自然科学版)》2014 年第 1 期。

米。① 苦吟诗人孟郊于故乡湖州武康县曾吟有"种稻耕白水,负薪斫青山"②的诗句。李嘉佑送客归湖州,还记述了湖州"高月穿松径,残阳过水田"③秀丽的田野晚景。盐官与钱塘县界上的临平湖,唐时溉田 300 余顷。浙东的水稻生产主要集中在越州(今绍兴市)附近。开元年间,诗人孙逖登上越州城楼,眺望"山风吹美箭,田雨润香粳"④的实景。婺州土贡,有赤松涧米、香粳。其他如温、台、处、衢诸州,稻作则不甚发达。

麦类则主要种植于今杭嘉湖和绍兴、台州等地。台州以南,麦子分布已非常稀疏。

(二)蔬菜瓜果

蔬菜瓜果的种植,隋唐两朝均制定有政策,鼓励农家种植。唐杜佑《通典》卷二记载隋初均田令"皆遵后齐之制,并课树以桑、榆及枣"。唐代开元十五年(727)均田令又对种植数量及时间进行了规定,"诸户内永业田,每课种桑五十根以上,榆、枣各十根以上,三年种毕。乡土不宜者,任以所宜充"⑤。

樱桃、桃、橘、莲、柚、石榴等,常见于唐人笔端。如丁仙芝《余杭醉歌赠吴山人》诗云:"城头坎坎鼓声曙,满庭新种樱桃树。桃花昨夜撩乱开,当轩发色映楼台。"⑥杜荀鹤《送友游吴越》诗

---

① 华林甫:《唐代水稻生产的地理布局及其变迁初探》,《中国农史》1992 年第 2 期。
② 黄勇主编《唐诗宋词全集》,北京燕山出版社,2007,第 1185 页。
③ 周振甫主编《唐诗宋词元曲全集·全唐诗》,黄山社,1999,第 1459 页.
④ 同上书,第 838 页。
⑤ 杜佑撰:《通典》卷二,清乾隆十二年刻本。
⑥ 黄勇主编《唐诗宋词全集》,北京燕山出版社,2007,第 1 册,第 329 页。

云："有园多种橘,无水不生莲。"①元稹《江边四十韵》诗："庭草佣工薙,园蔬稚子捃。本图闲种植,那要择肥硗。绿柚勤勤数,红榴个个抄。"②

浙江地区不但蔬菜瓜果种类繁多,还培育出一些名品,并被列入贡品。据《新唐书》卷四十一记载,湖州的木瓜、乳柑,杭州的木瓜、橘、蜜姜、干姜,越州的橘,明州的薯蓣,温州的柑橘,台州的乳柑、干姜等,都是贡品。名品的培育,亦佐证了浙江隋唐时期蔬菜瓜果种植之发展。

另外,隋唐时期浙江的甘蔗种植和蔗糖制作,大致以会稽最为发达。中唐时,稽山的珍稀干果香榧已有名。

(三)茶

唐代茶叶栽培的勃兴引人注目。大致在中唐以前,江南茶树的种植以散植为主。中唐时,《茶经》中首次出现了"茶园"的记载,唐末《四时纂要》才比较全面地记述了茶树的种植技术。唐代的茶叶已经改变了原始的"生煮羹饮",发明了蒸青法制茶,即将采摘来的新鲜茶树叶子用蒸青法捣焙成团饼型茶。③

唐时茶叶的产地,陆羽《茶经》(约成书于758年)列举了8道43州,其中浙江境内有浙西的湖州长兴、安吉、武康,杭州临安、於潜、钱塘,睦州桐庐,浙东的越州余姚,明州鄞县,婺州东阳,台州赤城等,共7州11县。实际上这仅仅是浙江唐代茶叶产地的一部分。加上散见于其他方志、文献的记载,浙江在唐代

---

① 周振甫主编《唐诗宋词元曲全集·全唐诗》,黄山书社,1999,第13册,第5121页。

② 同上书,第8册,第2964页。

③ 李志庭:《浙江通史·隋唐五代卷》,浙江人民出版社,2005,第153—155页。

共有 10 州 55 县产茶,浙江全省的主要茶区已经基本形成。据李肇《唐国史补》记载,当时全国共有贡茶 14 个品目,其中浙江除了湖州顾渚紫笋茶,还有婺州东白茶、睦州鸠坑茶两个品目。此外,余姚的仙茗茶、嵊县的剡溪茶亦为名品。

吴越国的种茶、制茶技术大约仍如唐代,但是品种、数量有了很大的发展。从吴越国进贡中原王朝的贡茶中,可以看出吴越国茶的品种中,除"屯茶""建茶"出自今福州外,其余睦州大方茶、脑源茶等品种均出自两浙。[①] 贡茶的量动辄数万斤,亦远远超过唐代。

(四)药用植物

隋唐五代十国时期,浙江的中草药材产地较广,品种较多。[②] 当时杭州盛产姜木瓜、干姜、苢、牛膝、黄连、杞、佛手草。唐代杭州已较普遍种植黄菊花和白菊花。佛教胜地普陀山盛产能治肺痈和血痢的普陀山茶等几十种草药,天台山盛产益母草等数十种珍贵药材,湖州盛产木瓜,建德盛产银花,余姚盛产薯蓣、附子,缙云、东阳盛产黄连,临海盛产干姜。

在药用植物学方面取得里程碑式成就的当属浙籍人士许敬宗和陈藏器。[③] 许敬宗曾参与《新修本草》(又称《唐本草》)编纂。《新修本草》共五十四卷,分为本草、图、图经三部分,共收录药物844 种,根茎花实,有名咸萃,比南朝梁陶弘景所编《本草经集注》新增 114 种,考辨和订正载录有误的药物 400 余种,集唐以前本草之大成。陈藏器精通医术,于开元二十七年(739)撰成《本草

① 李志庭:《浙江通史·隋唐五代卷》,浙江人民出版社,2005,第 336 页。
② 朱德明:《古代浙江药业初探》,《中医文献杂志》1997 年第 1 期。
③ 李志庭:《浙江通史·隋唐五代卷》,浙江人民出版社,2005,第 215 页。

拾遗》十卷,按药物的性质分类为草木、果、菜、米谷等部,创立了宣、通、补、泻、轻、重、滑、涩、燥、湿等方剂学 10 例。全书增补了《新修本草》遗漏药物数百种,许多南方民间习用草药被收录其中。

(五)纺织纤维

隋唐时,大运河的开通,促进了浙江经济的发展;通过赋敛之法鼓励推行蚕桑事业,丝产品的地位逐渐超越麻葛布。农民扩大栽桑养蚕,永嘉、新安等地推广一年蚕桑四、五熟,丝织技术有很大进步。白居易《缭绫》诗赞道:"缭绫缭绫何所似?不似罗绡与纨绮。应似天台山上月明前,四十五尺瀑布泉。中有文章又奇绝,地铺白烟花簇雪。……织为云外秋雁行,染作江南春水色。"[1]浙江的州郡普遍上贡丝织品,纺织业发达,对丝织物绢、帛、绫、锦等需求的增加,更刺激了种桑养蚕的发展。尤其是中唐以后,中国蚕桑重心逐渐南移,在湖州、杭州、睦州、越州、处州、明州等丝织业发达的地区[2],种植桑树的规模越来越大。越州出现了大面积的成片桑园,农村中常见桑树成园的景象。元和时,诗人施肩吾来到钱塘清波门外,见到溪头桑袅袅,邻妇相问,则答道"小小如今学养蚕"[3]。五代十国,军阀割据混战,钱镠建立吴越国,采取发展蚕丝业的政策,蚕丝业获得很大发展,当时丝织品主要有越绫、吴绫、越绢、锦、缎等。

① 周振甫主编《唐诗宋词元曲全集·全唐诗》,黄山书社,1999,第 3070 页。
② 《浙江省蚕桑志》编纂委员会编:《浙江省蚕桑志》,浙江大学出版社,2004,第1—2 页。
③ 周振甫主编《唐诗宋词元曲全集·全唐诗》,黄山书社,1999,第 9 册,第3650 页。

吴越之地素以生产麻葛布著名。大麻和苎麻,浙江地区早在唐代以前已经种植,而且是人们主要的衣着原料。但是大麻仅种于少数"陵陆"之地,苎麻也还未成大田作物。至唐代,大麻种植才普遍起来,苎麻也成为大田作物。苎布纺织也十分普遍。张籍《江南曲》即有"江南人家多橘树,吴姬舟上织白苎"[①]之句。唐代浙江10个州郡当中有9个州郡有大麻、苎麻种植和麻织业,普遍具有较高的水平。

(六)造纸业

唐代是浙江造纸史上第一个高峰时期。由于工艺水平的提高,唐代造纸已有明确的生纸和熟纸之分。生纸从纸槽捞出,干燥即成。熟纸则还需经过研光、捶浆、涂粉、施胶等加工处理。造纸的原料除麻类、楮皮、桑皮、藤皮、木芙蓉皮等以外,又新开发了竹类、瑞香皮等。所以唐代造纸地域更广,纸的种类更多。

浙江是唐代纸的主要产地。[②] 根据《元和郡县图志》《新唐书》《通典》等记载,唐代全国生产贡纸者共11州(郡),其中浙江有杭州、越州、婺州、衢州等4州(郡)。

造纸原料则以竹、藤、楮为主。浙江竹纸出睦州,楮纸出会稽。唐代浙江造纸,仍以藤纸最为普遍,杭州、婺州、越州均有生产,尤以杭州、越州藤纸最为著名。《元和郡县图志》卷二十五中称,余杭"由拳山,……傍有由拳村,出好藤纸"。《新唐书》和《太平寰宇记》中也载,杭州贡"藤纸"。因越州藤纸主要出于剡溪,而剡溪又是浙江造纸业的发源地之一,所以又称"剡纸"。剡藤

---

① 王启兴主编《校编全唐诗》,湖北人民出版社,2001,第1694页。
② 李志庭:《浙江通史·隋唐五代卷》,浙江人民出版社,2005,第157—159页。

纸品质优良,人所共爱,广泛用于书写、印刷及包装等,生产规模巨大。

五、畜禽、水产及蜜蜂

(一)畜禽

禽畜饲养主要有牛、马、羊、猪、犬、鸡、鹅、鸭等。

牛是古代农田耕作中的主要力畜。唐代官府在屯田区即饲养有不少耕牛。牛在古代车船交通中也是不可缺少的力畜。例如浙东运河上,即有所谓"七堰相望,万牛回首"之说,应该也饲养有一定数量的牛。而唐代江南多推行双季稻及稻麦复种,其耕地面积按照《元和郡县图志》记载,浙西平均每户有 18.5 亩,不借助牛力是比较困难的。所以唐代江南农家饲养耕牛较为普遍。

马是古代陆路交通的主要力畜,古代陆驿配有车、马。据史料记载,浙江境内驿马也不在少数。

猪、羊、鸡、鸭、鹅等的饲养更为普遍。[①] 据薛用弱《集异记》云,四明山张老庄家富多养豕,出卖以供屠宰。江南湖泊密布,为养殖家鸭提供了有利条件。《吴兴备志》卷十六记载,湖州唐时每年要进贡朝廷单黄杬子一千三百五十颗,重黄杬子一千三百颗。杬子即用杬木汁浸过的鸭蛋,可知湖州养鸭之盛。白居易《和微之春日投简阳明洞天五十韵》诗"产业论蚕蚁,孳生计鸭雏"[②]和婺州骆宾王《咏鹅》诗"鹅,鹅,鹅,曲项向天歌。白毛浮绿

---

① 张剑光、邹国慰:《唐五代时期江南农业生产商品化及其影响》,《学术月刊》2010 年第 2 期。

② 黄勇主编《唐诗宋词全集》,北京燕山出版社,2007,第 3 册,第 1431 页。

水,红掌拨清波"①家喻户晓;丘为《泛若耶溪》诗"短褐衣妻儿,余粮及鸡犬。日暮鸟雀稀,稚子呼牛归"②等,为一般农家日常饲养家禽的写照。

(二)淡水渔业

隋唐时期浙江的淡水渔业很发达。渔民为了生计,农民作为副业,不时网捕、叉刺,或垂钓于江河湖塘之中。③ 唐代因鲤、李同音,鲤鱼象征皇族,捕鲤必须放生,在这种情况下,青鱼、草鱼、鲢鱼、鳙鱼的养殖事业逐渐发达起来。④

(三)蜜蜂

隋唐时期,出现了技术较为粗放的家庭养蜂业。唐末浙籍诗人罗隐所著七绝诗《蜂》:"不论平地与山尖,无限风光尽被占,采得百花成蜜后,为谁辛苦为谁甜",反映了蜜蜂的遍在。对蜜蜂类别的区分基本清楚,蜂王、相蜂、常蜂(工蜂)的表述较为稳定地出现在唐代以后的相关文本里。逐渐摆脱了百花蜜,开始人为选择蜜源植物,目的性地获取梨花蜜、黄连蜜、何首乌蜜等定向化蜂蜜产品。除了原有的蜂产品——蜂子、蜂蜜等不断向精细化发展,蜂蜡也得到大规模开发利用。蜂产品广泛应用到医药、饮食、美容、制烛等领域。唐代,浙江是蜂产品生产和进贡比较丰富的地区之一,东阳、临海等多地都产蜜。湖州吴兴郡所

① 刘明华主编《中华经典古诗词诵读宝典》,四川辞书出版社,2020,第165页。
② 李志庭:《浙江通史·隋唐五代卷》,浙江人民出版社,2005,第139页。
③ 同上书,第162—164页。
④ 《浙江通志》编纂委员会编:《浙江通志·渔业志》,浙江人民出版社,2020,第3页。

产蜂蜜、处州缙云郡所产蜂蜡,皆为贡品。[①]

六、林木资源

隋唐五代时期的近 400 年间,国内经济重心南移,浙江人口剧增,瓷器、丝绸、造纸、航运和矿冶业等迅速发展。隋高祖给诸王以下至都督分永业田,倡导植桑榆及枣。隋炀帝开京杭大运河,并在两岸植柳。京杭运河的开通,促进了南北物资交流和经济的发展,唐初杭州始现繁荣景象,至中唐已以"东南名郡"见称于世。交通与经济发展又带动了营林事业,唐开元十三年(725),杭州刺史袁仁敬在今洪春桥至灵隐沿路两侧种植松树,长达 9 里,称之"九里松"。寺院道观园林绿化活跃。自隋唐至五代,特别是中唐"安史之乱"后,北方人口第二次大规模南迁,越地人口剧增,耕地、木材、燃料的需求与日俱增。森林的破坏由人口密集的宁绍地区和杭嘉湖平原岗地扩展至周边低丘缓坡。平原低丘的普遍开发,使杭州湾两岸、金衢盆地一带的原始森林荡然无存。此前原始森林保存较好的浙南、浙西北、浙中的山地丘陵,也因人口增多、生产发展、垦殖樵采,开始遭到不同程度的蚕食。唐时,梯田梯地也已出现,除种植粮食、蔬菜外,还插杉点桐和扩大茶园,而使丘陵山地的原始森林遭到损毁。唐至吴越国期间,浙江政局相对稳定,炒茶、制砖瓦陶瓷、缫丝等手工业发展很快,且需要消耗大量薪炭,对森林资源的破坏不亚于垦殖毁林。[②]

---

① 范存鑫,胡福良:《浅谈唐代蜜蜂产业与蜜蜂文化的多方位发展》,《蜜蜂杂志》2020 年第 3 期。

② 浙江省林业志编纂委员会编:《浙江省林业志》,中华书局,2001,第 2—3 页、第 133—134 页。

七、海洋资源

(一)盐业

唐代,在全国设立了 10 所盐监,管理盐场生产和食盐的收购。10 监中属于浙江的有临平、兰亭(今绍兴)、永嘉、嘉兴、新亭(今台州)、富都(今定海)6 监。监下设场(产区),兰亭监下辖有会稽东场、会稽西场、余姚场、怀远场、地心场。总体上,唐代今浙江地区的产盐地主要有当时属苏州的嘉兴、海盐县,杭州的盐官县,越州的会稽、余姚、山阴县,明州的鄮县,温州的永嘉县,台州的黄岩、宁海县等。[①] 关于唐时今浙江地区的食盐产量,并无系统记载,但从目前能找到的史料来看,产量已不低。唐元和间(806—820),仅兰亭、嘉兴、临平 3 监,年产量即达 100 万石。唐代海盐生产技术已达较高水平,淋卤制盐法的基本环节已比较完备。另外,刘晏又在湖州、越州、杭州等地设转运场,负责食盐收贮、中转和分销。

(二)海洋渔业

《隋书》卷三十一记载,吴郡、会稽、余杭、东阳"数郡川泽沃衍,有海陆之饶",其中就包含渔业生产所出之丰饶。公元 8 世纪左右,随着社会生产力的发展,浙江渔业逐步由海涂采捕走向近海生产。[②] 唐中期,开始使用小型木船在岛屿周围和港湾海域撒网,出现了朝出晚归,作业不离家门口,渔船不离开山头的拖、

---

① 董郁奎:《先秦至隋唐时期浙江盐业经济探略》,《盐业史研究》2006 年第 4 期。

② 赵盛龙等主编《浙江海洋鱼类志》,浙江科学技术出版社,2016,第 2—3 页。

流、张、围、钓等作业,形成了沿岸捕捞。唐代,浙江的许多海产被列为贡品。《新唐书》卷四十一记载苏州土贡鲻皮、鳍、肚鱼、鱼子,明州土贡海味,温州、台州土贡蛟革。《元和郡县图志》记载温州、台州贡鲛鱼皮,明州贡海肘子、红虾米、红虾鲊、乌贼骨等。元稹在《元氏长庆集》中记载,唐宪宗元和四年(809),朝廷命明州(今宁波一带)每年进贡淡菜、海蚶各一石五斗;元和十五年(820),又命进贡海味。

(三)港口岸线

隋唐时期,浙江航运可由杭州、越州(今绍兴)、明州(今宁波)、温州港南下抵达福建和广东,北上可抵达登、莱等州,并越海至辽东半岛。五代时期,浙江开通至高丽、日本以及东南亚地区的海外航线,与日本的海上航运最为频繁。[①]

---

① 《浙江通志》编纂委员会编:《浙江通志·海洋经济专志》,浙江科学技术出版社,2021,第3页。

第五章　宋代浙江的自然环境
　　　　与资源开发利用

　　北宋建隆元年（960）正月，宋太祖赵匡胤发动"陈桥兵变"，建立了北宋王朝。吴越国为稳定和民生计，主动纳土归宋。今浙江区域北宋时属两浙路。南宋建都临安（即今杭州），分置两浙西路和两浙东路。[①]

　　吴越之地所在的两浙地区在宋代得以持续稳定地发展，成为东南经济区域的中心和宋代朝廷最重要的财赋来源地。同时，吴越钱氏政权苦心经营多年，对钱塘江捍海石塘的修筑、太湖地区的圩田开发、杭州城的增筑、杭州西湖和越州鉴湖的水利兴修、境内荒田的垦辟等方面都做了很多非常重要的基础性工作，为两浙地区在宋代的发展奠定了良好的基础。

---

　　① 　沈冬梅、范立舟：《浙江通史·宋代卷》，浙江人民出版社，2005，第11—20页。

第一节 自然环境

一、气候

五代北宋时期正值世界性的"中世纪温暖期"中前期。大量史料表明,1100—1200年欧洲存在夏季暖干和冬季温湿的气候,此时西欧气温较1900—1939年高0.5～1.0℃,由于这段时期在欧洲史上被称为"中世纪",故历史气候学家将这段时期称为"中世纪温暖期"。11世纪,中国亚热带北界和暖温带北界均较今至少北移了1个纬度,东中部地区冬半年平均气温较今高0.3～0.4℃。[①] 梅树、柑橘分布北扩显著,在黄河流域广泛移植。北宋末期气温转冷。

南宋建立之初刚好处于一个长达近百年(1111—1200)相对寒冷时段的前期,当时,中国东中部冬半年平均气温较今(1951—1980年平均值,下同)低约0.3℃[②],两浙在冬季频繁出现冷冬现象,整个冬天经常下雪或严寒[③],冬季河港结冰现象相当普遍。由于气候寒冷,冬季太湖流域河道长时间、大面积封冻,官府曾专门"作浮筏前设巨锥以捣冰,谓之冰牌",为防破冰后的河道再度冻结,又使用"小舟摇荡于其间,谓之晃舟"[④]。绍兴二年(1132)冬,严寒侵袭南方,对太湖流域民生产生了空前的影响。由于冬季平均温度普遍较之前偏低,异常寒潮频率增加,

---

① 葛全胜等:《中国历朝气候变化》,科学出版社,2010,第386页。
② 同上书,第440页。
③ 张全明:《南宋两浙地区的气候变迁及其总体评估》,《宋史研究论丛》2009年。
④ 赵彦卫撰:《云麓漫钞》卷一,清文渊阁四库全书本。

12世纪中后期江南地区橘树的存活率明显下降。绍兴年间江东安抚大使叶梦得亦曾言:"橘极难种,吾居山十年,凡三种而三槁死。其初移栽,皆三四尺余,一岁便结实,累然可爱。未几,偶岁大寒多雪,即立槁。虽厚以苫覆草拥,不能救也。盖性极畏寒。"①成书于宋孝宗淳熙五年(1178)的《橘录》载:"大抵柑植立甚难,灌溉锄治少失时,或岁寒霜频作,柑之枝头殆无生意,橘则犹故也。"②

南宋中晚期,气候转暖,1201—1290年中国东中部冬半年平均气温较今高约0.6℃,其中最暖30年(1231—1260)较今高0.9℃③;从冷谷(1141—1170)至暖峰(1231—1260)的回暖过程非常迅速,升温速率约1.5℃/100年。据《宋史》记载,1195—1220年杭州暖冬记录次数明显增加,多年冬春无冰雪记载:如庆元四年(1198)冬,"无雪。越岁,春燠而雷";六年(1200)"冬燠无雪,桃李华,虫不蛰";嘉定元年(1208),"春燠如夏";嘉定六年(1213)冬,"燠而雷,无冰,虫不蛰";嘉定十三年(1220)冬,"无冰雪。越岁,春暴燠,土燥泉竭"④。

二、海平面

据研究,五代时中国东海海平面相对较低⑤,如《吴越备史》卷一记载,后梁开平元年(907),钱塘江口陆地面积扩展,吴山东南沙涨十五里。这也是太湖平原及杭嘉湖地区历史上水旱灾害

---

① 叶梦得撰:《避暑录话》卷下,清文渊阁四库全书本。
② 韩彦直撰:《橘录》卷上,清文渊阁四库全书本。
③ 葛全胜等:《中国历朝气候变化》,科学出版社,2010,第443页。
④ 脱脱等撰:《宋史》卷五十三《五行志》,清光绪五洲同文书局石印武英殿本。
⑤ 王文、谢志仁:《从史料记载看中国历史时期海面波动》,《地球科学进展》2001年第2期。

最少的时期。

北宋时期,在温暖气候背景下,中国江南沿海海平面逐步抬升。到北宋晚期,中国长江河口地区的海平面总体上已高于现今;之后的一个世纪,该地区海平面一度低于现今;13世纪始海平面再次上升,并持续一个多世纪。[1]其中,12世纪末至13世纪初是两宋时期我国东部海面最高点,当时,杭州湾两岸沿海地带海患严重,海岸线普遍后退,土地不断沦入海中。海面抬升,导致潮灾增多,以公元975年、1075年、1175年为顶峰。

三、海岸线

(一)杭州湾岸线

杭州湾北岸岸线,公元4世纪时,王盘山诸岛尚是东晋屯兵之处,12世纪岸线已北退到海盐、金山故城之南。4世纪时,河口南侧岸线大约在西兴、龛山、孙端、临山、浒山一线;此后渐向北淤伸,至11世纪已涨到浒山以北约8千米,呈凸弧状;11世纪中期以后,受潮流冲刷,开始内坍[2],又逐渐坍回临山、浒山、观海卫一线。

两宋时代,杭州湾岸线受海潮的影响颇甚。[3]咸淳《临安志》卷三十一记载:"庆历初夏六月,大风驱潮,堤再坏,郡守杨偕转运使田瑜协力筑堤二千二百丈。"至南宋,江潮仍不断侵啮江堤。《宋史》卷六十一记载:"淳熙四年五月……己亥夜,钱塘江涛大

---

①　杨怀仁、谢志仁:《气候变化与海面升降的过程和趋向》,《地理学报》1984年第1期。

②　钱塘江志编纂委员会编:《钱塘江志》,方志出版社,1998,第63页。

③　邹逸麟:《两宋时代的钱塘江》,《浙江学刊》2011年第5期。

溢,败临安府堤八十余丈。庚子,又败堤百余丈。"绍熙五年……乙亥,会稽、山阴、萧山、余姚、上虞县大风驾海涛,坏堤,伤田稼。""嘉定十年冬,浙江涛溢,圮庐舍,覆舟,溺死甚众。""嘉定十二年(1219)盐官县海失故道,潮汐冲平野三十余里,至是侵县治,芦洲、港渎及上下管、黄湾冈等盐场皆圮,蜀山沦入海中,聚落、田畴失其半,坏四郡田,后六年始平。"

(二)温州沿海平原海岸线

瓯江河口北岸,白石湖的主体部分唐代已淤积并获得开发,海岸线推到柳市平原以东以南的孤山地带;北宋晚期,滨海的曹田、莲池头等村和乐清湾畔的长林盐场皆已建村建场,表明新海岸线已大致形成。在瓯江以南,唐中后期海岸线已大致退到大罗山以东,大罗山东北面的平原已经形成。南宋乾道年间(1165—1173),海岸线已到达今永中、普门以东,此两地均已建村。[①]

飞云江河口北岸,南宋乾道年间,岸线推进到前池、鲍田、场桥一带,这些地方已建村落,场桥还是双穗盐场场署所在地;不过,这些村庄都位于温瑞塘河以东不远,温瑞塘河的一些岸段当时还为阻挡海潮所必备。南岸重筑横河埭,并与平阳境内海塘沙塘连接,河水皆自沙塘陡门排出,但沙塘东南的仙口仍为海港。

鳌江河口北岸,古代有一条海塘坡南塘,自平阳县城以南的夹屿桥分为两支南行,略成"人"字形,沿着山麓平原蜿蜒,分别

---

① 吴松弟:《宋元以后温州山麓平原的生存环境与地域观念》,《历史地理》2016年第1期。

于钱仓镇和鳌江镇注入鳌江;按坡南塘的走向,唐代在坡南塘和今天的鳌江镇之间应存在着一个小海湾;南宋乾道前后,鳌江北岸已基本成陆,不复有小海湾。鳌江南岸,唐末五代今苍南县的儒家庄、楼浦等地已成陆并形成村落;南岸的古海塘称东塘,北起邱家埠,南到肥艚镇的斜溪,长三十余华里,东塘又与西面三峰至朱家站的鳌江南岸江塘合称为外塘。

四、湖泊

北宋时期海面的抬升,导致东部沿海地区河流排水不畅,许多低地因之沦为水泽。10 世纪至 11 世纪初是中国河流、湖泊的扩展期。之后至淳祐十年(1250),湖泊面积大幅度缩小,此后,湖泊面积复为增加。其中,10 世纪,湖泊数量创唐以来新高,且主要分布于 30°N～35°N,较唐代偏北;11 世纪初,水面面积达到最大,部分湖泊急剧扩展。[①] 嘉泰《吴兴志》记载有:"天目山南来之水,自临安余杭至郡南门,二百六十余里,又地多湫泊,故其势缓而流清。"北宋时期,太湖面积已达 2000 平方千米,与汉代相比扩大了 300～400 平方千米。太湖周围还分布着许多大小不等的湖泊,其中不少形成、稳定于唐宋时期。湖泊之间有许多塘、浦互相沟通,形成了贯通的水网。此外,杭州的西湖、浙东的三江流域在北宋时期也进行了水网建设。南宋时期,随着人口的增多,围湖垦田日渐发展,导致湖泊面积不断缩小。

五、植被与野生动物

远古时代,地处我国东南部的浙江地区森林覆盖率高达

[①] 中国科学院《中国自然地理》编辑委员会编:《中国自然地理·地表水》,科学出版社,1981,第 137—158 页。

80％～90％。[①] 随着人类文明历史发展程度的加深,自然植被逐渐遭到破坏。两浙地区在东晋以后开发日益加深,唐宋时期林木等天然植被在这一时期才开始有较多的砍伐。但两浙雨量多,气温高,植物自我增生能力强,林木被采伐后很容易再生,获得天然更新;此外由于茶树、毛竹、杉木、油桐、油茶等经济作物的普遍栽植,大面积人工植被已由近山深入远山高山,对被破坏的自然植被有着相当的弥补作用。所以虽然两宋之际两浙林木采伐量大增,范围扩大,但植被的总体情况相对完好,自然生态环境所受影响也较为有限。北宋前期,森林覆盖率约73％;南宋中后期,森林覆盖率约65％。许多山地,直至北宋后期,仍然是山林险阻,连绵千里。南宋时,浙江地区的一些中低山区,如莫干山、天目山、括苍山、天台山、仙霞岭和雁荡山等深山区,除了一些道路和小溪,全是挺拔苍翠的密林。

宋代,猿、鹿、虎等野生动物广泛分布于浙江山林之中。南宋王铚《默记》卷下云:"世言章申公在睦州(今建德市)遇猴事,时方通为守,实然也。云有大猿数十,遂使人擒而缚之。忽于乌龙山后突出数千大青猿,解缚夺而去之,人皆莫敢近。余晋仲目击。"另,据清光绪《龙泉县志》卷十一记载,南宋宝祐三年至五年(1255—1257),龙泉县虎患频发,死伤1600余人。

第二节　自然资源开发利用

宋代外地人向浙江迁移与流动的现象较为常见,来源地遍

---

① 张全明:《南宋森林覆盖率及其变迁原因研究》,《国际社会科学杂志》(中文版)2016年第3期。

及全国。特别是在靖康元年、二年(1126—1127)金灭北宋的"靖康之变"以后,浙江成为北人南迁浪潮中最重要的迁居地。宋太平兴国五年(980)浙境约 370097 户,2220582 人;北宋元丰元年(1078)两浙路浙境约 1379052 户,8274312 人;南宋嘉定十二年(1219)浙境约 2319026 户,13914156 人。[①] 人口的大幅增多,极大地促进了资源环境的开发利用。

一、土地资源

大量移民的涌入,使两浙地区的人地关系空前紧张,人们不断向江、湖要地,向海要地,与水争田,出现大规模围湖造田现象,如对太湖、会稽鉴湖、明州广德湖和东钱湖的围垦等。此外,依托濒临广袤海洋的天然优势,大力向海要田,围垦沿海的滩涂资源和大江入海口的沙淤之地,开发出大面积的涂田及沙田。[②]

在开发沙田、涂田的过程中,两浙人民因地制宜、因时制宜,根据土壤的不同性状,采取不同的种植方式。沙田因其地处濒江地区或大江入海口,土壤盐分含量较少,故而其利用方式与陆上土地几无差异。涂田地处滨海,初垦时土壤中盐分含量高,不宜耕稼,必须经历一个长期的脱盐过程。

宋代,浙江境内所开辟的山地也不少,如湖州诸山间多有居民开垦种植。嘉泰《吴兴志》卷五记载:"《余英志》云:县西围皆山,独东北小缺。自绍兴以来,民之匿户避役者多假道流之名,家于山中,垦开岩谷,尽其地力。"尤其浙东、浙南山地丘陵州县,山田更为普遍。楼钥在《冯公岭》诗中曾描述,温州附近冯公岭

---

① 浙江省人口志编纂委员会编:《浙江省人口志》,中华书局,2007,第 3 页。

② 苏颂:《宋代两浙滨海地区土地开发探析》,《宋史研究论丛》2019 年第 2 期。

一带"百级山田带雨耕,驱牛扶耒半空行",人们根据山岭地形的高下,筑成了层层梯田。

宋代土地制度的基本特点是"田制不立"和"不抑兼并",承认土地私有,允许土地买卖。土地私有制占两浙土地制度的主导地位,但同时还有少量的国有土地。在当时的统计中,私有土地称民田,国有土地称公田或官田。神宗熙宁时,两浙路共有民田 36247756 亩、官田 9644.2 亩。两浙路官田比例极小,只占两浙全部田地的 0.27%。

两浙路公田的来源,包括一部分前代的国有土地、民间户绝田、抛荒田、官府籍没的田产以及江海水滨形成的滩涂田等。公田形式主要有屯田、营田、职田、学田等。

私田形式主要有 3 种,一是官员占田,一是地主占田,一是自耕农、半自耕农占田。官员占田不同于前面所说的公田性质的职田,它是由宋代的官员们用各种收入购置的属于私人所有的田产。官员通过购置田产成为地主,而地主也可通过科举考试成为大小官员。官员与地主一体,所占田地是私有田地中的大头。而自耕农、半自耕农所占田地往往每户多不过二三十亩,少的只有三五亩。除了品官地主的田地有一定数量可以免除科配,其余所有私田都要承担国家的税赋。

二、水资源

宋代,浙江水利,不仅工程数量众多,而且工程技术屡有创新。[①]

---

① 《浙江通志》编纂委员会编:《浙江通志·水利志》,浙江人民出版社,2020,第4页。

　　首先是海塘,柴塘、直立式块石塘均首创于北宋的钱塘江北岸,其中以两浙转运使张夏修筑杭州石塘为最著:景祐时期钱塘江堤又复毁坏,张夏改变钱镠旧法,全部用石材筑堤,以免竹木朽坏引起堤岸崩塌,并设置捍江兵士,专采石修塘,随损随治,百姓得以安宁。在钱塘江南岸建起了余姚、慈溪大古塘,镇海后海塘和鄞县定海塘等,其中鄞县知县王安石创筑的石板坡陀塘,定海县(今宁波市镇海区)知县唐叔翰创筑的桩基纵横叠砌石塘,对后世筑塘影响深远。浙南平阳沿海的石砌万全塘也建成于南宋。

　　运河关系粮赋漕运,两宋修治不遗余力。江南运河至北宋愈趋完善,诏令专职官员维护管理运河上的杭州、长安、秀州(今嘉兴)杉青沿线堰、闸,其中长安澳闸是浙江最早的复式船闸。浙东运河自杭州至明州(今宁波)全线沟通,航运枢纽上虞通明堰、闸建于北宋,完善于南宋。这两条运河在两宋时已成为日本、朝鲜和东南亚各国使臣、僧侣、商人往来中国的主要航道。

　　北宋时期,杭州知府苏轼开浚西湖,萧山县知县杨时创建湘湖,浙东提刑罗适在黄岩首倡改埭为闸;南宋时期,西安(今属衢州市)县丞张应麟修建石室堰,处州知府范成大重修通济堰并制定堰规,浙东提举朱熹与勾龙昌泰兴建黄岩回浦、金清六闸。他们都是宋代农田水利的功臣。

三、矿产资源

(一)金属矿产

　　宋代,浙江采冶的矿产,据《宋史》和《元丰九域志》等记载,有越州诸暨县龙泉银坑,处州龙泉县高亭银场,遂昌永丰银场,婺州东阳县银冶,衢州西安县南、北银场等。此外,景定《严州续志》卷五记载有严州建德县铁山铁冶。嘉定《赤城志》卷七记载台州有临海县归溪、大石、雉溪、吞公、广济等铁场(除归溪外,其余皆南宋嘉定时废),天台县赤岩铁场与铅坑、楢溪铁场、天柱山铅坑,仙居县有安仁铁场,宁海县文溪铅场(南宋嘉定时废)、梅岙铁场、一都和六都铁场(南宋嘉定时废)等。[①]

宋代的铸镜业比较发达,铸镜地区遍布江南,其中尤以浙江的湖州为最著名。[②] 湖州铸镜商号店铺林立,名工巧匠众多。其制品大多专注实用,不尚花纹;但产品销路极广,产量极多。常见造型有:圆形、方形、扇形、长条形、葵花形、菱形和带柄镜。北宋早期所产多是圆形、亚字形、方形连钱纹和缠枝花卉纹镜;北宋中晚期以后则更流行素背无纹的湖州铭文镜。常见铭文题记有"湖州真石家炼铜照子记""湖州真石八叔炼铜照子,每两一百文""湖州李道人真炼铜照子"之类,由官府及私家所铸造。

(二)陶瓷烧制

1. 陶器

北宋时期,余杭县余石乡亭市村(今瓶窑)多陶户,善作大瓮,闻名全国,且大量输出国外,是北宋对外贸易的主要产品之一。南宋时该地继续烧制大瓮,称为"浙瓮"。天台县的瓶窑、前庞、上曹、黄家塘等地均有陶窑,烧制碗、盆、瓶等各种陶器。南宋时,奉化人夏孝显在畸山缸泥岙创建陶窑,年产大缸400只,以及瓶、甏等陶器。德清县亭山建窑生产陶器。长兴县回龙山

---

① 李志庭:《浙江地区开发探源》,江西教育出版社,1997,第143页。
② 陈柏泉:《宋代铜镜简论》,《江西历史文物》1983年第3期。

建有红窑,方山窑出丹罐,陶坑出缸甓。吴兴县邢窑村的邢、杨两姓造陶器,陶色以梅青为上,白色次之,黄而黑为下。

2.青瓷

宋代,越窑青瓷由盛及衰,龙泉青瓷由兴而盛[①],南宋官窑瓷极其精致,为世所珍。

北宋时期,越窑青瓷的生产仍时有记载。《元丰九域志》卷五记载越州"土贡"有"瓷器五十事",等等。文物考古资料也证明北宋前期浙江越窑青瓷生产的繁荣。已经发现具有绝对纪年的越窑青瓷器如"太平戊寅"(978)铭碗、"咸平元年"(998)的粮罂瓶、"绍圣五年"(1098)铭青瓷砚等,几乎贯穿整个北宋历史。

进入南宋以后,宁绍地区人口急剧增长,造成粮食、衣着、燃料(柴草)、生活用木材等一系列物资消耗的增长。为解决自身生存的衣食和缴纳赋税,人们大量开荒种植粮油蔬菜瓜果茶桑麻。为了解决燃料和生活用木材,又扩大了山林的砍伐。越窑青瓷业所赖以存在的原料(瓷土)、燃料和劳动力等几个最根本的条件都受到了冲击,越窑开始衰落。

同时,婺窑和瓯窑情况类似,也相继衰落,北方的几个名窑又为金朝所占领。这使得江南人民对于瓷器的需求不得不仰仗于龙泉、景德镇诸窑。由于龙泉有较好的运输条件,所以龙泉窑在南宋时期迅速发展起来。

已经发现南宋龙泉窑窑址百余处,分布范围广及龙泉、遂昌、云和以及泰顺、文成、永嘉六县,其中瓷窑最为集中、产量最高的为龙泉大窑和金村两地,前者窑址有24处以上,后者也有16处。瓷片和窑具堆积都很丰富。这一时期龙泉青瓷窑烧瓷的

---

① 李志庭:《浙江地区开发探源》,江西教育出版社,1997,第162—166页。

窑炉,都是依山建造的长条形龙窑,长度多在50～60米,最长的80余米,其中最小的大窑村连山窑址长30米,宽1.85～2米,一次装烧量为一万件左右,由此可以推想当时龙泉青瓷总产量之巨大。

南宋龙泉青瓷与北宋的制品相比较,已有自己独特的风格。釉色青翠,釉面极少开片与流釉,匠师们对釉料的配制和烧成火候的控制已达到相当高的水平。器物的造型艺术也有了提高,器壁往往作斜线形式,转角处廓线明快,底部厚重,圈足宽矮,刚劲稳重。同一类器物的形式富于变化。这一时期的龙泉青瓷,釉层大大加厚,使釉呈现出较深的青色,丰满莹润。同时由于釉料的改进和上釉技能、烧成火候的控制水平提高,龙泉窑成功烧造出光泽柔和的粉青色釉和碧绿的梅子青釉,青瓷的烧造技术达到一个新的高峰。

"靖康之变"后,宋高宗定都临安,在凤凰山设立修内司官家瓷窑,在乌龟山八卦田郊坛附近另建新官窑,集中了当时南北最优秀的工匠,不惜工本烧造青瓷,专门为宫廷生产皇家御用瓷器,史称南宋官窑。薄胎厚釉,似冰类玉,釉面多有裂纹。早期的碗、盘、洗等圈足器的圈足高而外撇,并用支钉支烧;晚期产品多以圈足去釉,垫饼垫烧。一般产品都经过低温素烧、高温釉烧,少数精致产品经过多次施釉复烧。

(三)建筑石材

宋代,随着人口的增多和经济的繁荣,浙江采石活动有增无减,在唐代的基础上,境内新增采石群址11处,金华—衢州—淳安一带新增6处(姜家山、万川、云溪、龙潭、辉照山、千岛湖天池),余杭附近增2处(寮山、南山),沿海余姚(胜归山)、宁海(伍

118

山)、三门(蛇蟠岛)等地各增 1 处,红砂岩和凝灰岩开采并重。[1]
该时期,江浙一带富户增多,石雕工艺品和园林石品成了当时人
们追逐的对象;采石文化得到了长足的发展。"严州青"顺钱塘
江下运并因为南宋王朝而名声显赫;"武康石"广泛用于石桥、石
牌坊、石塔、海塘、湖堤、园林假山等。据道光《武康县志》记载,
武康县建于两宋时期的石桥多达 47 座,其中北宋 12 座、南宋 35
座,石桥梁头端石上还雕有精美的纹饰和图画,如鼓钉纹、卷草
纹、牡丹图、莲荷图、二龙戏珠图、金刚力士图等,石雕技艺精湛;
蛇蟠石及其雕刻而成的石柱、石板、石门框、石窗、墓碑等建筑构
件,畅销上海、杭州、宁波及三门湾沿海地区。

四、农作物

(一)水稻及旱地粮食作物

1.作物

两浙路是宋代农业生产最发达的地区之一。许多作物新品
种被不断培育出来,适应不同种植需要的水稻品种也相应产生,
仅两浙路六七个州县,就有籼稻、粳稻 140 多种,糯稻 50 多种,
其中不少是当时的优良品种。例如,嘉泰《吴兴志》卷二十记载,
吴兴有适宜于坝田(即圩田)种植的十里香、师姑秔,适宜于山田
种植的金成秔,以及"尤宜酿酒"的金钗糯。仅澉浦一镇,种植的
水稻即有 9 种之多。占城稻于北宋大中祥符年间(1008—1016)
从福建引入江淮、两浙地区并推广种植。浙江有些地区地势较

---

① 朱丽东、金莉丹、谷喜吉等:《隋唐宋时期浙江采石格局及其环境驱动》,《浙江师范大学学报(自然科学版)》2014 年第 1 期。

高的水田,一遇天旱,容易发生旱灾,占城稻耐旱、早熟、不择地
而生,适合在地高水少的田里种植。同时,这种稻产量高,一岁
可收获两次,再加上种植面积扩大,对粮食增产起了很大的作
用。在引进占城稻以后,两浙路人们根据当地的需要,又培育了
很多新的品种,如嘉泰《会稽志》卷十七记载有早占城(早熟)、红
占城(中熟)、寒占城(晚熟)等品种,它们的产量和口味等指标都
超过了原来的品种。南宋时,占城稻已广为种植。宋代,浙北的
水稻亩产普遍在 2~3 石,某些高产地区甚至达到了 5~6 石。

入宋以后,随着北方人口大量南迁,麦类种植向南方扩展。
两宋之交及南宋时期中国气候转寒,也为麦类南下提供了可能
性。庄季裕《鸡肋编》卷中记载:"建炎之后,江、浙、湖、湘、闽、
广,西北流寓之人遍满。绍兴初,麦一斛至万二千钱,农获其利,
倍于种稻。而佃户输租,只有秋课。而种麦之利,独归客户。于
是竞种春稼,极目不减淮北。"太宗时劝两浙多种各色杂粮,粟、
麦、黍、豆的种子由淮北各州郡供应,改变了只种粳稻的单一结
构,所以浙江一带粮食品种增多,稻麦轮作复种的两熟制和稻
豆、稻菜等多熟制出现。旱地作物的推广种植,对于丰富粮食资
源、增强抗灾能力具有重要意义。

2. 酿酒

作为粮食生产基地,浙江的酿酒业一直都很发达。北宋时
期,酒税是朝廷费用的重要来源,杭州每年酒税达 20 余万缗。
据《文献通考》卷十七《征榷考四》记载,北宋神宗熙宁十年
(1077),天下诸州酒课岁额,越州列在 10 万贯以上等次,较附近
各州高出 1 倍。

南宋初年寒冷情况加剧,人们喝酒御寒的需求增加,加上本
就喜欢饮酒的北方人的南迁,南宋两浙的酿酒业较之北宋时有

了更大发展。

酒是专卖品,酒税所得与盐税、茶税一起占南宋税收很大比重,一度曾占 4/5。官府设有点检所酒库和安抚司酒库专门经营酿酒业。点检所酒库主管京城及近郊的酿酒业,其下设有东库、西库、南库、北库、中库、南上库、南外库、西溪库、天宗库、赤山库等 13 处酒库。安抚司酒库管辖京城以外州县的酿酒业,如余杭的闲林酒库,临安的青山、桃源酒库,德清的精正酒库等。据宋代《酒名记》《武林旧事》《梦粱录》等书记载,浙江各地名酒迭起,如杭州思堂春、流香酒、碧香酒、珍珠泉酒,秀州(今嘉兴)月波酒、清若空酒;湖州六客堂酒、茅柴酒、百花春,明州(今宁波)金波酒、双鱼酒,绍兴蓬莱春、东浦酒,台州蒙泉酒、吴江风月酒,婺州金华酒,衢州龟峰酒、石室酒,严州(今建德)酿泉酒,温州蒙泉酒、丰和酒,处州(今丽水)金盘露、谷廉酒,等等。与杭州一江之隔的绍兴,陆游说它是“城中酒垆千百家”,绍兴酒达到空前繁荣。酿酒增加,糯米价格上涨,绍兴农田种糯稻者竟占 60%。

(二)蔬菜花果

人口的增多使果蔬和花卉种植业获得了很大的发展空间,当地居民因地制宜,依托两浙路众多的市场和畅通的商品流通渠道,发展果蔬园艺。

1.蔬菜

宋代,两浙很多城市的城郊都出现了专为城镇居民供应蔬菜的专业户,如《夷坚志补》卷七记载湖州村民沈二八“在园锄菜畦”,以种作蔬菜为生。一些地区将蔬菜专业户称为“菜户”。临安、秀州、湖州等城市都有数十个品种的蔬菜在不同的季节应时上市,满足市民的生活需求,有矮黄、大白头、小白头、黄芽、芥、生菜、波棱瓜、莴苣笋、苦荬、姜、葱、薤、韭、大蒜、小蒜、茄、菾瓜、黄瓜、冬瓜、葫芦、瓠、芋、山药、牛蒡、萝卜、甘露子、菱白、蕨、芹、豇豆、扁豆、马兰、荠菜等。临安城东门外城郊弥望皆菜圃，可见其蔬菜业之盛。

除普通蔬菜外，南宋，两浙居民所吃蔬菜的品种也见增多，其中有一大类品种为菌类蔬菜。淳熙十二年(1185)台州仙居人陈仁玉撰写《菌谱》①，记录了可供食用的 11 种菌类：合蕈、稠膏蕈、栗壳蕈、松蕈、竹蕈、麦蕈、玉蕈、黄蕈、紫蕈、四季蕈、鹅膏蕈。蕈是附草木而生的菌类。《菌谱》是第一部记录菌类蔬菜的专书，对菌类进入两浙人的蔬菜谱系中起到了推动作用，在 50 多年后成书的咸淳《临安志》中，所列临安当地的蔬菜品种就有菌类。不过当时的菌类蔬菜主要是林谷松竹间天然生长的，人们只需采拾即可。庆元、龙泉、景宁局部地区开始人工栽培香菇。

2. 果类

太湖地区一直是我国柑橘的重要产区之一，入宋以后，湖州所产乳柑是皇室贡品。杭州在北宋时期也有大面积的柑橘种植。南宋以后，大批达官显贵聚集两浙路，对水果的需求量增加，温州、台州等地开始大力发展柑橘种植。世界上第一部柑橘学专著——《橘录》就诞生在温州。南宋淳熙五年(1178)韩彦直知温州事，任内他很重视当地柑橘，认为柑桔"最有补于时"，却"独未有谱"，于是决定撰写一部柑橘专著，这就是流传至今、驰名中外的《橘录》。这部专著根据宋代"温四邑"的情况，首次比较完

---

① 僧赞宁、陈仁玉撰：《菌谱》，民国十六年至民国十九年武进陶氏景宋咸淳百川学海本。

整而系统地叙述了柑橘类果树共 27 个品种,总结了当时关于柑橘的栽培技术、病虫害防治、采摘贮藏和果品加工等方面的知识,其中有不少值得今天借鉴的地方,有些方法一直沿用至今。黄岩在宋代就以产蜜橘闻名天下,所产蜜橘为时人竞相购买的珍品。

现代用来制糖的甘蔗种植区北界住衢州、金华一线,该线以北地区虽也有种植,但因热量不足,甘蔗的甜度低而仅能作一般水果食用。北宋时,其种植北界位于今太湖流域,比现代偏北近两个纬度。[①] 南宋末年,随着气候变冷,盛产甘蔗的种植区从太湖流域转移到杭州湾,据咸淳《临安志》卷五十八记载,时杭州"仁和临平、小林多种之(指甘蔗)",且因质量上乘而被列入朝贡的土产名目。

其他水果,如枇杷、杨梅、桃、李、梨等在当时两浙路也有广泛种植。

3. 花卉

宋代,随着经济的繁荣,市民阶层在温饱之余,对精神享受也越来越重视,花卉作为重要的观赏植物受到青睐。当时两浙路花卉种类极其丰富,据《梦粱录·花之品》以及其他史料记载,花卉品种数达到了 79 种。

宋代,两浙也是观赏牡丹栽培、发展的重要地区,先后以会稽、杭州为中心。咸淳《临安志》卷六十七记载,吉祥院"寺地广袤,最多牡丹","马塍东西花百里"。当时牡丹种植的规模颇大。宋代产生了中国也是世界上的第一代牡丹谱录,其中属于两浙地区的就有 2 种:一是仲休的《越中牡丹花品》二卷,二是史正志的《浙花谱》。宋代两浙还积累了北地牡丹南移、促控栽培、施钙

[①]　葛全胜等:《中国历朝历代气候变化》,科学出版社,2010,第 417 页。

肥、嫁接等成功经验。

（三）茶

两浙山地众多，自来普遍植茶，北宋时共有 12 州 60 县种茶，分别占北宋两浙 14 州 79 县总数的 85.71％和 75.95％。北宋时两浙路的买茶总额为 1280775 斤，居全国产茶路份前列。[①]湖州的紫笋茶在唐代是最著名的贡品茶，入宋以后，虽然由于气候转冷，茶叶适生区南移，福建建安成为新的贡茶名区，湖州紫笋茶不再入贡，但它仍是宋代的名茶之一。杭州城南北两山及其下属七县诸名山大抵皆产茶，其中名茶甚多，如钱塘宝云庵产者名宝云茶，下天竺香林洞产者名香林茶，上天竺白云峰产者名白云茶，还有宝严院垂云亭所产茶等。严州则一直都是两浙路产茶最多的州府，"产茶浩大，居民例以采摘为衣食"。越州名茶日铸（亦名日注）是北宋草茶中的最佳品。日铸茶产于日铸岭油车阳坡上，朝暮都有日照，产茶奇绝，为他处所不及。欧阳修《归田录》卷一称："草茶盛于两浙，两浙之品，日注为第一。"日铸茶在当时的地位由此可见。

（四）药材

随着人口的增多，社会对药物的需求激增。药材的商品化导致宋代浙江民间采集种植药物活动十分活跃。[②] 药材从北宋开始大面积地种植，在南宋更成为与粮食生产相脱离的又一专业性的农业分支。北宋时期，杭州又增加了云母、白术、藁本、五

[①] 沈冬梅、范立舟：《浙江通史·宋代卷》，浙江人民出版社，2005，第 44—45 页。

[②] 朱德明：《南宋浙江药学发展概论》，《中华医史杂志》2005 年第 2 期。

味子、木鳖子等中药材的出产,江干区笕桥一带濒江临水,尤产中药材。① 南宋乾道《临安志》载,临安府(今杭州)产药84种,有白术、芍药、地黄、菊花、麦门冬、荆芥、薄荷、茱萸、半夏等主要药材;嘉定十三年(1220),王介编绘的《履峻岩本草》中,共记载临安慈云岭一带的药用植物206种。

此外,温州瑞安成为莪术、郁金、山药、生姜4种中药材的主产地,且产量居全国首位。绍兴地区的新昌、嵊县两县所产的白术质量上乘,根茎肥大饱满,是当时全国白术的集中产区。温州、湖州一带多产黄独,煮食味甘而有药气,解毒去热嗽,是上好的中药材。温州地产黄精、石英、杜衡等药材。②

浙江药材质量上乘,每年上贡朝廷品种较多。杭州朝贡干姜黄、干地黄、牛膝、蜜,庆元贡干山蓣、乌贼鱼骨,台州临海县贡甲香、鲛鱼皮,处州缙云贡黄连。

（五）纺织纤维

宋代,北方自然环境恶化,社会动荡,经济重心南移。两浙桑蚕业在吴越的基础上更加发展,南宋时中国蚕业中心已完成自北方向南方太湖流域的转移。官府鼓励农桑,浙东提举朱熹指导栽桑技术,印发了《种桑法》;浙西提举颜师鲁提出对地方宦吏"以奉行劝课农桑勤怠为赏罚",有力地促进了两浙蚕桑的普及和技术的提高。种桑养蚕在浙江各地十分发达,杭嘉湖地区尤为普遍,杭、湖等州属县多以蚕桑为业。同时,陆游《春夏雨阳调适颇有丰岁之望喜而有作》描述绍兴农村"二十年无赤白囊,

① 朱德明:《古代浙江药业初探》,《中医文献杂志》1997年第1期。
② 朱德明:《南宋浙江药学发展概论》,《中华医史杂志》2005年第2期。

人间何地不耕桑,阪塘处处分秧遍,村落家家煮茧忙";杨万里《江山道中蚕麦大熟》记载衢州、江山"新晴户户有欢颜,晒茧摊丝立地干,却遣缫车声独怨,今年不及去年闲",村村有桑林,户户养蚕缫丝;戴复古《织妇叹》描写台州"春蚕成丝复成绢,养得夏蚕重剥茧";温州一带蚕桑也是家庭的主要副业。桑树嫁接技术的发明是蚕桑生产上的重大事件。[①] 嫁接后的桑树,叶片大,叶质好,产量高,一直到今天,养蚕生产中仍用嫁接桑。陈旉《农书》在中国历史上第一次记载桑树嫁接技术,称安吉人皆能为之。当时湖州一带已广泛采用桑树嫁接技术,对蚕桑生产的发展有重大推动作用。宋代两浙桑树品种丰富。《梦粱录》卷十八记载,当时杭州所处的临安府已有桑品种青桑、白桑、拳桑、大小梅、红鸡爪和睦州青。嘉泰《吴兴志》卷二十记载,吴兴出青桑、白桑、黄藤桑和鸡桑。嘉定《赤城志》卷三十六载:台州出产黄桑、青桑、花桑、水桑和过海桑等。两浙各地蚕桑业的普遍发展,为丝绸纺织业的发展准备了充足良好的原材料。

南宋时,杭州绫锦院(专营皇室日用品生产的五大院之一)有织机数百台,雇用工匠数千人,专织贡品绸货,年产 7.8 万匹。丝织工具和织造技艺亦有很大进步,生产分工更细,丝织品种增多。据《梦粱录》和咸淳《临安志》等记载,当时丝绸品种就有绫、罗、锦、克丝、杜蟀、鹿胎、纻丝、纱、绢、绵、绸等 11 种。南宋高宗驸马濮凤随宋室南渡后,定居桐乡,经营蚕织,所产濮绸,一度誉满九州。此时,民间手工织绸业也很发达。

宋代,棉花种植传入浙江。李时珍《本草纲目》卷三十六记

---

① 《浙江通志》编纂委员会编:《浙江通志·农业志》,浙江人民出版社,2021,第4—5页。

载："草棉始出南蕃,宋末始入江南。"王祯《农书》卷二十一中称,棉花"比之桑蚕,无采养之劳,有必收之效;埒之枲苎,免绩缉之功,得御寒之益;可谓不麻而布,不茧而絮"。可见棉花作为纺织原料的优越性能早已为前人所揭示。慈溪、平湖、金华、永康、浦江等地,纷纷种植棉花,棉纺织的手工劳动也随之兴起。南宋王朝定都临安(今杭州),北方大批能工巧匠荟萃江南,浙江纺织业出现了空前繁荣。

两宋时,浙江海外贸易主要国家是日本和高丽。经常有商人前来贩运纺织品,当时浙江的苎布、丝绸已出口海外。

(六)造纸

宋代,传统造纸技术全面成熟。造纸原料来源较隋唐五代大为扩充,竹纸、麦茎纸、稻草纸的生产技术不断革新,生产设备普遍有所改进,加工技法也有所创新,所造各种名纸为后世称道与效法。[①]

竹纸源于东晋,唐末已初露头角,但产地不广、产量有限,还没有引起人们更大的注意和更广泛的普及。竹纸的真正发展是在北宋以后,是北宋开发江南自然资源运动中的一个产物。中国亚热带、热带区域盛产数百种竹类,据不完全统计,适用于造纸的多达 50 种,产量大、分布广,山区平野几乎到处都有。

北宋苏易简所著《文房四谱》卷四记载:"今江浙间有以嫩竹为纸",文人苏轼《东坡志林》卷九记载:"昔人以海苔为纸,今无复有;今人以竹为纸,亦古所无有也。"米芾《砥越竹学书作诗寄薛绍彭刘泾》云:"越筠万杵如金版,安用杭油与池茧。高压巴郡

---

① 潘吉星:《中国造纸史》,上海人民出版社,2009,第 252—264 页。

乌丝栏,平欺泽国清华练。"对浙江所产竹纸推崇备至。

浙江竹纸原料基础雄厚,产量大,销路广,质量佳。竹纸有纸质滑、发墨色、宜笔锋、久藏不蠹、墨色不褪等特色,是名冠全国的名纸。宋嘉泰《会稽志》卷十七记载:"今独竹纸名天下,他方效之,莫能仿佛,遂掩藤纸矣。竹纸上品有三,曰姚黄、学士、邵公。"宋代越州竹纸、海盐金粟山藏经纸、富阳谢公(景初)笺纸,均闻名全国。富阳谢公十色笺纸,其声誉堪与唐代薛涛笺相媲美。

苏易简《文房四谱》卷四还有一项重要记载:"浙人以麦茎、稻秆为之者脆薄焉。以麦藁、油藤为之者尤佳。"可见,至少在 10 世纪时中国已开创用麦秆、稻草造纸。

宋仁宗庆历年间,杭州书肆刻工毕昇创造了活字印刷术,它既能节省费用,又能缩短时间,非常经济和方便,成为世界印刷技术史上的一项伟大的创举。[①] 浙江雕版印刷更为发达,杭州逐渐取代开封成为全国刻书印书中心。

五、畜禽、水产及蜜蜂

(一)畜禽

宋代,两浙路各地养殖猪、牛、马、驴、骡、羊、犬、鸡、鸭、鹅等畜禽。[②]

1. 家畜
民间饲养猪、羊、犬等家畜十分普遍。除供给肉食之外,还

---

① 沈冬梅、范立舟:《浙江通史·宋代卷》,浙江人民出版社,2005,第 82 页。
② 张显运:《试论宋代东南地区的畜牧业》,《农业考古》2010 年第 4 期。

能提供皮毛等原料。养猪尤为普遍,宋孝宗乾道三年(1167)陆游蛰居山阴老家(今绍兴)所作的诗句"莫笑农家腊酒浑,丰年留客足鸡豚",描绘了当地农村杀鸡宰猪、殷勤好客的欢乐景象。同时,还出现了养猪专业户,如秀州东城居民韦十二,"于其庄居,豢豕数百,散市杭、秀间,数岁矣"。数年间每年养猪数百出售,即使在当代也属养猪大户。养猪业的兴盛促进了生猪贸易和屠宰业的兴起,不少人因此发家致富。

宋代,两浙路养牛业发展很快。当地气候既适合养水牛又宜于养黄牛,所产耕牛品质优良,"黄牛角缩而短悍,水牛丰硕而重迟"。农户对耕牛实行圈养,精心养饲,呵护备至。两浙路牧牛业的发达还与当地的饮食习惯有关,《夷坚志·夷坚志补》卷四记载,浙江人"以牛肉为上味,不逞之辈竟于屠杀",特别是每逢宴会必杀牛食肉。两浙路从乡村到城市到处可见出售牛肉的店铺。此外,牛酥、牛乳等乳制品的生产也很普遍。庞大的消费群体极大促进了牛产业的发展。

南宋朝廷偏安江南,两浙路有余杭、南荡、左右骐骥二院等马监,养殖有马匹。民间也饲养一定数量的驴骡。

2. 家禽

鸡是民间普遍饲养的家禽。南宋高似孙所见,为"左右桑果足,岁日鸡豚肥"的景象。南宋叶茵所描写的西湖沿岸更是"白水沿堤护绿苗,鸡鸣犬卧柳边桥",一片欢乐祥和景象。宋嘉定《赤城志》卷三十六记载,台州"鸡有黄、白、乌、花色,大者喜斗,又有潮鸡,遇潮长则鸣"。杭州城内出售的活鸡有山鸡、家鸡、朝鸡等。在杭州的横河桥头设置了专门的家禽交易市场——鸡鹅行,一些商贩还出售鸡笼、鸡食等。

江南地区江河纵横,特别适合鹅鸭饲养。在浙东、浙西河湖港汊的水网中,"风起鸭船斜""陂放万头鸭"。一些地方甚至出现了养鸭专业户。

(二)淡水渔业

隋唐以前,渔业仅为农家之副业。宋代,渔业在社会经济中的作用明显提高,逐渐成为一个独立的经济部门。[①]

宋代,一部分农民专门"以网捕为生",成为以渔为生的捕鱼专业户,叫作"渔人"或"渔户"。太湖有渔户数百家,他们"日落荒溪无系缆,荻丛深处傍渔槎",过着"夜傍渔船宿"的生活。个体渔户一般仍采取传统的钩钓(垂钓和丝钓),撒网,用渔叉、箔篓以及喂养鱼鹰等捕鱼方法;在江南水道狭窄之处,尚有"荡浦"(于港浦间,用篙引小舟,沉铁角网以取之)和"摇江"(于江侧相对引两舟,中间拖网,摇小舟徐行)诸法。江河湖泽原则上归封建国家所有,但随着土地兼并的发展,许多湖泊、水荡落入官僚地主的掌握之中。随着捕渔业与农业的逐渐分离,渔业税在宋代财政上成为专有的税目。

淡水养鱼业的推广,是宋代渔业发展的又一重要标志。青、草、鲢、鲤、鳙等鱼类的混合饲养在浙江已较为普遍,有的地方甚至以养鱼为主要收入来源。嘉泰《会稽志》卷十七记载:"会稽、诸暨以南,大家多凿池养鱼为业。每春初,江州有贩鱼苗者,买放池中,辄以万计。方为鱼苗时,饲以粉;稍大,饲以糠糟;久则饲以草。明年卖以输田赋,至数十百缗。其间多鳙、鲢、鲤、鲩、青鱼而已。池有仅数十亩者,旁筑亭榭,临之水光浩渺,鸥、鹭、鹍之属自至,植以莲、芡、菰、蒲、拒霜,如图画然,过者为之踌

---

① 魏天安:《宋代渔业概观》,《中州学刊》1988 年第 6 期。

躇。”宋代淡水养鱼不仅在鱼塘种植水生植物，使鱼类生长有一个良好的环境，而且基本掌握了这些鱼类在不同生长期的食性变迁和饲料的转换。

(三)蜜蜂

宋代，养蜂技术有了新的突破。王禹偁在《小畜集》卷十四(记蜂)中记载了以棘刺王台控制分蜂的技术，以及合理割蜜的经验。“(蜂王)色青苍，差大于常蜂……王居其台上，且生子于中，或三或五，不常其数。……山甿患蜂之分也，以棘刺关于王台，则王之子尽死而王不拆。……蜂之分也，或团如罂，或铺如扇，拥其王而去。……凡取其蜜不可多，多则蜂饥而不蕃；又不可少，少则蜂惰而不作。”另外，宋人还发明了蜜诱烟熏法来收集分蜂群的技艺。在其《收蜜蜂》诗中，苏辙描述了一人在前用蜜引蜜蜂出巢、另一人在后烧艾将蜜蜂熏出巢，二人双管齐下协力收蜂的情形。[①]

宋代，睦州的蜂蜜被列为贡品，《宋会要辑稿·食货四十一》记载：“睦州土贡白蜜五十斤”。嘉定《赤城志》卷三十六记载：“州有蜜崖多蜂”。据统计，宋代杭州市场上蜂蜜食品主要有戈家蜜枣儿、朱家元子糖蜜糕、蜜麻酥、蜜姜豉、琥珀蜜、蜜弹弹、薄荷蜜、蜂糖糕、蜜金橘、蜜木瓜、蜜林檎、蜜金桃、蜜李子、蜜木弹、蜜橄榄、蜜枨、蜜杏、蜜丁、糖蜜韵果、姜蜜水、蜜剂、蜜辣馅、小蜜食、蜜冬瓜鱼儿、蜜笋花儿、雕花蜜煎等30多种。[②] 有蜜制面点、糕点、蔬果、饮品等，品类十分丰富。此外，蜂蜜、蜂房、蜂蜡等蜂

---

① 祝穆、富大用辑：《事文类聚》后集卷四十八，明万历三十二年金陵书林唐富春德寿堂刻本。

② 张显运：《宋代养蜂业探研》，《蜜蜂杂志》2007年第5期。

产品还广泛用于医疗养生、手工业等方面。

六、林木资源

宋代,大力倡导植树造林,浙江逐步形成了经济林、防护林、堤岸林、行道林、园林和山林等森林资源。

(一)绿化造林

北宋,苏轼整治杭州西湖,夹道植柳。宋时,油茶生产也已开始。乌桕在宋代发展也很快,南宋时浙江的平原地区已遍栽乌桕。浙江营造沿海防护林带历史悠久,有文字记载的可追溯至宋代。宋咸淳六年(1270),萧山捍海塘坍坏,内移塘线,重筑新塘 1000 余丈,并种柳树护塘。平原地区农民素有在村口、宗祠、路旁种植"风水树"的传统。宋康定元年(1040),三鸦冈(今浙江长兴西南)修建太傅庙时,在庙侧栽种黄连木。

宋代,浙江栽培的主要树种门类较为齐全。竹类有碧玉、间黄、金筀、淡紫、斑金、苦方竹、鹤膝、猫头等。木类有桑、梓、柘、栝子三针、桐、栎、槐、桧、楠、槠、杉、桂、檀、桠、枫、榆、柳、棕榈等。花类有梅花[绿萼、千叶、香梅、红梅(福州红、潭州红、柔枝千叶、邵武红等)],桃花(单叶、千叶饼子、绯桃、白桃),木香,栀子,杜鹃,映山红,山茶(磐口茶、玉茶、千叶多心茶、秋茶、木芙蓉、锦带、笑靥、瑞香、红辛夷)等。

(二)森林消减

北宋末年,宋徽宗政治腐败,追求享受,提高茶桑税赋等,以致民不聊生,浙江出现了以方腊为首的农民起义,战争造成浙北部分森林被破坏。绍兴八年(1138),宋高宗定都临安后,北人第

三次大规模南迁,为获取粮食,除了围垦造田,还上山毁林垦殖、
种植杂粮或伐木樵采、开辟茶园。会稽、明州等人口密集的地
方,人多地少的矛盾尤为突出,除临时性顺坡毁林垦殖外,毁林
修建永久性的梯田梯地也显著增多。随着海外贸易的发展,浙
江的造船业发展很快,尤其是明州、温州,造船数量居全国之首。
造船业的发展,也加速了浙江木材的消耗。定都临安后,朝廷大
兴土木,营造皇宫御苑,消耗了大量木材,再加上北人大批南迁,
房建增多,导致木材价格飞涨,引发森林过度砍伐。南宋末年,
连年战乱,两浙森林又多遭劫难。

七、海洋资源

(一)盐业

宋代在唐、五代的基础上进一步扩大浙江的盐业生产。首
先设立了杭州、秀州、密鹦(今温州玉环县环城街道蜜杏村—后
蛟村一带)、永嘉四场。接着在天圣年间(1023－1032)温州又设
三场。据《玉海》卷一百八十一记载,南宋绍兴三十二年(1162),
今浙江境内两浙盐场有两浙西路秀州(今嘉兴)的芦沥、海砂、鲍
郎、海盐、广陈等场,临安(今杭州)的袁花、上管、蜀山、岩门、西
兴、下管、南路、黄湾、新兴、钱塘(杨村)等场;两浙东路绍兴曹
娥、石堰、三江、钱清等场,明州昌国、岱山、鸣鹤、玉泉、清泉、大
嵩等场,台州黄岩、杜渎、长亭等场,温州永嘉、双穗、长林、天富
南监、天富北监等场。据《建炎以来朝野杂记》记载,淮浙盐一场
十灶,每灶昼夜煎六盘,一盘三百斤,规模之大,超过四川的井盐

工场。又据张家驹《两宋经济重心的南移》①记载,绍兴三十二年两浙西路产盐量为56857250斤,两浙东路为42414150斤,仅次于淮南东路(144815550斤),远远超过广南东路(16553000斤)、广南西路(11584450斤)和福建路(16569415斤)。

宋代,两浙海盐生产技术有一定的改进:取卤、制卤技术,有海潮积卤法、刮咸淋卤法、晒灰淋卤法;石莲验卤法,由北宋初期的十颗石莲子"半浮半收盐",改进为南宋初期的十颗石莲子、"七浮七分卤"的标准;此外,晒盐法在宋代的两浙地区已尝试用于海盐生产。②

(二)海洋渔业

从秦汉魏晋时期的海涂采捕发展到以近海采捕为主,是宋代沿海捕鱼业最主要的特征。海洋渔业,出现了较大的船网工具,一般船长8～10米,载重3～4吨,作业有张网、流网、对网、拖网等,并由沿岸生产发展到近海捕捞。宋代将沿海有船民户载之户籍,称为"船户"。据《四明续志》卷六记载,浙东温、明、台三州宝祐五年(1257)有民船"自一丈以上共三千八百三十三只,以下一万五千四百五十四只"。从事海运贸易的船一般阔一丈五尺以上,一丈以下的船都是捕鱼船,说明三州以渔为业的船户起码有一万五千四百余户。宋代昌国(今舟山)县令王存之撰写的《重修隆教寺碑文》中记载:"网捕海物,残杀甚多,腥污之气,溢于市井,涎壳之积,厚于丘山",可见捕捞业之盛。宋宝庆年间编修的《四明志》刊载的海产品中,仅鱼类就有鲈鱼、石首鱼、鳗

---

① 张家驹:《两宋经济重心的南移》,湖北人民出版社,1957。
② 郭正忠:《中国盐业史》,人民出版社,1997,第241页。

鱼、鲵鱼等 40 种,虾、蟹及贝类等 20 种,并写出了大黄鱼汛和小黄鱼汛的盛况。

浙东的海产除本地人消费外,主要以商品的形式供应临安等地。《梦粱录》卷十二记载:"明、越、温、台海鲜鱼蟹鲞腊等货,亦上通于江、浙";卷十六载:"姑以鱼鲞言之,此物产于温、台、四明等郡。"

(三)港口岸线

宋代,澉浦、杭州、越州、明州、台州、温州均是通航的海港。傍海北上,可通华亭(今上海松江区)、通州(今江苏南通市)、江阴(今江苏江阴市)、楚州(今江苏淮安市)、海州(今江苏连云港市)、板桥(今山东胶县)等港口;南下可达福州、泉州、漳州、潮州、广州、雷州、琼州等港口。通往日本、高丽的海船,几乎都从明州港出发。①

---

① 《浙江通志》编纂委员会编:《浙江通志·海洋经济专志》,浙江科学技术出版社,2021,第 3 页。

第六章　元代浙江的自然环境
　　　与资源开发利用

　　元至元十六年(1279),南宋残余政权灭亡,元朝完成了对中国的统一。[①] 元军在较短时间内完成了对浙江全境的占领,并迅速建立起完整的地方行政体系。元代官府采取了一系列安抚措施,浙江地区的社会秩序逐渐得到恢复和稳定。

　　元代的地方行政区划,有行省、府、州、县及录事司。浙江地区隶于江浙行省(前身为江淮行省),省治杭州,其辖区大致包括今浙江全境、福建全境、苏南地区、皖南地区和江西的上饶地区。元代浙江地区设立了杭州路、湖州路、嘉兴路、建德路、庆元路、衢州路、婺州路、绍兴路、温州路、台州路、处州路等 11 路共 12 州 54 县和 12 个录事司。

　　元代,浙江的经济与文化和自然环境及资源开发利用,上承宋代之强劲,下启明清之辉煌,风华未减,繁荣犹在,依然保持着在全国的领先地位。

---

　　① 　桂栖鹏等:《浙江通史·元代卷》,浙江人民出版社,2005,第 1 页。

第一节　自然环境

在国祚将近百年的元代,中国气候经历了中世纪暖期向小冰期的转变,并最终进入小冰期。元代早期(1260—1320),中国东中部冬半年平均气温下降 0.7℃;元代中后期(1321—1380)出现了中世纪暖期后的一个冷谷,东中部地区冬半年平均气温较今低 0.5℃,标志着中国正式进入小冰期。[①]

一、气候

(一)气温

1.元代前期(1260—1320):中世纪暖期向小冰期转变

13 世纪 20—90 年代中国东中部冬半年平均气温较今高约 0.6℃,其中 1230—1260 年可能是中国过去 2000 年中最温暖的 30 年,冬季温度较今高 0.9℃。[②]

13 世纪末开始,中国黄河以南地区气候已向寒冷方向转变,《农桑辑要》所载怀州橙树已不复存在,《王祯农书》中记载:"唐邓间多有之,江南尤盛。北地亦无此种。"[③]寒冷事件连续出现。至大元年(1308)闰十一月,书法家郭畀(1301—1355)从无锡出发,适逢运河因酷寒而冻结,他在日记中写道,"至大元年闰十一

---

① 葛全胜等:《中国历朝气候变化》,科学出版社,2010,第 449 页。
② 钱克金:《明清太湖流域植棉业的时空分布——基于环境"应对"之分析》,《中国经济史研究》2018 年第 3 期。
③ 王祯撰:《王祯农书·百谷谱》卷九,清乾隆武英殿木活字印武英殿聚珍版书本。

月十九日。早发无锡,舟过毗陵,东北风大作,极冷不可言。晚宿新开河口,三更,舟篷渐渐声,乃知雪作也。二十日。苦寒,早发新开河,舟至奔牛堰下水,浅不可行,换船送米。至吕城东堰,方辨船上篙槽,皆剑冰也。舟人畏寒,强之使行,泊栅口。二十二日。晴。冰厚舟不可行,滞留不发"[1],不得不离船上岸。

1230—1260 年左右的气候变化是一次大范围的突变。在此以前,气候系统处于不稳定状态,气候状态转变较快。在此之后,气候系统较稳定,转变较慢,并呈降温趋势,霜灾增多,桑树栽植向南方退缩,棉花种植在北方开始普及。1260—1310 年的 50 年间,桑树栽植适宜区从 37°N 以北退缩到 35°N 以南,南移约 2.5 个纬度,相当于气温下降 1℃以上。[2]

2. 元代后期(1320—1370):进入小冰期

经过中世纪暖期向小冰期的转变之后,中国气候进入小冰期。史料中有这一时期气候寒冷的大量记载。如在长江及其以南地区,天历二年(1329)"冬大雨雪,太湖冰厚数尺,人履冰上如平地,洞庭山柑橘冻死几尽"[3];元统二年(1334)杭州桃树盛花期推迟到清明[4];至正九年(1349)三月,"温州大雪"[5]。而南方因霜冻频繁,柑橘收成也较以往显著下降。

---

① 郭畀撰:《云山日记》,收入《横山草堂丛书》,清宣统三年横山草堂刻本。

② 张丕远、王铮、刘啸雷等:《中国近 2000 年来气候演变的阶段性》,《中国科学》(B 辑),1994 年第 9 期。

③ 陆友仁撰:《研北杂志》卷上,明万历绣水沈氏尚白斋刻宝颜堂秘笈本。

④ 满志敏、张修桂:《中国东部十三世纪温暖期自然带的推移》,《复旦学报》(社会科学版)1990 年第 5 期。

⑤ 宋濂等撰:《元史》卷五十一《五行志二》,清乾隆四年武英殿校刻本。

（二）干湿度

13 世纪 30 年代以后,江南大面积连续干旱年份减少,水灾相对增多。其中,13 世纪 50 年代至 14 世纪初降水极度丰沛,并于 13 世纪 80 年代达到巅峰。13 世纪 30～40 年代,江南地区出现了一个短暂的干旱期,但这个干旱期并不稳定,不仅水旱成灾,而且一度引发了饥荒和疫病。如至顺二年(1331)八月,"江浙诸路水潦害稼",十月"吴江州大风雨,太湖溢""江浙平江、湖州等路水伤稼"[①];元统二年(1334)三月,"杭州、镇江、嘉兴、常州、松江、江阴水旱疾疫""湖广旱,自是月不雨至于八月",同月,"南康路诸县旱蝗";至元二年(1336)"江浙旱,自春至于八月不雨,民大饥"[②]。其后,江南地区转湿,尤其江浙地区,农业生产条件趋于稳定,为保障江浙地区作为全国重要的粮食输出地位提供了基础。

二、海平面

从海塘资料、潮灾资料分析来看,在南宋末期海面下降,直到 14 世纪初元中期以后海面回升,至元末明初,海面达到一个小的相对高峰期。[③] 从太湖下游排水出路的变化情况也得到了反映。宋代,太湖流域水患严重,吴淞江排水不畅。而至元初,吴淞江则全线通畅。元周文英《论三吴水利》中云:"至元十四年

---

① 宋濂等撰:《元史》卷三十五《文宗本纪》,清乾隆四年武英殿校刻本。
② 宋濂等撰:《元史》卷三十八《顺帝本纪》,清乾隆四年武英殿校刻本。
③ 王文、谢志仁:《从史料记载看中国历史时期海面波动》,《地球科学进展》2001 年第 2 期。

(1277),海舟巨舰,每自吴淞江驾驶,直抵城东蒪门湾泊,往来无阻。"①这一变化,可能正是南宋后期到元朝初期海面下降,使河道排水通畅。但这一局面很快发生改变,明姚文灏《浙西水利书》载,"大德初(大德元年为1297年),都水庸田使麻合马查勘浙西水利时,吴淞江已严重淤积"。周文英著《论三吴水利》时,吴淞江赵屯浦以下"地势涂涨,日渐高平",周文英认为吴淞江海口段的淤塞是"海变桑田,非人力可胜"②,这一局面一直持续到明代初期。

三、杭州湾岸线

海面和海流变化,结合风暴潮,对海岸形成影响。元代正值钱塘江出海口在南北大门间摆动时期,海岸线进退拉锯,极不稳定。

杭州湾北岸,据《海宁市志》介绍,大德三年(1299),潮决海塘,岸崩,议修不果;延祐元年(1314)九月,盐官州海溢,陷地三十余里;泰定元年(1324)十一月癸亥,盐官州海水大溢,坏堤堙侵城郭。以石围木柜捍之,仍不止;泰定三年(1326)八月,盐官州大风海溢,捍海堤崩广三十余里,袤二十里,徙居民千二百五十家,以避之;泰定四年(1327)正月,盐官州潮水大溢,捍海塘堤崩二千余步,四月,复崩十九里,发丁夫二万余人,以木柜竹络砖石塞之不止;致和元年(1328)三月,盐官州海堤崩,四月,盐官州海溢。③

杭州湾南岸,据《慈溪史脉》介绍,宋末元初时,海岸线曾一

---

① 归有光撰:《三吴水利录》卷三,清咸丰海昌蒋氏刻涉闻梓旧本。

② 同上。

③ 《海宁市志》编纂委员会编:《海宁市志》,汉语大词典出版社,1995,第93页。

度推进到庵东、新浦一线,其后又大步退后约 9 千米,元大德年间退回到现 329 国道一线。在大古塘于 1341 年最终建成后,海岸线才稳定地向北推进。[①]

第二节　自然资源开发利用

按照《元史》卷六十二及其他有关文献所载各路户口的统计,浙江省境至元二十七年(1290)共计户 2385763,口 10313584,人口密度 101.31 人/平方千米;与南宋嘉定十二年(1219)规模接近。

一、土地资源

(一)类型

唐宋以后,在江南人口密集的重压之下,浙江境内的广大农民被迫尽可能地开发地力,扩大土地利用范围,于是出现了"与水争田""辟山为地"的局面,通过长期不断的改造、改良,将江海湖泊、山林陡坡造化为万顷粮田。《王祯农书》中,将土地开发、利用方式作了归纳,除井田、区田、圃田外,大致可分为围田、柜田、架田、梯田、涂田和沙田六大类。[②] 其中围田、柜田、架田、涂田、沙田等属于"与水争田",梯田则属于"辟山为地"。无疑,这些土地开发和利用方式在元代之前早已存在,王祯则较完整、较科学地作了总结。元代沿用宋法,继续在江南采用这些方式,扩

---

① 慈溪市地方志办公室编:《慈溪史脉》,浙江古籍出版社,2010,第 6 页。
② 桂栖鹏等:《浙江通史·元代卷》,浙江人民出版社,2005,第 82 页。

大耕地面积,提高粮食产量,取得了明显的效果。

1. 围田

如果再细分,其实有围田和圩田两种形式,这两者略有差别。"凡边江近湖地多闲旷,霖雨涨潦,不时淹没,或浅浸弥漫,所以不任耕种……富有之家度视地形,筑土作堤,环而不断,内地率有千顷,旱则通水,涝则泄去,故名曰围田。""又有据水筑为堤岸,复叠外护,或高至数丈,或曲直不等,长至弥望。每遇霖潦,以捍水势,故名曰圩田。内有沟渎以通灌溉,其田亦或不下千顷,此又水田之善者。"[①]可见围田、圩田都是通过筑堤挡水来围辟农田,但在水利灌溉方面,圩田的治理更为完善。此种土地开发形式非常适合水网密布、河湖交错地区,元代浙江圩田就主要集中在杭、嘉、湖、甬、绍一带。

2. 柜田

"筑土护田,似围而小,四面具置灊穴,如柜形制,顺置田段,便于耕莳。若遇水荒,田制既小,坚筑高峻,外水难入,内水则车之易涸。"[②]经过人工改造,有效减少了耕地遭遇水旱灾患的频率。柜田在围田基础上形成,但规模比一般围田小得多,有学者研究指出:这其实就是从大圩中分出的小圩,通过分圩方式有效地排出农田积水,改造江南低湿水田,实行"干田化",既提高耕地土壤的熟化程度,也促进了江南水旱轮作的耕作方式。

3. 架田

"架犹筏也",是指把水稻种植过程转移到漂浮在水面的木筏上来完成。"以木架田丘,浮系水面,以葑泥附木架上而种艺

---

① 王祯撰:《王祯农书》卷三,清乾隆武英殿木活字印武英殿聚珍版书本。
② 同上。

之。其木架田丘,随水高下浮泛,自不淹浸。"因为架田种植所用的泥土取自葑泥,故又名葑田。葑,《集韵》释为"菰根",就是今天所谓的野茭白,在杭州西湖、绍兴鉴湖等水泊里常有滋生繁育。架田"从人牵引或去留,任水浅深随上下",不但无干旱之灾,更无水淹之忧。这类方式宜于耕地不足的水乡,在元代浙江湖泊之中也见利用,但总的来说并不具普遍性。

4. 涂田

涂田特指沿海地区使海涂干化、淡化改良而成的耕地。"濒海之地……其潮水所泛,沙泥积于岛屿,或垫溺盘曲,其顷亩多少不等,上有咸草丛生,候有潮来,渐惹涂泥。初种水稗,斥卤既尽,可为稼田",元人生动地称之为"泻斥卤兮生稻粱"。为使卤田早日改良成适宜粮食作物生长的土壤,还在沿海岸边筑壁立桩,挡潮护田,否则"咸水冲入,田复涂矣"。涂田附近开挖"甜水沟",利用沟洫积贮雨水,每遇涂田干旱,则导泄所蓄淡水以灌溉治碱。治理后的涂田"其稼收比常田可利十倍,民多以为永业"。据文献记载,在元时涂田已经纳入国家赋税体系,《元史》卷一百九十载:"省檄察实松江海涂田,公谅以潮汐不常,后必贻患,请一概免科,省臣从之。"这在庆元路昌国州(今浙江定海)方志中也可以得到证实。元代浙江沿海一带,涂田的垦辟比较普遍。

5. 沙田

沙田系河滩、江心经流水冲刷、沙泥沉积而成之田土。元至顺二年(1331)十一月,文宗以燕铁木儿有大勋劳于王室,赐嘉兴、平江、松江、江阴芦场、荡、山、沙涂、沙田等地,面积达到 500 余顷[①],由此可知江浙一带对沙涂之地多有垦辟。水激于东,则

---

① 宋濂等撰:《元史》卷一百三十八,清乾隆四年武英殿校刻本。

沙涨于西;水激于西,则沙复涨于东。因此随着水流沙涨的变动,沙田也兴废不定。故亩无常数,税无定额,其在农业生产中所占比重也必然有较大局限。

6. 梯田

梯山为田,需要付出更多更艰辛的劳作,而且耕地在土石之间,水利不便,其稻、麦产量总体不高。但对于田狭人稠的浙江而言,这也不失为一个扩大耕地面积的办法。浙江山地、丘陵分布较广,宋代不少地方已有梯田的垦辟,元代进一步得到巩固和拓展。不过,各地称呼有所不同,如湖州地区习惯于称近山之田为"承天田"或"佛座田"。

(二)田地权属

元代土地分为屯田、官田、寺观田、民田四大类。屯田和官田都是国有土地,统称"系官田",寺观田和民田为私有土地。由于元代浙江地区属经济发达地区,未垦辟的可耕地很少,故基本上没有屯田,主要土地类型为官田、寺观田和民田。[①]

1. 官田

元代官田包括一般官田、赐田、职田、学田等多种形式,在浙江地区这几种形式的官田都占有相当数量。南宋时期,浙江地区官田的数量便比较庞大,入元以后更有进一步扩大的趋势。

元代浙江地区的官田在土地总额中所占比例相当大,如庆元路(治在今宁波,辖今宁波地区和舟山地区)的官田占比达12%,其中象山县的官田数量更占到了全县土地的33%。

---

① 桂栖鹏等:《浙江通史·元代卷》,浙江人民出版社,2005,第91—96页。

2. 寺观田

由于寺观土地占有不断扩大,元代浙江地区出现了不少占田千亩以上的寺观。如杭州殊胜寺,占田 1500 亩;杭州承天灵应观,占田 1320 亩;嘉兴天宁万寿寺,有田 2000 亩;湖州普明禅寺,有庄 2100 亩;嘉兴南径观,占田 1200 亩。寺观田在全部土地中占有的比重也比较大。至正年间(1341—1368),庆元土地总数为 2347526 亩,其中寺观田为 138757 亩,约占 6%;大德年间(1297—1307),昌国州(治今舟山)土地总数为 292238 亩,其中寺观田达 100597 亩,占 1/3 以上。

3. 民田

民田包括地主、自耕农、半自耕农占有的土地。在元代浙江地区,地主土地所有制占有绝对支配地位,所以自耕农和半自耕农的数量不多,占有的土地十分有限。除了为生计所迫而出卖土地,有些小土地所有者为了避免赋役的摧剥,将自己的小块土地投献给寺观,而自己甘作佃农。

二、水资源

元代浙江水资源保护利用的工程,主要是巩固钱塘江两岸海塘和浚治江南运河。[①] 泰定三年至五年(1326—1328),北岸盐官州连年海溢堤决,工部、户部、都水庸田司、江浙行省、杭州路等多次集议策划,命都水少监张仲仁主持,发工匠 2 万余人,创筑木柜石囤塘 40 里,州境海岸稳固,遂将盐官州改名海宁州。至正元年(1341),南岸余姚州海溢坏堤,州判叶恒募民出粟,将

---

① 《浙江通志》编纂委员会编:《浙江通志·水利志》,浙江人民出版社,2020,第 4 页。

境内土筑大古塘 2100 多丈全部改为桩基石塘,是筑塘工程的一大进步。元初经数年开凿,自大都(今北京)至杭州的南北大运河,即至今驰名中外的京杭大运河全线贯通。在大运河南端江浙行省奏准开浚杭州龙山古河,用工 16 万人,开河 10 里,外接钱塘江,内连大运河,并建上下二闸以利江船进入杭州城内。元末张士诚起兵占据杭州后,为便利军运,发军民 20 万人,新开运河经塘栖至杭州段河道 45 里,宽 20 丈,成为现在江南运河进入杭州的主干河道。

三、矿产资源

(一)金属矿产

元代,浙江境内采冶的主要为银矿、铁矿、铜矿、铅矿、锡矿。[①] 根据《续文献通考》记载,银矿的采冶在处州,铁矿的采冶在庆元、台州、衢州、处州,铜矿、铁矿的采冶在台州、处州。该书还指出,对铁器的征税在各省中以江浙、江西、湖广为最多。元文宗天历元年(1328),江浙行省除缴纳金、银、铜课外,又缴纳铁课"额外铁二十四万五千八百六十七斤,课钞一千七百三锭一十四两"[②],缴纳铅锡课"额外铅粉八百八十七锭九两五钱,铜丹九锭四十二两二钱,黑锡二十四锭一十两二钱"[③],都比其他行省要多。

---

① 李志庭:《浙江地区开发探源》,江西教育出版社,1997,第 144 页。
② 宋濂等撰:《元史》卷九十四,清乾隆四年武英殿校刻本。
③ 同上。

（二）陶瓷烧制

元朝官府尤其重视对外贸易，龙泉青瓷作为对外贸易的重要商品，得到了蓬勃发展。[①] 目前已发现的元朝龙泉窑址已达二三百处之多，甚至原先婺州窑的重要产地武义县也发现了元朝龙泉窑址，生产规模之大、分布范围之广，均为前代所不及。元朝初期，龙泉青瓷的制作工艺和造型都与南宋相同，没有大的改变。其后随着销售市场的扩大，产品的种类和式样不断得到更新和增加，同时已经能够烧制大件瓷器。当时大窑等地烧制的大花瓶，高达 1 米左右，盘的直径达 60～70 厘米；安仁口岭脚窑的刻花瓶，口径达 42 厘米。但是从整体来看，元朝龙泉青瓷从造型设计到施釉、装坯等各项工艺都不及前代严格细致，大有求多而不求精的倾向。这一时期的瓷器，胎骨逐渐转厚，胎面比较粗糙，多数瓷窑在坯体成型以后修整简单，釉层减薄，常常只上釉一次（南宋上釉三四次），釉色青中泛黄；器物的造型也不及前代优美，瓷器的美化主要依靠刻、画、印、贴等各种装饰花纹。

（三）建筑石材

元代历时较短，未发现新增采石点。巩固钱塘江两岸海塘，修筑浙东舟山、台州、温州地区海塘[②]，以及疏浚拓宽新开运河经塘栖至杭州段河道等工程，都需要消耗大量建筑石材，故元代对石材的开采利用量仍十分可观。

---

　　① 李志庭：《浙江地区开发探源》，江西教育出版社，1997，第 166 页。
　　② 《浙江通志》编纂委员会编：《浙江通志·海塘专志》，浙江人民出版社，2021，第 78—264 页。

四、农作物

蒙宋战争对浙江农业经济的破坏并不是非常严重,原本农业基础较好的浙江地区,便有条件较快地恢复和发展农业经济,在整个国家经济中,仍保持着举足轻重的地位。

(一)水稻及旱地粮食作物

1.农业生产技术的进步

元代《王祯农书》的《农器图谱》中曾分"天下农器"为20个门类,共载录260余种。其中也有一些是元人新制使用的。在新发明使用的农具中,诸如耕作工具铁搭、除草工具耘荡等,又大多出现在江浙地区。

农业生产技术改进和提高还体现在田间管理的加强上。元代的浙江农民,从农时的把握到地利的识别,从选种、催芽、施肥、灌溉、耕耘,一直到收获、贮藏等,各个环节都有一套完善而精细的操作流程。

2.农作物品种的丰富

水稻种类增多。若以品质分,主要有早熟而紧细的粳稻,晚熟而香润的籼稻,早晚适中、米白而黏的糯稻;若以种获早晚区别,则又可以分春分节后种、大暑节后刈的早稻,芒种节后及夏至节种、白露节后刈的中稻,夏至节后十日内种、寒露节后刈的晚稻。明代方志对水稻品种记载繁多,如嘉靖《定海县志》卷八记载各类水稻品种46个,嘉靖《象山县志》卷四中也录有"稻之属"31种。从宋元明清的浙江农业发展长期趋势观之,元代江浙地区水稻品种数量在两宋基础上亦当有所增加,只不过大都缺载或不传而已。[①]

入元以后,浙江地区种麦依然较为普遍。如浙东庆元境内的四明山上就有种麦,元代诗人戴表元《采藤行》诗云"君不见四明山下寒无粮,九月种麦五月尝"[②];萨都剌在经过浙东衢州路常山时歌吟"行人五月不知倦,喜听农家打麦声"[③]。

此外,元代浙江粮食作物还有粟、黍、荞麦、稗、穄等。

3.农作物单产的提高

浙江的土地单位面积产量总体比较高,许多地区亩产粮食可达2~3石,少数田亩产甚至高达5~6石。余姚州普济寺寺田租额"每亩收二石五斗或三石二斗",则亩产竟高达6石以上。处州龙泉多山之地,亩产稻谷也能达到2石左右。可见,元代浙江的土地单位面积产量还是较高的。[④]

4.粮食酿酒

酒业在元代的江浙行省也堪称发达,酒类品牌多,生产规模大,技术水平高,课利丰厚,管理体制完备。尤其是酒课的收入更是远超其他各省,居全国之翘楚。[⑤] 据《元史·食货志》载,天下每岁总入之数,江浙行省的酒课约占全国酒课总收入的1/3。

钱塘美酒以颜色浓酽、绿如春江而大受称道,元代萨都剌、郭界等人在其诗文中均有记载。《元史》卷二十二记载,中大德十一年(1307)九月,"杭州一郡,岁以酒糜米麦二十八万石",可见杭州酒产量之巨大。

---

① 桂栖鹏等:《浙江通史·元代卷》,浙江人民出版社,2005,第70—71页。
② 邓绍基编注:《元诗三百首》,百花文艺出版社,1991,第35页。
③ 萨都剌著;刘试骏等选注:《萨都剌诗选》,宁夏人民出版社,1982,第212页。
④ 何兆泉:《元代浙江农业发展试探》,《湖州师范学院学报》2006年第3期。
⑤ 杨印民:《元代江浙行省的酒业和酒课》,《中国经济史研究》2007年第4期。

元代江浙行省其他各路酒业也普遍繁盛。婺州路金华酒流行全国,尤其是东阳酒广受欢迎。散曲大家马致远《前调·归隐》盛赞金华东阳酒"菊花开,正归来,……有洞庭柑,东阳酒,西湖蟹",将洞庭柑、东阳酒、西湖蟹并称为江南三大佳品。

（二）蔬果

1. 蔬菜

元代浙江的蔬菜品种比较丰富,仍旧延续了宋代的种植结构。据《至元嘉禾志》卷六记载,菜之品有菘、芥、葱、韭、薤、蒜、荠、芹、苋、蒿、生菜、甜菜、苦荬、莴苣、芦菔（萝卜）、波棱瓜、葫芦、冬瓜、菾瓜、茭白、茄、笋、胡萝卜。成书于元皇庆二年（1313）的《王祯农书》中则有香蕈人工栽培方法。

2. 果类

据《至元嘉禾志》卷六记载,果之品有桃、李、梅、杏、橘、橙、柚、枣、柿、梨、枇杷、林檎、石榴、莲、藕、菱、芡、芋、荸荠、茨菇、山药、葡萄、甜瓜。此外,至正《四明续志》卷五尚录有榧、栗、银杏、金柑、金子瓜等。元大德四年（1300）,柳贯撰《打枣谱》,记录枣子73个品种及其性状、产地,为中国最早有关枣的专著。

元代果农,为了从果木培育中获得更多的经济效益,注重抚育管理,借以达到预期的速生、丰产、优质之目的。在生产实践中,对于修剪整枝归纳出稀疏和及时两大准则。古人认为,如勤加抚育管理、中耕除草、及时灌溉、修剪整枝,就能达到"明年花实俱茂""则实不损落""结果自然硕大""枝叶丰腴而叶早发"之目的。

（三）茶

元代,气候变寒冷,江苏、山东等地茶叶减产,浙江是全国最重要的茶叶生产和制作基地,主要产茶区有湖州路、杭州路、庆元路、绍兴路的山地丘陵区,所产名茶有顾渚茶、范殿帅茶、日铸茶等,既有沿袭了宋代的蜡茶,也有新兴的末茶、茗茶,凸显了制茶方法和饮用方式的转变。

1.湖州路

湖州是元代江浙行省主要产茶区之一,茶叶质地优良,是元代贡茶的重要来源。元世祖至元十三年(1276)设茶园都提举司,统乌程、武康、德清、长兴、安吉、归安等州(县)提领所。

宋时,贡茶院附近制茶所用的金沙泉泉水干涸,导致顾渚茶一度衰落。元代又开始疏浚金沙泉,修复贡茶院,重新生产顾渚茶。

忽思慧在《饮膳正要》卷二中提到有"金字茶,系江南湖州造进末茶"[①]。末茶是一种将新鲜茶叶先蒸后捣,然后把捣碎的茶叶烘干或晒干形成的细碎末茶的制茶方式。所谓的金字末茶其实是为了满足蒙古族的饮茶习惯,以顾渚紫笋茶为主要原料,以末茶的形式加工制作而成。

2.杭州路

元代,在杭州也设立了茶园都提举司。龙井附近所产的龙井茶在这一时期开始出现,诗人虞集在《游龙井》诗中把龙井茶的采摘时间、品质特点,以及品饮时的情状都作了生动的描绘,其谓:"徘徊龙井上,云气起晴昼。……澄公爱客至,取水挹幽窦。坐我薝卜中,余香不闻嗅。但见瓢中清,翠影落群岫。烹煎黄金芽,不取谷雨后。同来二三子,三咽不忍漱。"[②]但龙井茶真

---

① 忽思慧撰:《饮膳正要》卷二,民国二十三年至民国二十四年上海商务印书馆四部丛刊续编景明刻本。

② 刘枫主编《历代茶诗选注》,中央文献出版社,2009,第129页。

正声名鹊起,是在明代以后。

3. 庆元路

据成书于元仁宗延祐七年(1320)的延祐《四明志》卷十二记载,当时庆元路的茶课(即茶税)每年"总计钞四十锭七两五钱一分",鄞县、昌国州、象山县、慈溪县、奉化州、定海县都有茶课,说明当时庆元路下属各州县皆有茶叶出产,并有贡茶。

4. 绍兴路

至元代,绍兴仍是重要产茶区,在宋代广受欢迎的日铸茶仍被列为贡茶。元代著名书画家、诗人柯九思所著《出越城至平水记》记载了他从绍兴城经镜湖、若耶溪、昌源等地往平水的见闻,提到其东山曰日铸,有铅、锡,多美茶。可见即便是在元末江南动荡之际,日铸茶仍然在生产。

(四)药材

元代医药沿袭宋制。据至元《嘉禾志》卷六记载,药之品有枸杞、蛇床、瓜蒌、牵牛、菊花、香附子、菖蒲、瞿麦、薄荷、薏苡、车前子、紫苏、天南星、麦门冬、忍冬、荆芥、半夏、草乌、泽兰、良姜、茴香、艾、夏枯草、火炊草、茆香、葛等。另外,至正《四明续志》卷五记载,药材有山药(薯蓣)、骨碎补、黄药、艾叶、蜀漆、蓖麻、天明精、楮实、天花粉、莎草根、半夏、菖蒲、菊花、何首乌、牵牛子、天南星、络石、茯苓、地肤子、茵陈蒿、马兰、葛根、栝楼、茅根、桑白皮、苏、罂子粟、薄荷、蒺藜子、苦参等。元代义乌名医朱丹溪所著《本草衍义补遗》载药153种、增补36种,共196种,从增补开拓药物主治范围、纠正辨析药物舛误、评价解析药物特性3个方面,充实了《本草衍义》的内容。

（五）纺织纤维

浙江的纺织纤维作物主要有蚕桑、棉花、麻等。养蚕缫丝是浙江农村最重要的副业生产。元代官府一直推广桑树的种植。至元十年（1273），司农司颁行《农桑辑要》，指导农业生产，栽桑、养蚕内容几乎占全书的三分之一，并多次发布命令，禁止损坏桑树。种桑养蚕技术大为提高。

元朝浙江的官营和民营丝织业也很发达。[①] 其时，南方较大的丝织业中心是杭州。至元十七年（1280），元世祖设"东西织染局于苏杭"。原南宋设在杭州的官营丝绸织造工场改称文锦局，仍设于武林门外夹城巷晏公庙旧址，另有织染局位于太平坊织造署。文锦局、织染局是官营织造工场，而织造署为织造管理机构。杭州每年仅织造供统治者消费之用的缯缎达十万匹。元朝在庆元路也设有织染局，"周岁额办"总计缎匹3291段，包括纻丝1726段，有枯竹褐、秆草褐、驼褐、蓝青、枣红、鸦青、明绿等花色。至元《嘉禾志》卷六记载，帛之品有丝、绵、绡、绫、罗、纱、木棉、克丝、绸、缔、绮绣、绤等丝织品十余种，且书中认为"丝、绵、绢、帛，视筥雪次之"，即湖州的丝绸品质更好。

元代浙江的棉花种植已具相当规模。随着黄道婆革新棉纺技术从江苏松江乌泥泾流入浙江，杭州湾平原如嘉善、平湖、桐乡、慈溪、余姚等地出现种棉织布热潮，农家妇女"家纺户织"，余姚小江布颇有声名。慈溪境内于元代盛行用棉花"卷筒纺之"，抽绪如缫丝状，织为土布，经宁波、绍兴、台州等地销往各地，远及福建、安徽。嘉善逐渐成为纱布的主要交易市场。当时杭州

---

①　李志庭：《浙江地区开发探源》，江西教育出版社，1997，第180—183页。

水漾桥以南沿河开设的布铺甚多,专营各种麻布、棉布。

(六)造纸

笺纸起源于唐代,盛于元明,它属于小型书写用纸,染各种颜色,又名彩笺。元代浙江笺纸有彩色粉笺、蜡笺、黄笺、花笺、罗纹笺等,皆出绍兴。鄞县樟溪、奉化棠溪产竹纸、皮纸。元代程棨在《三柳轩杂识》提道:"温州作蠲纸,洁白坚滑,大略类高丽纸。东南出纸处最多,此当为第一焉。由拳皆出其下,然所产少。"[①]元代杭州雕版印刷质量仍居全国之冠,一般读物供大众用者多印以竹纸,较讲究的书则是用桑皮纸。[②]

五、畜禽、水产及蜜蜂

(一)畜禽

据至元《嘉禾志》卷六记载,当时浙江的家禽有鸡、鹅、鸭、鹑等,家畜有牛、羊、猪等,宠物有犬、猫、鸽等,淡水水产有鳜、鲫、鲤、白、鲇、鲈、鳊、鲭、鲦、鳝、鳅、鳗、蟹、虾、龟、鳖、银鱼、黄颡、蚌、蚬等。浙北嘉兴湖州一带,在宋代普遍饲养湖羊的基础上,元代饲养户更多。[③]

元代《王祯农书》卷五"畜养篇"涵盖养马类、养牛类、养羊类、养猪类、养鸡类、养鹅鸭类、养鱼类。牛、羊、猪等当时家禽家

---

① 陶宗仪撰:《说郛略》卷二十二,民国三年至民国五年上元蒋氏慎修书屋铅印金陵丛书本。

② 潘吉星:《中国造纸史》,上海人民出版社,2009,第268—274页。

③ 南浔镇志编纂委员会编:《南浔镇志》,上海科学技术文献出版社,1996,第118页。

畜的养殖技术方面有所进步,特别是以利用发酵饲料养猪的成就为最大。此外,技术进步还表现在搭盖保护牲畜的暖棚等设备的改进。由于元代统治者限制汉人养马,而且通过和买及括马,使农区的养马业停滞不前,甚至到元末已无马可买、无马可括。[①]

(二)淡水渔业

元代,渔税属额外课的 32 种内,其中三曰河泊、八曰池塘、十六曰鱼、十九曰山泽、二十曰荡、二十六曰鱼苗等 6 项为有关鱼的产地征收渔课。[②] 据《元史·食货志》载:年"渔课:江浙省钞一百四十三锭四十两四钱"。

(三)蜜蜂

元代,蜂业在农牧业中已占有一定地位,属于较为流行的行业[③],养蜂技术有诸多创新之处。元代官修农书《农桑辑要》卷七中,有养蜂技术的记载。另外,元代《王祯农书》《农桑衣食撮要》和元末明初刘基所著《郁离子·灵丘丈人》中,都有专门的养蜂技术资料。所制作的蜂房有土窝蜂箱、砖砌蜂箱、荆编蜂箱、独木蜂箱等多种类型,创造了"撒碎土"收蜂的方法,发明了"烧红筋插入蜜中"检验蜂蜜质量优劣的办法,采用优生学的方法控制蜂群分蜂,认识到了蜘蛛、山蜂、土蜂、蠚虫、蝇豹、蜻蜓、蛤蟆等蜜蜂的天敌及防治办法。宋末元初浙籍文人戴表元在《义蜂行》中写道:"山翁爱蜂如爱花,山蜂营蜜如营家。蜂营蜜成蜂自食,翁亦藉蜜裨生涯。"蜂产品还广泛运用到医疗卫生方面。如名医

---

① 王磊:《元代的畜牧业及马政之探析》,硕士学位论文,中国农业大学,2005。
② 浙江省水产志编纂委员会编:《浙江省水产志》,中华书局,1999,第 909 页。
③ 郭锐:《元代养蜂业初探》,《农业考古》2010 年第 1 期。

朱震亨在其《丹溪心法》中,记载了以白蜜为原料和制"润肺膏",用"黄蜡"制成"神圣膏"治恶疮,用"白蜡"疗"癣疮",用"露蜂房"制"生地黄膏"治"漏疮"等。[①]

六、林木资源

元时,战乱和自然灾害连年不断,交通相对方便的山林多被乱伐破坏。至元初时,宁绍平原和杭州邻近,人口倍增,几乎达到饱和,原始森林早已破坏殆尽;浙东沿海平原丘陵、金衢盆地等,人口增长较快,森林破坏也较严重,天然林残存不多;而浙西北天目山、浙东括苍山,尤其是浙南洞宫山、仙霞岭山区,山高路险、交通闭塞、生产落后,难以吸引迁徙中原人士定居,人口密度很低。

元代李衎的《竹谱详录》共收载竹子 300 多种,并记载了各种竹的特征和产地,部分竹种还附有形态图。其中多数竹种分布于浙江境内。

七、海洋资源

(一)盐业

元代的浙江盐业生产有较大发展。[②] 元代管理盐业的专门机构为盐运司。两浙盐运司的设置时间,多称至元十四年(1277)设置。据《元史·食货志》记载,元初两浙有煎盐地 44 所,至元三十一年(1294)并为 34 场,在今浙江境的有杭州路仁

---

① 朱震亨撰、程充校補,《丹溪心法》,明弘治六年刻本。
② 林树建:《元代的浙盐》,《浙江学刊》1991 年第 3 期。

和场、许村场、西路场,嘉兴路芦沥场、海沙场、鲍郎场,绍兴路西兴场、钱清场、三江场、曹娥场、石堰场,庆元路鸣鹤场、清泉场、长山场、穿山场、龙头场、芦花场、昌国正监场、岱山场、玉泉场、大嵩场,温州路永嘉场、双穗场、天富南场、天富北场、长林场,台州路黄岩场、杜渎场、长亭场。其余在松江府青村场、袁浦场、浦东场、横浦场等。同书记载,两浙路额定盐产量:至元十四年(1277)为 9.2148 万引,以每引 400 斤计,相当于 3685.92 万斤;至元十八年(1281)为 21.8562 万引,合 8742.48 万斤;至元二十三年(1286)为 45 万引,合 1.8 亿斤;至元二十六年(1289)为 35万引,合 1.4 亿斤;大德五年(1301)为 40 万引,合 1.6 亿斤;至大元年(1308)为 45 万引,合 1.8 亿斤;延祐六年(1319)为 50 万引,合 2.0 亿斤。无论是煎盐场所的数量和盐的产量,都远远超过了宋代。

　　元代的海盐制备仍是"煮海为盐"。煮海之地称为"亭场",煮盐户称为"灶户"或"亭户",煮盐人称为盐丁。元代陈椿所著《熬波图》对宋元煮盐过程有详细描写,约有 20 道工序。首先是修堰蓄潮;其次是海潮浸灌、晒灰、淋灰、取卤、运卤入团、上卤、煮盐,煮盐前要用莲子、鸡蛋或桃仁测试卤水比重,待卤水达到一定浓度,才用大铁盘煮盐;最后是拌上起盐。

（二）海洋渔业

　　至元《嘉禾志》卷六记载,海产有鲳、鳓、鳖、石首、海鲈、海鲻、蛏、蛤、梅鱼、蛴蚌、蟛蜞、蛎、青虾、白虾、黄虾、白蚬、水母、白蟹等。元代《大德昌国州图记》中记载,舟山沿岸的捕捞种类如大黄鱼、小黄鱼、带鱼、乌贼等已达到 39 种。同时,沿岸捕捞方式也得到了改进和提高,开始用小对渔船、小捕渔船、流网渔船、张网渔船和小拖渔船,拖、流、张、固、钓等作业方式捕捞专项鱼类品种。此外,还出现了常年下海捕鱼的专业渔民。每期鱼汛,官府即派人往港口,"迫令船户,各验船科大小到盐局买盐腌制鱼鲞"。明州府的黄鱼鲞、鳓鲞、带鱼鲞、鳗鲞、墨鱼鲞等已远销内陆各地。

(三)港口岸线

元代,长江口通往台州、温州的航路是当时的一条重要航线,台州港、温州港地位由此显得重要。

第七章 明代浙江的自然环境
与资源开发利用

　　明代(1368—1644)，自洪武元年(1368)明太祖朱元璋应天(今江苏南京)践祚，至崇祯十七年(1644)思宗朱由检煤山自缢而止，历十六帝，共 277 年。浙江作为一个行省的建置，是朱元璋在反元义旗下攻城略地、建立东南根据地的过程中设定的，并随着明王朝一统天下而固定下来。明初置浙江行中书省，简称浙江省，省名自此出现，后改为浙江承宣布政使司，辖 11 府、1 州、75 县，省界区域基本定型。在大一统王朝政治和社会长期保持稳定的基础上，浙江和江南地区以粮食生产为主、以家庭为生产单位的小农经济很快地就从元末兵燹的废墟上得到恢复。丰衣足食，人丁兴旺，浙江在明代时已经成为全国人口密度最高的省份之一。人口压力推动了从平原向偏僻山区的移民，促成浙江全境在明代得以全面开发。[①]

　　明代从建立初期就推行"海禁"，封锁海疆，禁止宋元以来的与海外诸国的贸易往来，以杜绝从海上来的颠覆活动。但是，明

---

① 陈剩勇：《浙江通史·明代卷》，浙江人民出版社，2005，第 3 页。

159

代从巩固国家安全的需要出发,推出这一政策,与当时东亚、东南亚诸国在经济上的互补需要形成了冲突。至明代中叶,海上私人贸易不断发展与朝廷闭关锁国的矛盾和冲突,最终引发了一场空前的大危机,是为发生在嘉靖年间的倭寇之乱。这场延续数十年、对东南沿海地区的社会经济造成了灾难性破坏的"倭患",仰仗胡宗宪、戚继光、俞大猷和东南沿海广大军民的浴血奋战,最终得到平息。人民安居乐业,回归传统的生活状态。此时,在地球的另一边,欧洲文明开始崛起,欧洲各国的早期工业化引领启动了近代世界的一体化进程。以意大利耶稣会士利玛窦为代表的西方传教士,在晚明时期来到中国,他们在传教的同时,也把欧洲的科学和文化捎带进来。一批浙江籍的士大夫,以海纳百川的胸襟和超越时代的胆识,学习和接受欧洲文明,开启了中西文明交流融会的历史进程。

第一节　自然环境

一、气候变化

明代处于小冰期前半段,气候总体上冷干,但其间亦存在明显的暖湿年代。

(一)冷暖变化

太阳活动和火山爆发是影响气候变化的重要因素。15—17世纪,太阳黑子活动曾两度变弱,出现1450—1534年和1645—1715年两个太阳黑子数低值期;同期,火山活动十分频繁,其中1500年的圣海伦斯火山和1641年的阿武火山爆发事件都达到了人类历史上罕有的 5 级危险度,从而使得全球气候明显转冷。

明代中国东中部地区气候总体偏冷。1350—1650 年冬半年气温平均要比 20 世纪中后期(1951—1980 年平均值,下同)低 0.25℃,其间存在暖(1350—1410)—冷(1411—1500)—暖(1501—1560)—冷(1561—1644)的波动。最冷 30 年(1440—1470)冬半年平均温度要低 0.7℃,最暖 30 年(1530—1560)约高 0.1℃。华东地区 1370—1420 年较暖,1430—1530 年偏冷,1540—1560 年偏暖,1570—1650 年偏冷。[①]

明代前期浙江快速进入一个较为寒冷的时期,据《明史》卷二十八记载:"洪武十四年五月丁未,建德雪。六月己卯,杭州晴日飞雪。"至成化年间(1465—1487),气温回暖,《明史》卷二十九中有"成化元年冬,无雪。五年冬,燠如夏"等类似的记载。之后,气候总体处于寒冷时期,年平均气温普遍低于现在,冬季出现严寒大雪的年份明显增加,16 世纪最初 25 年,就有 11 年冬季出现严寒天气。素有浙中东南沿海粮仓之称的温黄平原,农村经济在 16 世纪初叶开始由长期丰盈遭到波折。小冰期主要时段在浙江境内出现于 16 世纪末叶至 17 世纪终,浙江平均每 4 年就有 1 年出现严寒大雪。估计当时气温的 10 年平均值,最低可能比百年值低 1.0℃,冬季可能低 1.5～2.0℃[②]。

(二)干湿变化

明代中国东部地区气候总体偏干,但其间存在 3 次百年际的干湿波动,其中,1371—1428 年略湿,1429—1543 年偏干,

---

① 葛全胜等:《中国历朝气候变化》,科学出版社,2010,第 494—500 页。
② 浙江省气象志编纂委员会编:《浙江省气象志》,中华书局,1999,第 142 页。

1544—1622 年由湿转干。长的连涝期分别出现在 1564—1571
年和 1573—1580 年,长的连旱期出现在 1638—1643 年。明末
连旱事件有可能是中国东部地区过去 2000 年最为严重的一次
持续性旱灾。长江流域总体上湿润,大致可分为湿(1250—
1429)—干(1430—1549)—湿(1550—1617)—干(1618—1704)
4 个阶段。[①]

　　浙江地区水旱的变幅也往往超越常度。杭嘉湖平原一向为
浙江最富庶地区,16 世纪中叶连年丰收,物资充裕,人民殷富,随
着小冰期气候恶化而堕入贫困谷底。先是在万历十六年(1588)
遭遇梅汛大洪涝,次年夏大旱,河中断流两月,米价较往年骤增
5～7 倍。此后屡贵屡贱,农村经济在气候波动中跌宕。崇祯十
三年(1640),重演同样的灾害模式,是年梅汛大洪涝,平地水深
比万历十六年(1588)高出 2 尺许,次年夏大旱,平原河道尽涸,
米价竟涨到万历间丰年价格的 10～13 倍。公元 17 世纪中叶的
大旱对明王朝是一个致命打击,酿成明清之交社会大悲剧。[②]

二、湖泊扩缩

　　受气候变化影响,中国湖泊于明代经历了一个由急剧扩张
到迅速萎缩的变化过程。洪武至永乐(1368—1424)间是近千年
来湖面扩张的鼎盛阶段,大湖面积所占比例在 60% 以上,宣德
(1425—1436)以后许多湖泊由深到浅,由大及小,甚至于淤平。
明末,大湖面积比例降至 30% 以下。[③]

　　浙江地区的太湖、西湖、鉴湖等湖泊在 1450 年、1540 年及

①　葛全胜等:《中国历朝气候变化》,科学出版社,2010,第 511—517 页。
②　浙江省气象志编纂委员会编:《浙江省气象志》,中华书局,1999,第 142 页。
③　葛全胜等:《中国历朝气候变化》,科学出版社,2010,第 533 页。

1640 年后三度重度干涸。例如，万历《钱塘县志》（纪事·灾祥）记载，正统七年（1442），"冬十月，西湖水竭，自秋经冬数月不雨，湖水涸成平陆"；乾隆《无锡县志》卷四十记载，成化四年（1468），"六月旱，（太湖）水涸"；崇祯《吴县志》卷十一记载，嘉靖中叶（1544—1545），江浙连年大旱，"太湖水缩，稻麦全荒"；康熙十二年《绍兴府志》卷十三记载，"绍兴合郡连年大旱，湖尽涸为赤地"。而崇祯十四年（1641），西湖因久旱未雨，湖水皆枯，湖底之泥都被晒得开裂；十七年（1644）夏天又遇大旱，太湖湖底也被晒得开裂。

三、海平面升降

元中期以后，气候相对温暖，海面回升，至元末明初，海面达一个小的相对高峰。当时，沿海各地屡有潮灾奏报，灾情尤以洪武二十三年（1390）为甚。是年，苏、沪、浙三省 11 县均为海溢所害，"松江、海盐溺死灶丁各二万余人"[1]。元末吴淞江海口段淤塞的范围仅约 35 千米，永乐年间则达到 65 千米。有研究认为，导致这一变化的主要原因，在于海面的上升使得吴淞江河口段河水受到塞阻。[2]

15 世纪开始，中国气候逐渐转寒，东部海平面又复沉降。从江浙地区潮灾频度曲线看，15 世纪上半叶和 17 世纪上半叶是近500 年潮灾的低发期之一；由于潮害减轻，海塘兴筑频度也明显降低。

15 世纪后半叶，中国气候开始转暖，至 16 世纪上半叶，气温

<hr/>

① 朱国祯撰：《涌幢小品》卷二十七，明天启二年刻本。
② 王文、谢志仁：《从史料记载看中国历史时期海面波动》，《地球科学进展》2001 年第 2 期。

已与现今相当,故当时中国东部海平面出现小幅度上升。因此,16 世纪上半叶长江三角洲的潮灾发生数达到近 500 年的一个高峰。1512 年秋,苏、沪、浙 3 省近 20 县海溢同出,据康熙《山阴县志》卷九载,杭州湾南岸的山阴县"海水涨溢,顷刻高数丈许,滨海居民漂没,男妇枕藉以殁者万计,苗穗淹溺。岁大歉"。由于海溢频繁,江浙沿海地区保持一个较高的海塘修筑频度。

16 世纪 60 年代,中国气候再度转冷。浙江沿海各大河口出现了滩涂淤积加速趋势。潮害明显减轻,动工修筑海塘的次数较少。[①]

四、杭州湾海岸线变化

杭州湾海岸,自元代以来,北岸沿线在海水的吞没下不断坍塌,海宁、海盐至平湖一线海岸线不断内移,海盐县城距大海的距离,元时尚有 1 千米左右,至明代时仅 250 米;而在金山卫的南面,到 15 世纪 60 年代时几乎已无滩地。以海宁县为例,据《海昌外志》卷一记载,该县明时都鄙乡镇"隅四、乡六、镇二、都三十二里,计五百四十八里。屡陷入海,今存三百五十六里"。明代初期至清代初期海宁县之里数的大量减少,清楚地投射出 300 余年间杭州湾北岸海岸线的巨大变化。

明永乐十八年(1420)以前,赭山至岩门山、蜀山间曾经通流,而赭山与河庄山间的中小门并未冲通,江道总形势仍然是主槽通过南大门以后北折。明代万历年间陈善所著《海塘考》载"海宁县治南即海,海之上即塘,距城百步而近,东抵海盐,西抵浙江,延袤百里。塘西南数十里有赭山,其南有龛山相对,夹为

---

① 葛全胜等:《中国历朝气候变化》,科学出版社,2010,第 525—527 页。

海门，潮自海入江，从兹入焉"[1]，说明万历初江槽仍稳定走南大门。明代"海宁五变"等滩岸坍涨的大变迁，均是江流走南大门时赭山下游海宁县南侧滩地的大片坍涨，不是改道北大门的变迁。

明崇祯元年（1628）前后，钱塘江主流已有在三门间迁变的迹象。崇祯三年陈祖训《重修海塘记》载："邑西南龛、赭夹峙，南阙仅三里，北阙十有八里，潮从东方来，北阙直上，折入钱塘江，每年沙涨，以千顷之涛，束而内之三里之口，扼咽不达，转而喷薄。"由此可知，当时在南大门下游已有大片中沙，北股道宽达"十八里"，而南股道仅宽"三里"。其千顷之涛"束而内之三里之口"的扼咽不达状况，已为崇祯十一年（1638）以后冲开中小门创造条件。有文献明确记载，清顺治二年（1645），江流已在中小门出入。

五、植被与野生动物

明代是中国历史上森林面积大幅度下降、植被显著退变的一个时期。据研究，唐代中国的森林覆盖率约为33%，到了明初仅为26%，至明末清初，继续下降至21%。[2]

明代，浙江全境的自然生态环境总的来说还是不错的。远古以来自然天成的森林植被，虽然自南宋以来大量外来人口的涌入促进了浙江全境的加速开发，但从总体上说，当时由人口压力引发的拓荒垦殖，还没有达到对生态环境造成严重危害的程度。

---

[1]　刘伯缙修，陈善等撰：万历《杭州府志》卷二十三，明万历七年刻本。
[2]　樊宝敏、董源：《中国历代森林覆盖率的探讨》，《北京林业大学学报》2001年第4期。

明代的浙江,大部分地区山林覆盖,植被良好。浙东和浙南山区自不必说,即使是浙江北部地区,也还保持着相当高的森林覆盖率、完好的植被和良好的自然生态条件。在湖州府境内,据嘉靖《安吉州志》卷三记载,安吉州以北50里处的师高山,"势接天目,其上多积雪,炎月不消",一方面说明当地植被的良好状况,另一方面也显示明代时浙江的气候要比现代更寒冷一些。

繁茂的森林植被,使14世纪至17世纪时的浙江大地成了各种野生动物生活繁殖的乐园。杭州和湖州府的山区州县,当年都出产麂、獐之类野生动物。湖州府境内的安吉、德清等县山峦连绵,野生动物颇多,据弘治《湖州府志》卷八记载,该府每年的岁办獐皮、鹿皮、香狸皮等有3458张之多。至于浙东一带的深山老林,野生动物种类就更多了。从大量地方志的记载看,虎、豹、豺、狼、熊、獐、猿、猴、狐、鹿、麂、野猪等野生动物,在明代时的浙江境内极为常见。

良好的生态环境,是鸟类赖以栖息和繁衍的天堂。以绍兴府为例,万历《绍兴府志》记录的鸟类就有喜鹊、鹘鸠、斑鸠、鹑鸠、布谷、爽鸠、鹦鹉、杜鹃、乌孝、寒鸦、燕子、黄鹂、鹳、鹌鹑、吐绶鸟、黄雀、画眉、拖白练鸟、鹇、雪姑、雉、桑扈、百舌鸟、鹲鸰、练雀、竹鸡、黄头鸟、白头翁、鹊、鹠、鹗、鹈鹕、鹭、鸬鹚、鸥、鸳鸯、鸂、凫等。

第二节　自然资源开发利用

明代时,浙江行省(承宣布政使司)辖杭州、严州、湖州、嘉兴、绍兴、宁波、台州、温州、处州、金华、衢州等11府、1州、75县。

明代,浙江的人口密集,在不到全国总面积 1/36 的土地上,生活着全国 1/6 以上的人口。尤其是嘉兴府、湖州府、绍兴府、宁波府、杭州府等,人口密度更高。

一、土地资源

明代的耕地主要由普通官民田地和卫所屯田两部分构成。普通官民田地是明代耕地的主体,也是其财政税收的主要来源。官田属国家所有,包括宋、元遗留的原额官田,没收敌对集团权贵和犯罪官民的抄没田,宗室功臣赐田,归还官府的还官田,产权无法确定或户口断绝的断人官田等。官田,可租给农民耕种以收租,也可作为官员薪俸的职田,府县学校经费开支的学田,边区的养廉田,诸王、公主、勋戚、大臣的庄田,等等。民田是地主、自耕农的私有土地,源于祖传、购买或垦荒。地主一般采用租佃方式经营,向佃户收取货币地租或实物地租。此外,地主还使用佃户、僮仆经营土地,有些还采用雇工,浙江省境内雇工分长工、季节工和农忙工。有些地方还采用“永佃制”,田底权(所有权)归地主所有、田面权(使用权)归佃户所有。“永佃权”可以继承、买卖、典押和转租。转租佃农向田底权缴租称“大租”,向田面权缴租称“小租”。而卫所屯田是国家设立于边境和内地军事据点的军事屯田,主要由守军进行屯种,生产粮食,以供军需。

经过明初有效的休养生息,至洪武末年,浙江地区“生齿渐繁”,垦殖率达 24.6%。之后 200 年,垦殖率略有不足 1 个百分点的小幅增长,土地垦殖主要以向山区拓垦和围湖造田为特点[1],如

---

① 李美娇、何凡能、杨帆等:《明代省域耕地数量重建及时空特征分析》,《地理研究》2020 年第 2 期。

仙霞岭位于浙江省江山市,明初时就出现了"满山秔稻"的现象。据嘉靖《浙江通志》中的《贡赋志》记载,嘉靖年间(1522—1566),浙江全境的官民田地及山滩塘荡池河溪港之属,总共有446759顷49亩7分8厘。万历《会计录》卷三十八记载,浙江都司,原额屯田2274顷19亩6分,见额屯田并地园池荡兜溇潭塘滩沟共2390顷60亩90分6厘。

二、水资源

(一)水运

明代初期,海外贸易兴盛,胜过元朝。后因倭寇扰乱,洪武十六年(1383)实行海禁,限制民船出海。嘉靖二年(1523)不准外国船舶出入,直至隆庆六年(1572)重开海禁,宁波海外贸易恢复,但主要是官方贡赐方式的贸易。明代,浙江的丝绸、瓷器、漆器等仍是主要出口货物,生产较前代颇有发展,其中丝织工业已萌发了资本主义因素。由于海运情况的变化,大量的货物运输转到内江、内河及陆路上来。明代浙江省内主要的运输通道,一是京杭运河浙江段,二是钱塘江、瓯江等水系沿线水陆驿道。

(二)海塘修筑

杭州湾北岸海盐至平湖一线海塘的修筑,在明代一直是浙江省海岸防护工程的重点所在。据统计,明代277年间,杭州湾北岸动工修筑海塘42次之多,平均不到7年就修建一次。

杭州湾南岸到宁绍平原海岸沿线,洪武四年(1371),在元代所筑石塘的基础上,又在上虞沿海修筑了一条长约8里的石塘。洪武二十三年(1390),萧山沿海土筑海塘毁坏后,由工部主持,征调绍兴府 8 县民工,在长山至凫山一线修筑石塘 40 余里。洪武年间,慈溪县境内修筑了观城至龙山所一线观城段的大古海塘,永乐时续修的新塘,分东西两段,东段在今慈溪市逍林镇境内,称横新塘,西段东起教场山西侧的新塘村,入余姚境内的郎霞。弘治时,又耗资巨万,把绍兴沿海一带数十里长的土筑海塘改筑为石塘。嘉靖十八年(1539),萧山县西江海边长 40 余里的古塘改建为石塘。

(三)江河治理

首先是整治苕溪洪水灾害,永乐初命户部尚书夏原吉等于太湖下游浚治河道,引太湖洪水经黄浦江入海;上游整筑东苕溪堤塘及闸,创建庙湾瓦窑塘;并修治余杭、武康、湖州水利,每圩编立圩长,督修圩塍,开治水道。

其次是整治浦阳江和萧绍平原水利,绍兴有三任知府彭谊、戴琥、汤绍恩治水成效最大。彭、戴先后主持筑麻溪坝,开碛堰口,导浦阳江水入钱塘江,不使洪水东侵,以减萧绍洪涝之害。汤绍恩于绍兴东北三江口入海处,创建浙江古代最大水闸——三江闸,成为山阴、会稽、萧山三县水利总枢纽,御潮排涝,蓄淡灌溉,受益农田 80 多万亩。

小型农田水利也有发展。在洪武后期,工部奉命每年遣官至浙江一些府县修筑水塘、河渠、堤塘、田圩、堰坝等水利工程。

三、矿产资源

明代,浙江有较多的银、铜、铁、铅等金属矿产地。银矿开采岁课占全国重要地位。

新发现并开采的有明矾石、鸡血石和煤等矿产。

（一）金属矿产

明代,对浙江银矿的开采颇为重视。明代前期出现了中国古代最后一个采银高潮,早在洪武年间,官府即已在温州、处州两府开办矿场,温岭、丽水和平阳等七县都有银矿局。民间开采也发展很快。万历年间,发明了"烧爆法"采银技术,大大提高了采银效率。据《明史·食货志》载,洪武间浙江岁课银 2800 余两,永乐间增至 82070 余两,宣德间又增至 94040 余两。至明嘉靖初,银场由盛到衰。另天台大岭口、青田孙坑银铅锌矿为明代发现并采银。

铁矿,明代产地有龙泉、绍兴、台州府(临海、黄岩、仙居、宁海)、永嘉等。《明实录》记载,从宣德十年至天顺七年(1435—1463),浙江铁课为 74583 斤;又据《明会典》记载,正德元年至万历十三年(1506—1585),浙江铁课为 74583 斤 5 两 4 钱。如果按照洪武二十八年(1395)"三十取二"的矿课计算,明代浙江民营铁的产量每年约有百万斤之数。

铜矿,明代产地有武康、安吉、长兴、金华、龙泉、平阳、绍兴等 7 县。

（二）非金属矿产及建筑石材

昌化(今属杭州市临安区)以产鸡血石著称。据《昌化县志》所载,昌化玉岩山鸡血石早在明初已发现开采,至今视为珍宝。明永乐年间,常山花石在故宫御花园安家,后被郑板桥画入竹石图中。常山青石结构严密,抚之如肌,磨之有峰,在古代常被用于制砚,明万历年间尤为繁盛,称之为"西砚"。

明矾石矿,据《平阳县志》记载,平阳明矾石矿明初已发现开采。煤矿,明代开始采煤,据《重修浙江通志稿》所载,长兴煤矿明代始采。寿昌煤矿明代民间曾用土法开采。

明代鱼鳞石塘工程需石量极大,城镇建设、道路交通和房屋建筑的需石量也在增加,这些都促进了采石业的发展。

（三）陶瓷生产

瓷器的生产,明代时虽以江西景德镇最为著名,但在浙江处州府境内的龙泉、丽水两县,自宋元以来一直驰名中外的青瓷业依然如故。《天工开物》卷七中记载:"浙江处州丽水、龙泉两邑,烧造过釉杯碗,青黑如漆,名曰处窑。宋、元时龙泉琉华山下,有章氏造窑,出款贵重,古董行所谓哥窑器者即此。"另外,宁波府象山县的象窑烧制的瓷器,以及杭州府瓶窑、嘉兴府嘉善干家窑等地一般陶窑中烧制的陶瓮、陶缸及砖瓦,都是质量可靠的手工业产品。其中干家窑、瓶窑两地,都是明代中叶以后江南地区以制陶闻名的专业性市镇。

四、农作物

与宋元时期相比,明代浙江的种植业,无论是水稻种植还是蚕桑业等方面,在生产的集约化程度上都有了较为显著的提高。在一定量的土地上投入的劳动力、资本和技术等,都有了大幅度提高。

（一）水稻及旱地粮食作物

1. 水稻

在水稻种植方面,由于平原和山区在自然条件上的差异,不同地区的农民在农业上的投入和产出差距悬殊。在杭嘉湖平原地区,土地肥沃,地势平坦,水利灌溉方便,一个技术全面、身强力壮的农夫,一般可以耕种 10 亩田地,或种 8 亩田、4 亩地。《沈氏农书》上卷也记载:"长工:每一名工银五两……管地四亩……种田八亩。"在浙东山区,荒山梯田地力贫瘠,水利条件差,垦荒耕种相当不便,一个农民一年耕种的田地或许不止 10 亩,但收获远不如平原地区。

当时农夫种田讲究精耕细作,稻谷从播种到收获,一般要经过耕垦、治秧田、浸种、育秧、插秧、除草、施肥、收稻等生产环节。劳动力之外,水稻生产还需有耕牛、农具、种子、农药和肥料等生产资料上的投入。

据明末清初的方志所载,在不同环境下依据不同需要而培育出来的浙江的水稻品种多达 979 种。[①] 如春季播种的品种有乌釉糯、黄岩稻、早白稻、早糯、朱口糯、黄扁糯等,夏季播种的品种有湖州稻、晚青稻、金城稻、晚糯等。选择水稻品种抗逆性是增强防灾害能力的重要手段。

水稻的亩产量,据顾炎武《日知录》卷十所记,苏州、松江、嘉兴、湖州一带,"岁仅秋禾一熟,一亩之收不能至三石,少者不过一石有余"。水稻的亩产量最高的约三石,产量低的仅有一石余,平均亩产为二石。

2. 旱地粮食作物

明代,浙江旱地粮食作物有小麦、大麦、荞麦、高粱、粟米和豆类等。明代中叶以后,原产南美洲的番薯和玉米相继辗转传入。

---

① 浙江省农业志编纂委员会编:《浙江省农业志》,中华书局,2004,第 13—14 页。

小麦和大麦在江南地区,一般都是秋天播种。小麦好吃,但产量较低,多为富有的农户所栽种;大麦产量较高但不好吃,民间贫寒家庭往往种来果腹充饥。由于晚稻生长期比较长,为了解决晚稻迟收、春花又要及时播种的矛盾,在嘉兴、湖州一带,人们发明了小麦移栽技术。万历崇德县(今桐乡)"种小麦……或下种,或移栽,俱不妨田"①。小麦育秧和移栽的时间和方法,据《沈氏农书》上卷记载:"八月初,先下麦种,候冬垦田移种,每棵十五六根,照式浇两次,又撒牛壅,锹沟盖之,则秆壮麦粗倍获厚收。"农民们在农历八月初就开始培育小麦秧苗,等到晚稻收割后再移栽,既不影响晚稻的成熟,又不至于延误冬种的时间。

豆类有青豆、黑豆、紫豆、黄豆、绿豆、豌豆、羊眼豆、刀豆、虎斑豆、龙爪豆等。

3.粮食酿酒

明代,浙江的酿酒业有很大发展,大酒坊陆续出现。② 如绍兴东浦镇的孝贞酒坊,横塘乡的叶万源、田德润、章万润等酒坊,都兴办于明代。酒坊班多,酒的花色品种也有了新的开发。如明代的豆酒(以绿豆为酒曲酿制的酒)、薏苡酒、地黄酒、鲫鱼酒等,都享有盛名。万历《绍兴府志》卷十一记载:"府城酿者甚多,而豆酒特佳,京师盛行,远省各地每多用之。"孝贞酒坊酿造的酒,备受欢迎。除绍兴酒以外,湖州的乌程酒、金华的金华酒、兰溪的金盘露酒,也是名酒。

---

① 陈剩勇:《浙江通史·明代卷》,浙江人民出版社,2005,第208页。
② 李志庭:《浙江地区开发探源》,江西教育出版社,1997,第215—218页。

（二）蔬果

1. 蔬菜

嘉靖《浙江通志》卷七十记载，蔬之类有芥、姜、芹、莙、波薐、莴苣、莙荙、苋、葱、蒜、蒲、菘、蕨、匏、茄、笋、芋、茺荽、萝卜、蔓菁、茭白、丝瓜、王瓜、香瓜、冬瓜、熟瓜等。此外，湖州（苏湾）及萧山（湘湖）特产莼菜，宁波特产紫菜、鹿角菜，绍兴特产细笋，新昌特产蕨粉，严州特产蒚菜，温州特产石发菜。

2. 果类

果树种植在全浙境内都很普遍。据嘉靖《浙江通志》卷七十记载，果之类有桃、杏、榴、李、奈、枣、柿、榧、橙、栗、柑、梨、杨梅、葡萄、林檎、山楂、枇杷、银杏、菱、芡、藕、蔗、荸荠等。

临安特产银杏，湖州特产乌梅，宁波特产金豆橘、金子瓜，山阴特产芡实，萧山特产樱桃，余姚特产青梿子，台州特产薰橘，衢州特产狮橘，温州特产乳橘，金华特产南枣。

柑橘的品种有衢柑、海红柑等，温州府、台州府的柑橘，皮薄味美，品种最为优良，每年都作为贡品进贡皇宫。据徐光启《农政全书》卷三十记载，柑橘在江浙之间，种之甚广，利亦殊博。在衢州一带，更是橘林遍地，橘林傍河十数里不绝，树下芰葑如抹，花香橘黄。

柿，万历《绍兴府志》卷十一记载数量较多的有绿柿、牛心柿、八月白柿、丁香柿、上虞蜡柿等。崇祯《义乌县志》中载有红珠、野猫、绿柿、小柿、油柿数种。[1]

板栗，明代李时珍所撰《本草纲目》卷二十九记载："栗，别录

---

[1]　义乌市农业局编：《义乌市农业志》，内部资料，2011，第 103 页。

上品,……栗生山阴,九月采。弘景曰:今会稽诸暨栗,形大皮厚不美;剡及始丰栗,皮薄而甜乃佳。"明代,已实施板栗良种嫁接,邝璠《便民图纂》卷四曾记载:"栗……二三月间取别树生子大者接之。"

香榧,又称细榧,是榧树中的唯一优良品种,长期无性繁殖,性状稳定,品质优良。主产于会稽丘陵山区向阳缓坡地,集中产区在诸暨东溪、斯宅,嵊县吕岙、竹溪、通源和绍兴龙峰、越峰等乡。万历《绍兴府志》卷十一中就有"榧子有粗细两种""嵊尤多,木理坚细,堪为器,《图书会萃》:'王右军尝诣一门生家,……见一新榧几,至滑净,便书之,草正相半'"的记载。

(三)花卉

嘉靖《浙江通志》卷七十记载,草之类有芍药、牡丹、紫薇、蔷薇、棠棣、荷、茶、蘼、凤仙、锦带、蜀葵、海棠、百合、木香、山茶、玉簪、芙蓉、丽春、瑞香、鹿葱、水仙、山丹、杜鹃、石岩、笑靥儿、佛见笑、木槿、蓼苹、卷耳、茆、荻等。万历《金华府志》卷六记载,花之属有牡丹、芍药、海棠、蜡梅、红梅、酴醾、山茶、迎春、长春、瑞香、蔷薇、丽春、杜鹃、石岩、木香、瑞春、海红、姚宛、罂粟、茉莉、玫瑰、石菊、山兰、宝香、八仙、鹿葱、水仙、郁李、鸡冠。明钱塘人高濂对花木、盆景、插花都有深入研究,著有《瓶花三说》《三径怡闲录》《遵生八笺》等书。

(四)海外农作物引种

随着哥伦布环球旅行发现美洲新大陆,明代中叶以后,原产南美洲的多种农作物辗转进入中国。番薯、玉米、土豆、辣椒、西红柿和烟草等旱地作物的引种和推广,对于山多人众的浙江有着重要的意义,它不仅促进了山地的开发,直接解决了缺粮的困难,而且使得人们有可能腾出尽可能多的劳力和土地,去发展经济作物的生产,这对于促进商品生产、推动经济发展,具有重要的意义。

1. 番薯和玉米

浙江省是较早引种番薯的省份之一,在万历《普陀山志》卷十一中已有"番薯,如山药而紫,味甘,种自日本来"的记载。普陀山以外,据《寓山注》记载,又有明末山阴人祁彪佳从海外得红薯异种在家园种植。浙江的玉米是通过江苏、安徽、福建等地的棚民"棚居山中,开种苞谷"逐渐传入的,至今所见最早的记载是万历《嘉兴府志》。番薯和玉米都是高产、耐旱涝粮食作物,而且对土质要求不高,山地、沙土均能生长,非常适宜于浙江的山区和丘陵地带种植。

2. 辣椒和西红柿

关于辣椒传入路径,学界曾提出了浙江说、广东广西说、丝绸之路说等诸多观点。[①] 明代钱塘人高濂《遵生八笺》卷十六记载:"番椒,丛生,白花,子俨秃笔头,味辣,色红,甚可观,子种。"明人王象晋《群芳谱》载:"番椒,白花,实如秃笔头,色鲜红可观,味甚辣。"《遵生八笺》刊于万历十九年(1591),王象晋为明万历年间人,曾在浙江出任右布政使职,对于南北方花卉、果木、蔬菜都有基本了解,《群芳谱》成书于明天启元年(1621)。高濂和王象晋基本为同时代人,两者都在浙江生活过,由此不难推断,他们生活的时代,浙江已有辣椒传入。

---

① 韩茂莉:《中国历史农业地理》,北京大学出版社,2012,第705—706页。

3.烟草

明万历年间,福建籍水手将烟草自菲律宾携回福建漳州、泉州一带种植,随后烟草自福建传到浙江。[①]嘉兴府各县,明末已经大面积种植烟草。晚明的张岱在《陶庵梦忆》卷五中记载:"余少时不识烟草为何物,十年之内,老壮童稚,妇人女子,无不吃烟;大街小巷,尽摆烟桌。"

（五）茶

明代浙江各府县几乎都有茶叶出产,佳品尤多,如杭州的龙井茶,富阳的岩顶茶,绍兴的日铸茶和卧龙茶,上虞的后山茶,长兴的紫笋茶,黄岩的紫高山茶,温州雁荡的龙湫茶,等等,都是当时闻名遐迩的名茶。[②]当时,无论乡村山野、水埠码头、小街闹市,都有茶店。[③]

杭州府的龙井茶产于杭州城郊风篁岭龙井村一带,色绿、香郁、味甘、形美。生活于万历年间的文人高濂在《遵生八笺》卷三中赞叹"西湖之泉,以虎跑为最;两山之茶,以龙井为佳。谷雨前采茶旋焙,时激虎跑泉烹享,香清味洌,凉沁诗脾",龙井茶叶虎跑水为"西湖双绝"。张岱《西湖梦寻》第五十四章（龙井）写道:"南山上下有两龙井。上为老龙井,一泓寒碧,清洌异常,弃之丛薄间,无有过而问之者。其地产茶,遂为两山绝品。"不过,从文献记载看,杭州府的茶叶,在明代还是以富阳县的岩顶茶最负盛名。此外,临安产的天目茶、余杭产的径山茶,也都属于当时中上品级的茶。

① 陈重明、陈迎晖:《烟草的历史》,《中国野生植物资源》2001年第5期。
② 陈剩勇:《浙江通史·明代卷》,浙江人民出版社,2005,第215—216页。
③ 王亚敏:《明代浙江的茶文化》,《商业经济与管理》2000年第5期。

绍兴府产茶极多,较有名的茶叶品种有:府城内卧龙山的瑞龙茶,山阴县天衣山的丁倪茶、兰亭的花坞茶,会稽县日铸岭的日铸茶、陶宴岭的高坞茶、秦望山的小朵茶、东土乡的雁路茶、会稽山的茶山茶,诸暨县的石笕茶,余姚县化安的瀑布茶、童家岙茶,上虞县的后山茶,嵊县的剡溪茶等。会稽的日铸茶在宋代就号称江南第一,明代卧龙茶声名鹊起,几乎与日铸茶齐名。万历《绍兴府志》卷十一记载:"日铸茶纤白而长,其绝品长至三二寸……味甘软而永,多啜宜人,无停滞酸噎之患。卧龙则芽差短,色微紫黑,类蒙顶紫笋,味颇森严,其涤烦破睡之功,则虽日铸有不能及。"明代中期以后,绍兴出产的茶叶大量销往北方。

湖州府的茶叶,长兴县顾渚出产的紫笋茶,在唐代就已驰名海内,从唐代宗开始,紫笋茶作为贡品,必须在每年的清明节之前送到京城西安。明代,紫笋茶一般只需入贡南京。当时湖州茶叶的佳品,还有出自长兴县平辽三都的罗岕茶。

温州府五县均产茶叶,乐清雁荡山龙湫背所产茶叶最佳,当时是入贡的佳品。除此之外,瑞安县的胡岭、平阳县的蔡家山等地出产的茶叶都不错。台州府黄岩县的紫高山、临海县的上云峰、宁海县濒临大海的盖苍山等地,出产的茶叶均为当时珍品。

(六)药材

明代,对药材资源的开发利用进一步发展,惠民药局遍布各个州县,大到府城,小到村县,都可以看到惠民药局的影子。李时珍的《本草纲目》收纳诸家本草所收药物 1518 种,在前人基础上增收药物 374 种,合 1892 种,其中,记载了临安天目山药材100 多种。绍兴徐用诚撰《本草发挥》,载药近 300 种。慈溪王纶撰《本草集要》,载药 545 种,发展常用中药分类法。浙江各地用于贡赋的药材甚多,这是浙江药材中的瑰宝。

(七)纺织纤维

明代,对于商品经济作物的开发和种植更为重视和普遍,其中以商品经济发展较早和较好的就杭嘉湖地区最为突出。桑、棉、麻等纤维作物,因经济价值高,甚受时人青睐,甚至与粮争地,挤占农田,素以产粮著称的稻作农业区逐渐转变为粮桑农业区。[①] 从前"苏湖熟,天下足"的情形,至明代中后期变为"湖广熟,天下足"。据嘉靖《浙江通志》卷七十载,杭州水纬罗,嘉兴云绢,湖州丝绵、绫,宁波画绢,慈溪葛,绍兴萧绢,台州兼丝葛(以葛杂丝而织之有黄白二色),温州绸,等等,都为当时的名产。

1.蚕桑

桑树的栽种,嘉兴、湖州等地的蚕农大多采用压枝繁殖移栽的方法。据宋应星《天工开物·乃服》记载:"今年视桑树旁生条,用竹钩挂卧,逐渐近地面,至冬月则抛土压之,来春每节生根,则剪开他栽。"采用这种方法栽种的桑树,往往枝叶茂盛,不会开花,也不再生桑葚。为了便于采摘桑叶,当时嘉兴、湖州一带蚕农,一般在桑树长到七八尺时就将它截枝,不让它再往上生长。蚕农采桑时,无须架梯,也不必爬上树去,只要站在地上,伸手扳下桑枝,就能大把大把地摘叶了。

在桑树病虫害的防治方面,杭嘉湖的农民在明代时已经积累了一套行之有效的经验。

蚕农采桑养蚕,从制种、采桑到养蚕、收茧,一道道工序环环相扣,整个生产流程繁重复杂,劳动艰苦,技术要求极高。养蚕

---

① 李志庭:《浙江地区开发探源》,江西教育出版社,1997,第 136 页。

收茧的过程包括护种、摊乌、看火、抱养、出火、大起、结茧等。

湖州府出产的蚕丝,其品种有合罗丝、串伍丝、经纬丝等,生丝质量最初以菱湖、洛舍两地出产最负盛名。明代中叶以后,南浔附近辑里村的生丝后来居上,成为湖丝上品。

嘉兴府所属 7 县,石门、桐乡育蚕最多,次则海盐,又次嘉兴、秀水、嘉善、平湖。桐乡县"人稠地窄,农无余粟,所赖者蚕利耳""蚕桑之利,厚于稼穑"①。海盐县原本不事蚕桑,万历年间"蚕利始兴",天启年间则"桑柘遍野,无人不习蚕矣"②。《槜李往哲列传序》中称嘉兴县"地独坦衍饶水,稻禾、蚕桑、织绣工作之技,衣食海内"。万历《秀水县志·舆地志》也称秀水县"土著耕桑十室而九"。

杭州府所属九县,县县都有种桑养蚕的记载。成化《杭州府志》卷八记载,西湖"六桥之西悉为池田桑埂";成化《杭州府志》卷二十一记载,仁和、钱塘、海宁、富阳、余杭、临安、新城、於潜、昌化等县,在洪武、永乐、成化年间,都有桑课收缴的记录。万历《杭州府志》卷十九记载,临安县"居大山谷中桑麻丝枲之富自足而无贫民",於潜县"男务农桑,女务纺织",昌化县"民力桑麻"。

2. 棉

明代史籍中多称作"绵花"或"木绵花"。浙江布政司木棉的分布相对广泛零散。除了嘉兴府沿海地势略高地带种植较多,杭州湾沿岸的沙地也有不少种植。余姚一带的棉花不仅产量高,每亩能收二三百斤,而且"中纺织,棉稍重,二十而得七"③。

---

① 任洛修,谭桓同等纂:正德《铜乡县志》卷二,明正德九年修,嘉靖间补修,清影抄本。
② 樊维城修,胡震亨等纂:天启《海盐县图经》卷四,明天启四年刻本。
③ 徐光启撰:《农政全书》卷三十五,清道光二十三年王寿康曙海楼刻本。

杭州府绵布主要出自海宁县长安、硖石等地[①],即海宁西乡多种木棉。其他各府的棉花则多产于山地,如湖州府棉花以安吉州为多[②],台州府木棉花山田多产[③],温州府山乡陆地则种麦、豆、桑、麻、木棉花[④],等等。

3. 麻

麻类作物甚多,有麻、苎麻、黄麻、白麻、络麻、苘麻等,其中尤以苎麻、黄麻、苘麻的作用最为重要。

浙江南北诸府的苎麻种植和麻纺业都很兴盛。嘉兴府桐乡县东路田皆种麻,每亩盛者可得 200 斤,西乡女工则织苎麻、黄草以成布匹。湖州府家家种苎为线,多者为布。严州、绍兴两府及杭州府於潜等县,苎与桑一样,皆为本地农民多种之物,"桑麻弥望""民力桑麻"为杭州府西部各县的共同景观。金华府是章潢在《图书编》卷八十九中记载土产纻布的少有的几个府州之一,各县皆产纻布。据嘉靖《太平县志》卷三记载,台州府太平县到嘉靖时期白麻、黄麻、青麻等均被苎麻排挤,而万历《黄岩县志》卷三则记载黄岩县其时有苎和苎布在市场流通。温州府的麻类作物主要产于山乡陆地,弘治《温州府志》卷一记载:"其女红不事剪绣,勤于纺绩,虽六七十岁老妪亦然。贫家无棉花、苎麻者,或为人分纺分绩,日不肯暇。"嘉靖《宁波府志》卷十二记载,宁波府虽然苎麻种植不如黄麻众多,但五县均有种植。衢州府西安之民普遍纺绩绵苎。

---

① 刘伯缙修,陈善等纂:万历《杭州府志》卷三十二,明万历七年刻本。

② 江一麟修,陈敬则等纂:嘉靖《安吉州志》卷三,明嘉靖刻本。

③ 陈梦雷编:《古今图书集成·方舆汇编·职方典》卷一○○一,中华书局、巴蜀书社,1986,第 16658 页。

④ 邓淮修,王瓒等纂:弘治《温州府志》卷一,明弘治十六年刻本。

黄麻主要分布于东部沿海地带的杭州、嘉兴、湖州、绍兴、宁波、台州、温州诸府。其种植范围狭小,大概与其皮仅可制绳索及麻袋,农民不愿广种有关。此外,严州府及杭州府於潜等县,也是大麻的一个集中生产区。[①]

4. 葛

明代,桑、棉、麻产量和用量巨大,但传统纤维植物葛仍在一定范围内采用,慈溪葛(布)、台州兼丝葛(以葛杂丝而织之有黄白二色)等为当时名产。

(八)染料作物

明代浙江人用作染料的作物,主要是蓝靛和红花。蓝靛有茶蓝、蓼蓝、马蓝、吴蓝和苋蓝等5个品种,其中的苋蓝是明代时才培植出来的新品种,它比蓼蓝叶子小一些,但用于染色的效果更佳。明代染料作物的主产地在福建和江西。浙江境内,绍兴府山阴县许多农户以种蓝为业,金华府东阳县也种植靛青,温州府、处州府所属各县以及湖州府太湖附近,山民也种植蓝靛等染料作物,其中温州府乡民种植最多、最有名的染料作物是红花,此外就是蟹壳靛、马蓝靛。[②]

(九)造纸

衢州府的常山、开化,杭州府的富阳,在明代时都以造纸业闻名。甚至连处州府的松阳、宣平,山民也会造纸。衢州府生产的纸,品种、规格和花样各异,从纸的生产原料看,主要有藤纸、

---

① 王社教:《明代苏皖浙赣地区的棉麻生产与蚕桑业分布》,《中国历史地理论丛》1997年第2期。

② 陈剩勇:《浙江通史·明代卷》,浙江人民出版社,2005,第216—217页。

绵纸和竹纸等三类。衢州纸纸质较为粗糙，质量较差，主要供官府编制黄册、鱼鳞图册等用途，明代江南、河南及湖广福建等地衙门所用的官纸，大多数是从衢州府购置的。弘治《温州府志》卷七中载有蠲纸的加工方法："其法用糯粉和飞面入朴消，沸汤煎之，俟冷药，用之先以纸过胶矾，干，以大笔刷药，上纸两面。候干，用蜡打如打碑法，粗布缚成块揩磨之。"这种纸虽然产量不高，但宜书宜画，颇受人们喜爱。此外，杭州、绍兴等地的锡箔纸业也颇具规模。

五、畜禽、水产及蜜蜂

（一）畜禽

据嘉靖《浙江通志》卷七十记载，毛之类有牛、羊、马、驴、骡、豕、犬、猫等，羽之类有鸡、鹅、鸭等。据万历《嘉善县志》，明正德（1506—1521）时，朝廷曾下旨禁止天下人养猪（避讳帝王朱姓）。这一旨令在浙江实施不到一年而告终。万历年间（1573—1620），人们在重要节日馈赠的礼品就有猪、鹅、茶之类。崇祯《嘉兴县志》卷十记载："毛之品有牛、羊、猪、犬、猫；羽之品有鸡、鹅、鸭等。"另据嘉靖《宁波府志》卷十二记载，毛之属有马、驴、骡、牛、狗、猫、羊、猪、兔等；羽之属有鸡、鹅、鸭、鸽、画眉、黄头（善斗，故人取育之）、鸲鹆（端午前新雏去其舌本麄皮，则能如鹦鹉言）等。万历《金华府志》卷六记载，畜之属有牛、羊、马、驴、骡、猪、犬、猫等；禽之属有鸡、鹅、鸭、鸽、画眉、黄头儿等。万历《绍兴府志》卷十一记载："鹭，色雪白，顶上有丝，长尺余，若取鱼则弹之，山阴濒水人家多畜之，皆驯不去，惟白露一日必笼之，不然飞去。鸬鹚，渔人畜之，以取鱼鸥。"可见，当时人们不仅饲养家畜家禽,而且还饲养宠物。

(二)淡水渔业

明代前期,杭嘉湖地区河泊所设置颇多,渔户数量即渔业从业人口规模较大,以从事淡水捕捞者为主,渔税征收额在课税总额中占有一定比重,渔业经济颇为发达。[①] 随后河泊所裁革甚众,又期渔税维持原额,但仍出现渔税拖欠难交的现象。

据嘉靖《浙江通志》卷七十记载,有杭州石斑鱼,富阳箬鱼、鲋鱼,湖州鲈鱼,台州撮千鱼等淡水鱼类,为名优野生水产。明代嘉兴一带,淡水鱼类,尤其是草鱼、鲢鱼等家鱼养殖业有所发展。如崇祯《嘉兴县志》卷十记载,鳞之品,有鲤、鲫、鳜、鳊、鲢、白鱼、青鱼、黑鱼、银鱼、鳗鲡、金鱼等。那时,人们已经懂得根据草鱼、鲢鱼的不同食性,采取草鱼、鲢鱼混养的方式以提高放养产量。

(三)蜜蜂

养蜂不仅是明代社会常见的现象,而且还出现了不少养蜂专业户,养蜂收入也成为部分地区家庭经济生活的一项重要收入来源。徐渭《徐文长文集》云:"起视檐西东,分檐住蜜蜂。问蜂窠几许,四十还有余。窠窠如不败,胜我十亩租。"[②]以上"四十还有余"等数字虽不精确,但表明已是很大规模。这种规模大、收入高的养蜂专业户的出现,体现了明代包括浙江在内的部分地区养蜂业的发达。据万历《会计录》所载万历六年光禄寺岁派

---

① 尹玲玲:《明代杭嘉湖地区的渔业经济》,《中国农史》2002年第2期。

② 徐渭:《徐文长文集》(续修四库全书第1354册),上海古籍出版社,2006,第712页。

蜂蜜数据,浙江年采办量达 8000 斤,在全国各省最多。另外,养蜂技术进一步发展,蜂箱的制作与放置更为科学合理,分蜂管理与御敌方法更加多样,蜂产品提炼方法更加成熟。蜂产品在明代医疗、饮食等社会生活的多个领域均得到广泛运用,如嘉靖《浙江通志》卷七十记载,"处州橙糕:捣橙,以蜜和而为之"。

六、林木资源

明代前期比较注意林木保护,对毁伐树木者,以窃盗刑法论罪。明代中后期,农业生产中除稻麦外,又引进了玉米、番薯等新品种,这对浙江森林造成了极大冲击。朱元璋建立明朝之后,以农桑为立国之本,十分重视经济林的发展,诏令吏民广栽桑、枣、柿、栗、胡桃、桐、漆、棕等经济林木。据嘉靖《浙江通志》卷七十记载,木之类有柏、松、杨、柳、榆、椿、槐、桑、柘、乌柏、冬青、桂、楝、朴、杉、桐、枫、樟、栎、柞、檫、楠、槮、榕、皂、黄杨、棕、檀、白杜、楮、梓等;竹之类有淡竹、水竹、筀竹、南天竹、王莽竹、早笋竹、筱竹、苦竹、木竹、猫竹、龙须竹、凤尾竹、箭竹、石竹、刚竹、捕鸡(哺鸡)竹、箬竹等。崇祯年间(1628—1644),开化等地以盛产杉木著称,并出现以经营山林为产业的山农。

(一)经济林

明代,浙江乌桕与油桐的栽培利用渐次普及。

明代,乌桕不仅是重要的经济树种,同时也是重要的秋季观赏树种,深受农户欢迎,发展迅速,广泛种植于浙江境域各地。徐光启《农政全书》卷三十八对种乌桕有专篇记载:"乌臼树,收子取油,甚为民利。……江浙人种者极多,树大或收子二三石,……临安郡中,每田十数亩,田畔必种臼数株,其田主岁收臼子,便可完粮,如是者租额亦轻,佃户乐于承种,谓之熟田,若无此树,要当于田收完粮,租额必重,谓之生田。(江浙)两省之人,既食其利,凡高山大道,溪边宅畔,无不种之,亦有全用熟田种者。"万历《杭州府志》卷三十二中有"乌桕:叶可染,皂子可取蜡,核可榨油"的记载。

此外,浙江出产的漆质地优良,尤以昌化(今临安)西颊口所产著称。《本草纲目》卷三十五中有"今广、浙中出一种漆树,……六月取汁漆物,黄泽如金"的记载。

(二)用材林和竹林

明代与前几代相比有一个明显的变化,就是在官府的提倡下,人们开始有意识地种植山林,采伐对象出现了由自然林向人工林的转变。种植松、杉和竹一类的用材林木,皆与市场需求或商品生产有联系。万历《杭州府志》卷二十中记述的钱塘县诸山的林产情况,颇可得到说明,五云山"产松、竹",焦山"植茂松",观山"山唯松",黄梅山"皆植松、竹,竹多于松,人取竹作纸",瓜藤山"山唯松、竹、薪、莜",西山"产松、竹",九里暗山"茂松、竹",西坞山"植松、竹",石和尚山"间有松、竹",罗带山"产松、竹、薪、莜",法华山"产松、竹,笋之盛,法华为最",荆山、大雄山、万松山等山也"多松、竹、薪、莜"。可见,这些山林的群落树种组成明显较为单一,全部由人工种植形成。

嘉靖《浙江通志》、万历《湖州府志》、万历《山阴县志》《龙游县志》《武义县志》、崇祯《乌程县志》《四明山志》等古籍中,均有竹子栽培的记载。浙北苕溪流域的竹子已成为大宗产品,山民藉竹为生。

竹木类的名优特产有杭州紫竹、会稽箭竹、慈竹、桃枝竹、劲竹,台州方竹,温州椤木,处州栲木等。

(三)木材利用

1.土木建筑

明代,浙江房舍建筑使用砖石甚少,大多为木竹结构。即使是在繁华的大都市,情况亦如此。明代,朝廷大兴土木。明成祖朱棣于南京称帝后,决定迁都北京,为修建紫禁城,派官吏分赴浙江等地采办木材,自永乐四年(1406)起,至永乐十八年(1420),宫殿基本完工。嘉靖三十六年(1557),营建朝门午楼议准材木,令浙江、徽州采鹰架木。明万历年间(1573—1620),"采楠杉诸木于湖广、四川、贵州……而采鹰(鹰架,建筑用支撑架)平(平土,无危险的工程)条(长条)桥(桥梁)诸木于南直(南直隶,相当于今苏皖两省)、浙江"①。

2.造船

明清两代,浙江造船业颇为发达,所造海船、漕船、兵船甚多,而内河之船为数更巨。据宋应星《天工开物·舟车》记载:"凡浙西、平江纵横七百里内尽是深沟小水湾环,浪船(最小者名曰塘船)以万亿计。"渔船、农船数目非常之多。另外,从公元14世纪开始,在日本南北朝期间混战中失败的许多武士沦为海盗,流窜至中国东南沿海进行骚扰,烧杀抢掠,无恶不作。明正德至嘉靖时期(1506—1566),倭患达到顶峰,浙江深受其害,朝廷征用木材造船御敌,台州、宁波、温州等沿海的平原四旁及丘陵,大树大批被伐。②

---

① 张廷玉等撰:《明史》卷八十二《食货志六》,清乾隆四年武英殿刊本。
② 雷志松:《浙江林业史》,江西人民出版社,2011,第170页。

3. 薪材木炭

明代,浙江人口众多,日常烧饭、取暖等生活用薪材,用量巨大。此外,陶瓷生产、冶金、煎盐等工业,也需要大量的薪材木炭。木炭系浙江山区常年性生产之林副产品。正德年间,"柴炭行"为武义县城七行之一。崇祯年间,开化、衢县一带已将木炭列为主要产品之一,并形成商品性木炭生产。

七、海洋资源

(一)盐业

明代,浙江仍是我国的主要产盐地区之一。其时,杭州湾北岸由于海岸内坍而使盐田面积有所缩小,南岸却因淤沙扩展和海塘新建,盐田面积有所扩大。明代朝廷对于盐业生产非常重视,早在洪武元年(1368)就设立了两浙都转运盐使司,职掌两浙盐政。辖嘉兴、松江、宁绍、温台四分司,杭州、绍兴、嘉兴、温州四批验所,领有35个盐场[1],其中位于今浙江省境者有仁和、许村、西路、芦沥、海沙、鲍郎、西兴、钱清、三江、曹娥、石堰、鸣鹤、清泉、长山、穿山、玉泉、大嵩、永嘉、双穗、天富南监、天富北监、长林、黄岩、杜渎场、长亭、龙头等26场,其余天赐、青浦、青村、袁浦、浦东、横浦、下砂、下砂二场、下砂三场等9场,位于今上海市境内。后来天赐、青浦二盐场坍入海中,龙头盐场并入穿山,共剩32盐场。据《重修两浙盐法志》卷九载,两浙年额引盐444769引149斤2两,内常股盐311338引164斤6两2钱,存积盐133430引184斤11两8钱。明制每引以400斤计,两浙产盐为

---

[1]　李志庭:《浙江地区开发探源》,江西教育出版社,1997,第234页。

177907749 斤。所产海盐行销于浙江全省及苏州、松江、常州、镇江、徽州、广信、广德等府和沿边地区的甘肃、延绥、宁夏、固原、山西神池诸堡。

明代海盐的生产主要采用晒煎法，其主要工艺是：在海边高堰地上布灰种盐，或在海涂上取来盐土或卤水，然后把盐末、盐土或卤水进行一次冲淋，再倒入盐锅煎炼，就可生产出白花花的食盐来。[①]

（二）海洋渔业

明洪武三年（1370），为避免倭寇侵扰，朝廷开始实行海禁，严禁渔民下海，严禁民间擅造三桅以上的大船，将舟山、洞头、南麂等海岛居民迁居内陆。明代实行"海禁"的时间很长，但被遣渔民迫于生计，仍有不顾禁令下海捕捞的。明代官府为了利用沿海渔民御敌抵寇，也有允许渔民在沿海岛屿捕捞的，让渔民遇有倭寇迅速报警；或让渔船随兵船出海，遇有倭寇则一起追剿；也有将渔船组织为"罟棚"的。如《中国渔业史》所云："明叶，沿海时受倭寇之骚扰，谈海防者，乃计及编渔户之法，联合十余渔船或八九渔船为一综，同罟网鱼，称为罟棚；每棚有料船一艘，随之腌鱼，彼船复带米粮食品，以济渔船，渔船得鱼，归之料船，互相协助，亦互相察觉；此种组织，盖与现时广东南路罟棚渔业相似，亦即为陆地上之行保甲也。"[②]所捕水产，据嘉靖《宁波府志》卷十二记载，鳞之属有鲈鱼、石首鱼、鳆鱼（河豚）、华脐鱼、火鱼、肋鱼、鲻鱼、马鲛鱼、鲇鱼、鲳鯸、带鱼、鳖鱼、箸鱼、海鲫、竹筴鱼、

---

① 陈剩勇：《浙江通史·明代卷》，浙江人民出版社，2005，第 229 页。
② 李士豪、屈若搴：《中国渔业史》，商务印书馆，1998，第 7 页。

鲀鱼、江豚、吹沙鱼、鹲嘴鱼、鲍鱼、比目鱼、墨鱼、白鱼、梅鱼、鳙鱼、海鳅等。沿海名优特产,有宁波鳖鱼、蟳蚌(梭子蟹)、淡菜、蚶、土铁(泥螺)、蛏,萧山银鱼,余姚鳓鱼,台州火鱼、望潮鱼,温州牡蛎、西施舌(车蛤)等。

(三)港口岸线

明初在全国只开放宁波和广州、泉州 3 处港口为"朝贡"国家的船只泊岸,与日本的勘合贸易通过宁波港进行。明代,朝廷一再颁布禁海令,但是私商海上航运贸易一直在秘密进行。浙江的地方产品,如丝绸、布匹以及其他手工业产品,均通过海运输往福建、广东、山东等沿海地区。而广东、福建的蔗糖、木材、蓝靛、海货、干鲜水果和北方的枣、豆等,则通过海运进入浙江。[①]

---

① 《浙江通志》编纂委员会编:《浙江通志·海洋经济专志》,浙江科学技术出版社,2021,第 228 页。

第八章　清代浙江的自然环境
　　　　与资源开发利用

　　清朝是中国历史上最后一个封建王朝,历时 268 年。顺治元年(1644)至康熙六十一年(1722)是清朝社会经济恢复期,雍正元年(1723)至道光二十年(1840)是清朝的繁荣期。其中,乾隆中叶,国家高度统一、政令畅通,人民生活水平达到清朝的巅峰。18 世纪末白莲教起义标志着清朝进入衰落期,两次鸦片战争后,逐步沦为半殖民地半封建国家。1911 年,辛亥革命爆发,清朝正式退出中国历史舞台。

　　清代浙江行政区域与今天大致相同,在浙江承宣布政使司之下,分杭嘉湖、宁绍台、温处、金衢严四道,杭州、嘉兴、湖州、宁波、绍兴、台州、金华、衢州、严州、温州、处州 11 府,1 直隶厅(定海),1 州(海宁),1 厅(玉环),76 县。

　　经过清初的不断招徕、拓展,人口在顺治、康熙、雍正时期逐渐得到恢复。从乾隆朝开始,人口有了大规模的快速增长,从1100 余万一跃而至 2300 多万。嘉庆、道光以后,人口继续膨胀,至鸦片战争前夕已接近 3000 万,至道光末年已超过了 3000 万。相较于明代浙江最高人口纪录是洪武二十六年(1393)的 1048

万,清代浙江人口已净增 2000 多万。[1] 一方面,清代浙江的人口
增长有力地促进了清初浙江社会经济的恢复和发展;另一方面,
乾(隆)嘉(庆)时期人口继续急剧增长,明显超过了社会经济的
同步增长,从而引起了一系列的社会矛盾:耕地不足,粮食紧张,
流民日多。人口压力成为制约浙江经济社会可持续发展的一个
不良因素。[2]

　　清代浙江人民对土地资源尤其是对西北和西南山区荒山丘
陵的开发,达到了前所未有的程度,这使得清代浙江的耕地面积
比前代有所扩大,为解决日益增长的人口生计问题提供了有利
条件;同时,这种开发带有极大的盲目性和急功近利性,又使得
浙江的生态环境在这一时期遭到了空前的大破坏,山林植被被
毁,水土流失严重,造成此后上百年难以恢复的不良后果。

　　清代浙江水资源的开发利用取得了较大的成就,为抵御海
潮的侵淫肆虐而兴起的修筑"海上长城"——海塘的规模与成就
均居历代之冠,从而使得人民抵御自然灾害的能力有了较大的
提高,并且保护了沿海平原人民的生产和生活。同时,内地湖泊
水网及西北、西南山区的水资源也得到有效开发和利用,农田水
利事业进一步发展。

　　在各种资源得到充分开发的同时,农业生产也得到恢复和
发展。随着以精耕细作为主的农业生产集约化程度的提高,粮
食产量进一步增长,农业租佃关系更加完善;以桑、茶、棉为主的
经济作物种植面积大幅度增加,农副产品的商品化程度提高。
尤其影响巨大的是,由于浙江丘陵面积大,气候适宜,明代中叶

　　① 叶建华:《论清代浙江的人口问题》,《浙江学刊》1999 年第 2 期。
　　② 叶建华:《浙江通史·清代卷》,上册,浙江人民出版社 2005 年版,第 4—6 页。

从外国传入中国的粮食新品种番薯、玉米,在这一时期得到了普遍推广种植,成为山区农民的主食之一。这不仅引起了浙江人民食物结构的改变,更重要的是土地资源得到充分利用,开辟了农业生产的新天地,有利于日益增长的人口生计问题的解决。但它同时也带来山林植被破坏、生态环境恶化的严重后果。

随着蚕桑业的发展,丝绸手工业发展迅速,浙江成为当时全国的丝绸工业中心之一。棉纺织业以及盐业、造纸业等也有一定的发展。浙北杭嘉湖地区市镇经济在明代的基础上进一步趋向繁荣,市镇林立,构庐成市。宁绍地区和浙中南地区社会经济发展依然比较缓慢,但也有勃兴势头。地区间经济发展的差距依然明显存在,但不平衡性正在逐步缩小。

清代朝廷奉行的闭关海禁政策,使地处东南沿海的浙江对外贸易受到严重摧残。民间走私贸易则依然存在,一时还相当活跃。乍浦、宁波、定海、温州等是当时的主要对外贸易港口。闭关海禁,不仅使西方人对浙江的了解局限在雍正王朝以前的状况,更重要的是,在此后相当长的一个时期内,浙江与西方社会的科技文化交流几乎中断。近代,宁波、温州和杭州口岸相继开埠,加之上海港的拉动,浙江的外贸得以恢复发展,与西方的科技文化交流也日益增多。

第一节　自然环境

一、气候变化

清朝处于小冰期气候期(1500—1850),可分为清前期(顺治与康熙年间)的短暂气候寒冷期、清中前期(雍正、乾隆、嘉庆年间)的气候相对温暖期和清中后期漫长气候寒冷期 3 个阶段。[1]
年降雨量则要比今日略多。总的来说,气候状况要比今日阴冷
潮湿。

(一)冷暖变化

1640—1690 年气候寒冷,中国东中部地区每 10 年约出现
4.3 个寒冬年。其中,最冷 10 年(1650—1660)东中部地区冬季
温度较 1951—1980 年低 1.3℃。[2] 如顺治十一年(1654),冬季甚
为寒冷,中国南方各地出现了极为少见的持续性严重雨雪冰冻
灾害,吴、越、淮、扬河冻几数千里,舟不能行者月余,长江以南的
柑橘几乎全部被冻死。[3] 光绪《海盐县志》卷十三(祥异考)载:
"(顺治十一年)十二月大雪、海冻不波,官河水断。"光绪《乌程县
志》卷二十七(祥异)亦载:"顺治十一年大寒,太湖冰厚二尺,二
旬始解;山中有僵死者,羽族俱毙。"此外,《太湖备考》卷十四记
载:"康熙四年(1665)冬大寒,太湖冰断,不通舟楫者匝月。"顺治
《长兴县志》卷九记载:"(康熙九年)十二月,大雪及丈余,鸟兽冻
死。"因此,竺可桢曾将 17 世纪末期确定为小冰期最盛期。[4]
清中前期的气候相对温暖期指的是 1700—1770 年。其间
最冷的年代出现在 18 世纪 20 年代,中国东中部地区冬季温度
较 1951—1980 年平均气温偏低 0.2℃;最暖年代出现在 18 世纪
初和 18 世纪 60 年代,东中部地区冬季温度较 1951—1980 年平

---

① 葛全胜:《中国历朝气候变化》,科学出版社,2010,第 588 页。
② 葛全胜、郑景云、满志敏等:《过去 2000a 中国东部冬半年温度变化序列重建
及初步分析》,《地学前缘》2002 年第 1 期。
③ 葛全胜:《中国历朝气候变化》,科学出版社,2010,第 608 页。
④ 竺可桢:《中国近五千年来气候变迁的初步研究》,《考古学报》1972 年第 1 期。

均气温偏高 0.3℃。由于气候转暖,该时段的寒冬年份仅为前一寒冷期的一半左右,每 10 年约出现 2.2 个,湖泊结冰年数也是整个清朝最少的时段;据杭州、苏州和南京三地《雨雪分寸》中的终雪期日期推算,18 世纪 20 年代至 70 年代长江下游的春季来临较今早 7～13 天。

1780 年直至清末,中国气候较为寒冷。如咸丰十一年(1861),光绪《富阳县志》卷十五(祥异)载:富阳县"冬十二月大雪兼旬平地五六尺";光绪《乌程县志》卷二十七(祥异)载:乌程县"十二月二十七日大雪至除夕止,深一丈,太湖冻,人行冰上。至次年元宵始解";光绪《兰溪县志》卷八(祥异)载:兰溪县"十二月大雪樟木多冻死"。再如光绪十八年(1892),《富阳县志》卷十五(祥异)载:富阳县"十一月至十二月大寒多雪";《金华县志》卷十六(类要)载:金华县"十二月二十七日大雪三日,路人有冻毙者";《太平县续志》卷十七(灾祥)载:太平县(今温岭)"壬辰十一月下旬,大雪深尺余,寒甚,咳吐成冰,河流尽冻不能行舟"。特别是 1870 年,中国东中部地区冬季温度较 1951—1980 年平均气温低 1.4℃,为清朝最冷的 10 年。

(二)干湿变化

总体上,清朝是一个湿润的朝代。中国东中部地区,包括江南各地,雨泽无缺。其中,1735—1770 年、1820—1850 年和 1895—1910 年降水十分充沛;相对偏干的时段持续时间很短,仅有 1685—1695 年、1715—1725 年、1805—1815 年和 1870—1880 年。

（三）旱涝灾害

据不完全统计,清朝浙江省水灾多达 252 次,旱灾 157 次。[①]

清朝总体偏湿,中国东中部地区在年际尺度上,极端大涝年出现在 1647—1648 年、1653 年、1658 年、1663 年、1730 年、1755 年、1823 年、1831—1832 年、1848—1849 年和 1853 年;在年代际尺度上,洪涝灾害发生的时段主要集中在 1645—1670 年、1820—1860 年。[②] 历史文献中记载了大量的洪涝事件。如乾隆二十年(1755),自夏至秋大水,山东、江苏、浙江、安徽、湖北、湖南、云南和广东等地受其影响,禾苗尽淹,农业歉收,民大饥。[③]民国《续浙江通志》(稿本)卷七十载,"乾隆二十年(1755),吴兴淫雨损麦,蝗蝻生,大水伤禾;上虞大水,外梁、塘堤溃决,岁歉收,民食树皮草根;慈溪七月大风雨,拔木损稼";"道光十一年(1831),象山三月二十七日雷雨如注,水满大街二尺度;嘉兴大雨水,歉收";"道光十二年(1832),青田八月大水;永嘉秋八月二十日飓风大雨坏田庐,人畜洋面漂没,营船连日,洪潮入城,江水为浑,晚禾歉收"。

与洪涝事件相比,干旱事件发生频率要低得多。在年际尺度上,极端大旱年出现在 1671 年、1679 年、1721—1722 年、1778 年、1785 年、1835 年、1856 年、1877 年及 1900 年;在年代际尺度上,旱灾发生的时段主要集中在 1645—1690 年、1800—1820 年及 1890—1900 年。如民国《续浙江通志》(稿本)卷七十载:"乾

---

① 刘丽丽:《明清长江下游自然灾害与乡村社会冲突》,硕士学位论文,安徽师范大学,2012 年。

② 葛全胜:《中国历朝气候变化》,科学出版社,2010,第 605 页。

③ 同上书,第 604 页。

隆四十三年(1778),嘉兴春无麦、夏大旱","乾隆五十年(1785),
吴兴大旱、嘉兴大旱歉收";卷七十二载:"咸丰六年(1856),嘉兴
夏大旱,吴兴大旱,德清六月大旱、市河皆涸。"

二、湖泊扩缩

清代,气候总体寒冷、旱涝灾害多发,湖泊频繁遭受旱涸、涝
决,加速了湖泊萎缩。同时,由于人口增多,湖荡水域遭受围垦、
填占。湖泊数量减少、面积缩小。[①]

(一)杭嘉湖平原

杭州西湖:清以来,康熙和乾隆多次下江南,在一定程度上
推动了西湖的整治更新。雍正年间,通过对西湖的大力修浚,其
面积达7.54平方公里。嘉庆年间,浙江巡抚阮元在治理西湖过
程中,利用葑泥堆筑"阮公墩",成为西湖著名的三岛之一。清中
后期,由于国力衰退,人们对西湖的整治工作出现断层,西湖湖
面大部分为淤泥所湮埋。[②]

仁和临平湖:乾隆《杭州府志》卷十七载,明朝之后,进一步
遭到围垦和侵占,湖面多被塞为田亩鱼池,湖仅周回十里,至清
朝乾隆年间,临平湖基本消失,多废为桑田鱼池,仅存小河。

富阳阳陂湖:光绪《富阳县志》卷十载,在明朝数百年间,人
们在湖边围网养鱼,种植菱荷,逐渐蚕食湖体,使得阳陂湖日益
淤浅,小旱辄涸,以至日渐消亡。

　王佳琳:《明清时期杭嘉湖地区的湖泊变迁》,硕士学位论文,浙江师范大学,
2017。

②　郑涵中、史建忠:《杭州西湖风景区历史变迁初探》,《林业调查规划》2015年
第6期。

乌程碧浪湖:乾隆《乌程县志》卷十二载,至清朝雍正年间,碧浪湖内沙土亘塞,有碍水源,已经不能通航,湖水下泄通道菜花泾、文昌阁、抄溪口等水口基本阻断,仅剩钱山漾、横山门两个出水口,湖泊日渐缩小,数十年之内成为平陆。

长兴西湖、忻湖:嘉庆《长兴县志》卷九载,清代时,所有水门基本全部废弃,西湖也成为农田;忻湖至嘉庆年间已埋废成田。

海盐永安湖:清代以后,曾数次尝试疏浚永安湖,但屡疏屡塞,一直到清朝末年仍未得到有效的治理。[1]

平湖柘湖:旧时属于平湖县,到了清代被划归为华亭县,嘉庆《松江府志》卷七十四载:古时"湖周五千一百一十九顷",是一个面积比较大的湖泊,至清代"皆为芦苇之场,为湖者无几",湖面缩小非常严重。

(二)宁绍平原

上虞夏盖湖:清代夏盖湖全湖被逐步垦废。[2]

余姚汝仇湖:清康熙七年(1668),开汝仇湖为田,湖废。[3]

此外,受围垦、填占的湖泊还有萧山湘湖、上虞大小查湖及皂李湖、余姚烛溪湖、慈溪慈湖等。

三、海平面升降及海岸线变化

明末起,气温变冷,海面下降,入海河流河口段滩涂淤涨。

---

① 王佳琳:《明清时期杭嘉湖地区的湖泊变迁》,硕士学位论文,浙江师范大学,2017。

② 尹玲玲、王卫:《明清时期夏盖湖的垦废变迁及其原因分析》,《中国农史》2016年第1期。

③ 《余姚市水利志》编纂委员会编:《余姚市水利志》,水利电力出版社,1993,第38页。

　　明末清初,钱塘江河口入海水流从南大门改走中小门,康熙五十九年(1720)江道由中小门移至北大门。乾隆十二年(1747)人工开通中小门,安流 12 年后乾隆二十四年(1759)又改走北大门至今。南大门和中小门淤塞后,向北突出成为滩涂。[①]

　　此外,据《浙江通志·海塘专志》载:台州湾 16 世纪以后,海岸向东淤涨延伸较快,筑塘围田工程增多,清康熙十六年(1677),建张塘,随后陆续建头塘至五塘,光绪初(1875—1878),建六塘;乐清湾,明隆庆年间于雁荡山镇境内建石阵塘等,清代修筑沙埠陡门和三屿塘、章番塘、云成陡门、福山塘等,海塘位置的变化反映出乐清湾西侧潮滩不断淤涨、岸线东迁的过程;温州湾瓯江、飞云江河口岸线,清初外移加速,雍正四年至乾隆十三年(1726—1748),建龙湾至兰田陡门海塘,乾隆元年至五十九年(1736—1794),在梅头以南沿横河和新塘河一线建新横塘。从海塘修筑年代推测,明代以后,岸线淤涨速度逐渐加快,二三百年间,海岸向海域推进 2000 米之多,年均外移 10 米。[②]

四、植被与生态系统

　　清初,浙江山区林木茂密。在浙南山区,据康熙《庆元县志》卷一载:石龙山耸秀可观,万里林山(百山祖)逶迤深广、林木森翳;雍正《处州府志》卷一载:缙云县白水山东五十里多产竹木,遂昌县白马山峰峦耸秀;顺治《龙泉县志》卷一载:石马山峰密秀耸,凤凰山茂林修竹,飞凰山有大樟树轮囷百围披蟠十亩。在浙西山区,据雍正《开化县志》卷一载:华山,坦夷盘秀;康熙《常山

---

① 　钱塘江志编纂委员会编:《钱塘江志》,方志出版社,1998,第 66 页。

② 　《浙江通志》编纂委员会编:《浙江通志·海塘专志》,浙江人民出版社,2021,第 17—21 页。

县志》卷二载:百树尖山,耸然屹立,奇树森郁,苍翠欲滴;康熙《江山县志》卷一载:西山林木蓊郁,航埠山林木苍蔚,渐山巍然秀出,石井岩茂树郁翳;乾隆《昌化县志》卷一载:千章之材、百围之木蓊郁。

毋庸讳言,清代是浙江历史上天然森林破坏最严重的时期。清代随着顺坡垦殖种粮面积扩大,浙西、浙南及淳安一带的插杉点桐开始盛行。随着玉米、番薯、马铃薯等旱地作物传入和推广,至清康熙、乾隆年间,浙江全省山区已普遍种植,使浙江山地的天然森林遭到较大破坏,乃至深山僻壤也难幸免。

浙江天然原始森林,明末时在浙西南和浙西北还有不少分布,清代自康乾起,随着垦殖破坏规模的扩大和人口迅速增长,社会对木材及林产品需求增加,至清末,除交通不便的少数山区,如浙南九龙山、浙西北天目山等,以及名山寺院附近尚保存有一定面积的原始天然林外,其他地区多已为次生林和人工林所替代。[1] 据推算,浙江的森林覆盖率从康熙三十九年(1700)的51%,递减至乾隆十五年(1750)的49%、嘉庆五年(1800)的46%、道光二十七年(1847)的43%、光绪二十六年(1900)的41%,累计下降了10%。[2]

五、水土流失

清代,荒山丘陵被无限制地成片开垦,许多山林植被被毁,水土流失严重,生态环境遭到破坏。尤其是玉米、番薯、马铃薯等作物,可以种在相当陡峭的山坡丘陵上,而且都是先在山坡上

---

[1] 浙江省林业志编纂委员会编:《浙江省林业志》,中华书局,2001,第4—5页。
[2] 何凡能、葛全胜、戴君虎等:《近300年来中国森林的变迁》,《地理学报》2007年第1期。

将树木砍光,然后烧荒、垦山、下种。这种开垦完全是掠夺性的,不间伐,不培育,具有很大的破坏性;而尤以浙西北、浙西南山区各县为甚。

据《皇朝经世文续编》卷三十九之《请禁棚民开山阻水以杜后患疏》记载:浙西北山区县,包括杭州府之富阳、余杭、临安、於潜、新城、昌化和湖州府之乌程、归安、德清、安吉、孝丰、武康、长兴等县,"由于外地流民棚居山中,开种苞谷,引类呼朋,蔓延日众,结果山地十开六七,每遇大雨,泥沙直下,近于山之良田,尽成沙地;远于山之巨浸,俱积淤泥。以致雨泽稍多,溪湖漫溢,田禾淹没,岁屡不登。至于水遇晴而易涸,旱年之灌救无由,山有石而无泥,他日之钱粮何出,犹其后焉者也"。另外,《建德县志》卷二十一载:"近来异地棚民盘踞各源,种植苞芦,为害于水道农田不小。山经开垦,势无不土松石浮者,每逢骤雨,水势挟沙石而行,大则冲田溃堰,小则断塍填沟。水灾立见,旱又因之。以故年来旱涝频仍,皆原于此。"光绪《分水县志》卷一载:"种苞芦者,先用长铲除草使尽,追根美苗壮,拔松土脉,一经骤雨,砂石随水下注,壅塞溪流,渐至没田地,坏庐墓,国课民生交受其害。"

浙西南山区县也是如此。如嘉庆《西安县志》卷二十一载:"包芦(玉米),西邑流民向多垦山种此,数年后土松,遇大水,涨没田亩沟圳,山亦荒废,为害甚巨。"道光《丽水县志》卷十四载:"近岁诸山经棚民垦辟,土质疏松,蛟水骤发,挟以雍溪。"

第二节　自然资源开发利用

一、土地资源

清代以前,浙江的土地开发已达到了一个较高的水平,很少存在成片的空旷地带。明末清初的战乱,使社会经济一片凋敝,人民流离失所,田地荒芜。清代朝廷多次鼓励垦荒,并推行了一系列相关的政策和措施,使荒地开发得到法律的保护。在朝廷及地方官府的鼓励和支持下,浙江人民也掀起了土地开发的热潮,围垦海涂、山地开发,都有明显发展。据《清实录》所载浙江各州县土地开垦面积统计,清代雍正、乾隆、嘉庆、道光四朝期间浙江省共开垦耕地 1748026 亩。[①]

自垦海涂在大多数沿海州县都有发生。杭州湾南岸,由于钱塘江入海口北移,南岸宁绍平原滩涂大规模淤涨。东部以慈溪庵东断面为基点进行估计,自 14 世纪以后的 6 个世纪共外涨 15 公里,人们修建了从后海塘到七塘前多条海塘以围垦;西部萧绍平原在钱塘江冲出北门以后,南门、中门相继淤塞呈半月形向北突出,成为天赐之田亩。仅山阴、会稽两县海涂垦地就达 7 万余亩之多。[②] 其他如温州地区瓯江北岸江口塘和瓯江南岸今大罗山与宁城乡之间永强塘河的修建,台州地区在四府塘外修建的张塘、头塘至六塘,等等,都使平原耕地在清代有所扩大。

清代浙江省的土地开发主要集中在浙西北、浙西南和浙东

<hr>

① 　叶建华:《浙江通史·清代卷》,上册,浙江人民出版社,2005,第 85—89 页。
② 　李志庭:《浙江地区开发探源》,江西教育出版社,1997,第 122—123 页。

山区及海岛,这些地方有许多土地得到成片开发。大片丘陵山区的开垦,是清代浙江农垦史上最具时代特征的活动,标志着浙江的土地开发向着纵深方向发展,开始向资源的极限挑战。

除了土著居民,来自外省以及省内浙南山区的棚民,充当了山地开垦的主力军。据张鉴《雷塘庵主弟子记》卷二记载,至嘉庆年间,"浙江各山邑,旧有外省游民,搭棚开垦,种植苞芦、靛青、番薯诸物,以致流民日聚,棚厂满山相望"。由此可见其开垦的力度。

经过长期开垦,清代浙江的耕地面积有了较大的增长。由顺治末年(1661)的 4522.2 万亩,雍正二年(1724)的 4588.5 万亩,增加到乾隆十八年(1753)的 4618.3 万亩,乾隆三十一年(1766)的 4624.0 万亩,嘉庆十七年(1812)4650.0 万亩,至光绪十二年(1886)达 4677.8 万亩。220 余年间,增加了 155.6 万余亩。[①]

二、水资源

(一)水运

清代浙江的水路航运与明代一样,仍以钱塘江、苕溪、甬江、灵江、瓯江、飞云江等自然河道以及江南运河、浙东运河为主要内河航道。这些河道在清代均得到过多次治理,航运条件有了较大的改善。杭州至普陀山、嘉兴、湖州、严州、衢州、金华、处州等地,均有水路相通。

---

① 梁方仲:《中国历代户口、田地、田赋统计》,上海人民出版社,1980,第 380—400 页。

　　大规模的漕粮运输是清代浙江内河航运繁荣的表现之一。清初浙江漕船原额 1441 只,至雍正四年(1726)定额为 1215 只。[①] 盐运的规模也相当大,基本上实行官督商运商销,也有不少走私盐船。而民间的生产性航运、商业性航运、客旅性航运更是繁忙。雍乾时期,浙江人口骤增,粮食严重不足,需从外地调入,于是从外地往浙江运输粮食的船只也显得十分繁忙。

　　海上运输则与海上对外贸易密切相连。由于清代朝廷实行海禁,所以海外运输衰退。但走私贸易依然存在,特别是康熙年间的一度"开海",对海上运输有很大的促进作用。至清道光之前,外国商船也不断来浙贸易。

　　(二)海塘修筑

　　清代是浙江历史上海塘建设的鼎盛时期。特别是钱塘江两岸海塘的安危,关系清廷东南财赋至巨,而明末清初河口三门变迁,山洪涌潮从南大门先趋中小门,不久尽归北大门,北岸海溢坍江频发,于是清廷不惜委重臣,投巨资,重筑潮毁海塘,重开中小门故道。清帝康熙及乾隆多次南巡,也无不重视海塘工程。经康熙、雍正、乾隆三代锐意经营,创建规模宏伟的鱼鳞大石塘 1.5 万多丈,被后人誉为"海上长城";建成最早的长丁坝塔山坝,长达 200 丈。整个清代共新建鱼鳞塘等各类石塘,北岸 3 万丈,南岸 2.2 万丈又 40 余里,规模空前。清代,浙江海岸变迁,海涂围垦蓬勃兴起。钱塘江河口,原来的南大门江道淤成一片平陆,俗称"南沙",新筑支堤围涂 45 万多亩;余姚、慈溪从三塘筑到七塘,岸线外迁 20 余里;黄岩从头塘到六塘,外迁近 10 里;瑞安沿

---

　　① 　叶建华:《浙江通史·清代卷》,上册,浙江人民出版社,2005,第 264—265 页。

海沙涂外涨 10 里之遥,筑新横塘 45 里以御潮开垦。[①]"沧海变桑田"成为现实。清代浙江水利的另一重点,即东苕溪西险大塘形成规模,成为杭嘉湖又一道重要屏障;太湖溇港浚治也成为历任湖州知府、浙江巡抚的主要职责,取得了可观的成效。

(三)平原堰渠溪坝兴建与山区水资源开发利用

1.平原水利

清代,官府鼓励平原水网圩田区内各村农户集资合力修筑水利。如嘉庆《余杭县志》卷十一载,该县"各庄塘闸陡门,其有修筑,皆各庄有田者出资经办",圩长一职专为修浚圩田水利而立,工完即罢。乡绅、族人在组织倡修圩田水利工程方面的作用日益突出。海盐白洋河、长兴东西南港、余杭南湖等,也都在乾隆年间得到疏浚。

疏通太湖下流河江以及沿湖支流,是太湖水利的关键。光绪《杭州府志》卷五十四记载:康熙十年(1671),康熙帝特准将杭州、嘉兴、湖州、苏州、松江、常州六府所折漕银 14 万两,留作太湖的建闸开浚经费;四十六年(1707),又拨银 48076 两,修建沿湖闸座 64 座,加固堤防,开浚支河。雍正五年(1727),又添派了一名同知官员专理湖务水利等,并拨银 1700 余两开浚上塘河、奉口河等;八年(1760),又花银 1465 两修浚港塘。乾隆十六年(1751),又重浚六十里塘河与市河等。经过整治,太湖流域即使"雨阳不时",也能保证"田禾丰稔"。

杭州西湖水资源十分丰富,不仅供应杭州城内居民用水,而且仁和、钱塘、海宁三县大片良田靠其灌溉。清代进行过多次兴修浚

---

① 浙江水利志编纂委员会:《浙江省水利志》,中华书局,1998,第 6 页。

治,如雍正七年至九年(1729—1731),总督李卫领导对金沙港疏浚,挖沙筑堤,使湖流畅而益深,湖堤广而益固;嘉庆五年(1800),浙江巡抚阮元组织疏治西湖,将所挖淤泥堆成 8.5 亩的一个小岛,始名"阮滩",即今之阮公墩[①],与小瀛洲、湖心亭鼎足而立。

此外,宁绍平原的湖泊水利也得到进一步的疏浚。

2. 山区水利

清代,浙江山区山涧溪泉水资源的开发利用与堰塘水利灌溉工程的兴建,继续向深度和广度开发。首先是堰塘水利修复和兴建繁多。据雍正《浙江通志》卷五十二和卷五十三记载,清代浙江共有塘堰 4340 处,其中塘堰较多的县为常山 524 处、天台 249 处、龙游 200 处、西安 192 处、永康 191 处、於潜 153 处、金华 140 处、兰溪 131 处、新城 135 处。

(四)水文观测

清代,为了通航的需要,海关分别在主要港埠进行水位、雨量的观测。[②] 光绪九年(1883),海关在温州设立雨量站;光绪十二年(1886),海关又在镇海、小龟山(系海岛灯标站)设立雨量站;光绪二十年(1894),海关设立鄞县雨量站;光绪三十年(1904)海关设立杭州、北渔山(海岛灯标站)雨量站。为建立水准基面,咸丰十年(1860),海关在吴淞口张华滨设立潮位站,经过 30 年的观测,至光绪二十六年(1900),定出"吴淞零点"作为长江流域和浙江省所参照的水准基面。

---

① 杭州市园林文物管理局编:《西湖志》,上海古籍出版社,1995,第 1098 页。
② 浙江水文志编纂委员会编:《浙江省水文志》,中华书局,2000,第 8 页。

（五）水利技术进步

清代，海塘修筑技术有较大改进，主要是改筑"鱼鳞大石塘"。当时修筑海塘有石塘、土塘和草塘3种，土塘和草塘都不够牢固。清代在明代五纵五横筑塘法的基础上，采用大石料，纵横交错砌叠，石块与石块之间交接处凿成槽笋，嵌合连贯，并在合缝处用油灰抿灌密封，再用铁环嵌扣，使塘体的所有石块连成整体，坚固不渗漏。这样筑成的海塘，称为鱼鳞石塘。① 海宁的鱼鳞石塘，至今巍然屹立于御潮的第一线，被誉为"水上长城"，驰名中外。

三、矿产资源

（一）金属矿产开采

清朝浙江的矿产开采，一般都采取商人自出资本、募工开挖，向官府缴纳税课的办法进行，官府一般不直接干预生产。这对恢复和发展民营采矿业生产有一定促进作用。绍兴、龙泉产银，永嘉、瑞安、平阳、泰顺、云和、松阳、遂昌、青田、建德等9县产铁，龙泉和安吉产铅，清代湖州铜镜再度崛起，曾作贡品进贡朝廷，可见铜矿坑冶仍在继续。

（二）观赏石发掘利用

清代，青田石雕的技艺水平得到了很大发展，青田石矿的开

---

① 叶建华：《论清代浙江水资源的开发利用与海塘江坝的修建工程》，《浙江学刊》1998年第6期。

采具有相当规模。光绪《青田县志》卷一载："图书洞，产石玉柔而栗，宜刻印章亦可琢玩器，俗名图书石，又名青田冻石。"卷十八载徐鹤龄《方山采石歌》曰：青田石雕作品"大者仙佛多威仪，小者杯杓几案施，精者篆刻蟠蛟螭，顽者虎豹熊罴狮"。随着远洋商贸开通，青田石雕远销欧美。

昌化鸡血石系印材名品，清代皇帝与后妃常选昌化鸡血石作为玉玺，故宫博物院藏品中尚存乾隆、嘉庆印玺多枚。据雍正《浙江通志》卷一〇一载："昌化县产图书石，红点若朱砂，亦有青紫如玳瑁者，良可爱玩，近则罕得矣。"

（三）建筑石材开采

清代，浙江以鱼鳞石塘为代表的各项水利工程需石量极大，城镇建设、道路交通和房屋建筑的需石量也在增加，带动了建筑石材的大量开采。如《海塘录》卷五载："雍正十三年秋八月命大学士江南河道总督嵇曾筠总理海塘事……大学士嵇曾筠言：塘工需用条石甚多，非一山所能采办，山阴、武康两县距海宁就近，苏州、洞庭（山）等处路程较远，分别给山价水脚，自七钱三厘至七钱七分三厘不等……"山阴（今绍兴）、武康（今德清）等地，尚存清代采石遗迹。

此外，杭州府钱塘上四乡及富阳、金华府兰溪白坑山等石灰岩资源丰富且交通便利处，烧造石灰甚多。

（四）煤炭开采

寿昌煤矿明清民间曾土法开采，盛极一时。长兴煤矿明代始采，乾隆年间被封，清光绪二十八年（1902），长兴钟仰贻等人组建长兴煤矿公司，开展煤矿的探、采、销工作。

（五）陶瓷砖瓦及玻璃生产

晚清时期，嘉善砖瓦烧制业规模很大，远近闻名。据光绪十六年(1890)三月三日《申报》记载："浙江嘉善县境砖瓦窑 1000 余处，每当三四月间旺销之际，自浙境入松江府属之黄浦，或往浦东，或往上海，每日总有五六十船，其借此谋生者，不下十数万人。"

钱塘的瓶窑由于陶窑业的发展而由村发展成镇，当地农民除农耕外，大多从事窑业，故陶窑和陶制品市场鳞次栉比。湖州府各县也有陶业，制造陶瓮、瓦罐、缸餐等日用品。此外，义乌缸窑村、衢州窑里村、温州苍南碗窑村等，在清代也大量生产日用陶瓷和砖瓦建筑材料。

随着江西景德镇陶瓷业的崛起，龙泉青瓷于明末清初逐渐式微，平阳、江山、温岭等地窑场生产白瓷和青白瓷。另，安吉县报福镇洪家村，曾发现清代青花瓷窑址。

四、农作物

清代，由于浙江工商业发达，大面积种植桑、棉、茶等经济作物，在城市近郊还出现了专门种植蔬菜、瓜果和花卉以供城市居民消费和玩赏的农户，粮经争地现象明显，所以需要其他省区来供应粮食。《大清会典》卷三十九记载："浙江及江南苏松等府，地窄人稠，即在丰收之年，亦皆仰食于湖广、江西等处。"

（一）粮食作物

清代，浙江传统的稻麦生产稳步增长，番薯、玉米等粮食新品种在明代传入的基础上迅速推广，成为山区民间主食之一。

1.传统粮食生产

在农作物的栽培管理上,日益讲究精耕细作和合理密植。一亩田的插秧数,已密植到了 16000～20000 穴之多。在耕作上,一般要求"三耘"。光绪《嘉兴县志》卷十二记载:"浙以东,春三月种稻,夏六月获;秋七月种菽,九月获。"这是稻豆两熟制。又说:"浙以西,冬十二月种麦,夏四月获;五月种稻,秋九月获。"这是稻麦两熟制。也有的是稻棉两熟制。甚至出现了"稻稻麦"或"稻稻油菜"的一年三熟制。这就是所谓的轮作复种制,即在一年二熟、三熟地区,同年所播种的作物品种不一样,进行有规律的轮换。还有的实行间作套种制,在同一块耕地中,同时播种两种或两种以上的农作物。粮食作物、瓜果蔬菜、桑树等都可以合理套种,如粮豆间作、麦棉套种等,实现一岁数收,大大增加了复种指数和单位面积产量,也充分利用了地力,发展了多元性的农业结构。浙南温州地区至迟在乾隆年间,也普遍推广种植了双季稻,如乾隆《平阳县志》卷五记载当地农民春分时做秧田,春夏之交插早稻秧,"疏其行列",过若干时日,"乃插晚秧"。然后经过"浃旬而耘,至于再三,旱则水车引水灌之",至秋天收割早稻。再用"竹备取河泥塞之,践早稻根,以培晚稻,又时粪之",到了冬天而收获晚稻,叫作"双收"。

清代浙江谷之类作物品种繁多。就水稻品种而言,据统计,嘉兴府所属各县均有香秔、香稻、早白稻、早中秋、八月白等数十种稻谷品种,其中秀水县有 58 种,嘉兴县有 22 种,嘉善县有 29 种,平湖县有 16 种,石门县有 14 种,桐乡县更是多达 110 种。[①]

---

① 蒋兆成:《明清杭嘉湖社会经济史研究》,杭州大学出版社,1994,第 37—38 页。

在农作物施肥上,也总结出许多经验,能根据农作物生长的各个不同阶段所需要的不同养分而施用不同的肥料。当时普遍使用的肥料有人畜粪、豆麻棉菜饼、蚕沙、河泥、草、豆茎、灰等等。尤其是大豆榨油后的渣块——豆饼,做肥料虽在明代已开始,但直至明末清初依然只局限在部分地区,到了清中期后,豆饼作为肥料已十分普遍。宁波已成为大豆、豆饼的流通中转站,台州、温州也成为集散地,贩往全省乃至福建等邻省,从而大大促进了全国范围内从东北到南方长江三角洲地带大豆及豆饼作为商品的流通。

由于讲究精耕细作和适时施肥等,清代浙江的粮食亩产有了增长,亩产平均为米二石至二石五斗之间,折合今亩产谷 289公斤至 361 公斤,平均为 325 公斤,较于宋代亩产谷之折合今225 公斤左右,增长了 44%。[1]

2.番薯、玉米等粮食新品种的传播推广

至清初,番薯已迅速传至浙江各地,特别是浙东沿海温州、台州、宁波等府,种植已相当普遍。清康熙时吴震方在《岭南杂记》卷下记载:"番薯有数种,江浙近亦甚多而贱,皆从海舶来。"乾隆初黄可润《畿辅闻见录》记载:"南方番薯一项,……今则浙之宁波、温、台皆是。盖人多米贵,此宜于沙地而耐旱,不用浇灌,一亩地可获千斤。食之最厚脾胃。故高山海泊无不种之,闽浙贫民以此为粮之半。"而这些地区的番薯种,除了来自普陀山,有许多地方是由福建传入的。据陈世元《金薯传习录》卷上记载,康熙初年,陈经纶的后代陈以桂到鄞县传播种植番薯,"初犹疑与土宜不协,经秋成卵,大逾闽地",大获成功。于是又教当地

---

[1]　叶建华:《浙江通史·清代卷》,上册,浙江人民出版社,2005,第 234 页。

土人如法播种。清代,浙江的番薯还向北向西传至江苏、直隶、江西等外省。

清初至康熙王朝以后,浙江玉米的种植逐渐推广开来。张鉴在所辑《雷塘庵主弟子记》卷二中记载,嘉庆年间,浙江各山邑,"外省游民,搭棚开垦,种植苞芦、靛青、番薯诸物,以致流民日聚,棚厂满山相望"。光绪《分水县志》卷三记载,严州府各州县,"向无此种","乾隆间,江、闽游民入境,租山刨种",于是,玉米迅速传播开来。嘉庆《於潜县志》卷十八记载,杭州府的於潜县,山多"种作苞芦"。浙南山区的处州府各州县,玉米的种植更是普遍,道光《宣平县志》卷十记载,"乾隆四五十年间,安徽人来此向土著租贷垦辟",以致"陡绝高崖,皆布种苞萝"。嘉庆《西安县志》卷二十则记载,衢州府西安县,多流民"垦山种此"。这些山区农民,衡量年岁之丰歉,甚至不以稻、麦产量之多少,而视玉米收成的好坏为标准。

随着番薯、玉米的传入与推广,番薯、玉米在当时已经成为人们的主要粮食,在平原地区成为仅次于稻、麦的主要粮食,而在广大的山区甚至超过稻、麦成为人们的主食。原来不适宜种植稻、麦等农作物的山区、海岛、沙地,也得到了充分的开发和利用,开辟了农业生产的崭新天地,同时也养活了更多的人口,相当程度上缓解了人口增长的压力。

3. 酿酒

清代,绍兴酒、金华酒进入兴盛期。绍兴酒、金华酒誉播四方。清康熙年间,刘廷玑在《在园杂志》卷四中写道:"京师馈遗,必开南酒为贵重,如惠泉酒、芜湖、四美瓶头、绍兴、金华诸品,言方物也。"可见绍兴酒、金华酒在清代京都,甚为风雅名贵。纵是远乡边陲,亦能闻嗅绍酒的醇香。据《滇海虞衡志》卷四记载,云南各地皆以绍酒为上品："滇南之有绍兴酒，……是知绍兴已遍行天下。"又载："酒之自绍兴来者，每坛十斤，值四五六金。"如此之高的酒价，依然有无数酒人为之一掷囊箧，博求醉境。鉴湖周边绍兴城北东铺、柯桥和阮社一带，以及绍兴府城之内，酒坊林立。绍酒的大宗产品分状元红、加饭酒和善酿酒 3 个类别。清代的绍酒注重包装。传统的包装为陶制酒坛，封以一个特规的泥盖，以保证久藏不败。花雕则是其特种工艺装饰品，坛用彩绘。花鸟人物皆有，有所谓"五子登科""仙姬送子""句践投醪"等图案。清代的绍酒品种甚多，除上面谈到的之外，尚有薏苡酒、番雪酒、地黄酒、鲫鱼酒、豆酒等。雍正《浙江通志》卷一〇四记载："越酒行天下，其品颇多，而名老酒者特行，名豆酒者佳，其法以绿豆为曲，邑壤多秫少杭，以此萧酿。"

此外，各地名酒尚有：杭州府产鹤林玉露、花醖、蔷薇露、梨花春酒；湖州府产乌程酒、箬酒、三白酒、百花春酒；嘉兴府产秀州月波酒、莲花白酒、三白酒；宁波府产金波酒、双鱼酒；绍兴府产萧酿；台州府产蒙泉酒、灵江岁月酒；温州府产蒙泉酒、丰和春酒、琥珀红酒；金华府产东阳酒、瀫溪春酒、香山酒、桃花酒、花曲酒；严州府的严东关致中和五加皮酒，创制于乾隆二十八年（1763），是人们所熟知的药理酒。

（二）蔬果

1. 蔬菜

雍正《浙江通志》卷一〇一载，杭州府蔬之类有黄芽菜、油菜心等；该志卷一〇三载，宁波府蔬之类有赤苋、蔓菁、雪里蕻、芹、苔菜等。

2. 果品

据雍正《浙江通志》卷一〇一，清代果之类有梅、桃、杏、榴、枣、柿、榧、橙、栗、柑、梨、榛等。

温台衢杭是浙江省最主要的柑橘生产区域。20 世纪 30 年代是柑橘产量最高时期,浙江省年产量 3 万吨左右。

浙江临安(包括今昌化、於潜)是山核桃主产区,19 世纪末至20 世纪初,山核桃已经成为该地的重要经济树种,群众广为栽培。

(三)油料

清代,浙江各地大量种植油菜、黄豆、芝麻、柏子、桐子、棉籽等油料作物,榨油业成为较普遍的一种农副产品加工工业。[①] 各种榨油工具如菜车、柏车、豆车等越来越多,各地普遍有"小满动三车"(油车、丝车、水车)的现象,榨油已成为与缫丝、农田灌溉并列的三大农事之一。在杭嘉湖一带市镇,普遍开设有多家油坊,加工经营菜油、豆油、麻油、柏油、青油、桐油等各种食用油和工业用油,许多油坊已具有较大规模。

(四)花卉

雍正《浙江通志》卷一〇一载,花之类有芍药、牡丹、紫薇、蔷薇、棠棣、荷等,其中杭州府花之类有梅、红梅、绿萼梅、鸳鸯梅、桃花、李花、石榴、牡丹、芍药、海棠、紫阳花等。

(五)茶

清朝,湖州府的长兴县,杭州府钱塘、余杭、临安,严州府建德,绍兴府会稽、诸暨、嵊县,宁波府慈溪,衢州府衢县、龙游,金华府金华县,台州府临海县,处州府丽水县,温州府永嘉县等,皆

---

① 叶建华:《浙江通史·清代卷》,上册,浙江人民出版社,2005,第 258 页。

为重要的产茶地。其时浙江产茶大致分杭州、平水、温州等茶区。

清代除了继承西湖龙井、径山茶、天目青顶茶、天尊贡芽（岩茶）、建德苞茶、睦州鸿坑等历史名茶外，新品目主要有富阳岩顶、九曲红梅、余杭伏虎岩茶、临安於潜王茶、建德十都绿茶等。[①]绿茶加工上基本沿袭明代，但此时龙井茶出现了扁平光滑的炒制方法。产于西子湖畔的龙井茶，清时因得到乾隆皇帝的青睐而声名鹊起。清高宗多次来西湖天竺、云栖、龙井巡幸茶事，《坐龙井上烹茶偶成》《再游龙井作》《于金山烹龙井雨前茶得句》《雨前茶》等几首茶诗更使龙井茶名声远扬。

清代绍兴珠茶兴起，以其玲珑的外形、清洌的内质，代日铸茶而名驰海内，誉满中外。珠茶的兴起，大约是在17世纪中期即清代前期，其中心产地和集散地依然在绍兴平水，故史称平水珠茶。后来其产区也扩大到整个浙东地区和金华地区一部分。平水茶区包括嵊县、绍兴、新昌、诸暨、上虞、余姚、奉化、鄞县、东阳等县，整个产区为会稽山、四明山、天台山各大名山深谷所环抱。约在17世纪中晚期，珠茶出现了"熙春""贡熙"两个著名品种。这样，绍兴茶业继日铸茶盛名之后又跃上了一个新的台阶。

清代，浙江外销绿茶以珠茶和眉茶为主。绍兴平水主产珠茶，在出口中占很大比重。珠茶远销欧洲、北美、北非、俄罗斯各地市场。从道光二十三年（1843）至光绪二十年（1894）50年间，为平水珠茶出口全盛时期，年最高额曾达40万箱（约计20万担），占浙江省出口量的半数。[②] 珠茶分五等，即虾目、麻珠、珍

---

① 吴胜天、赵燕燕：《杭州茶文化历史及遗存》，《农业考古》2006年第2期。
② 钱茂竹：《绍兴茶业发展史略》，《绍兴文理学院学报》1997年第4期。

珠、宝珠、芝珠,其中以虾目为最上品,常成为外销珠茶的抢手货。珠茶的内销也十分兴旺。

长兴顾渚茶历为贡茶,清人对顾渚茶极为推崇。

温州在清朝已生产三大茶类:黄茶、绿茶和红茶,黄茶是皇家贡茶,炒青绿茶大量出口。[1]

在出口和内销的发展中,清代浙江涌现了一批专营茶叶收购和加工的茶栈和茶行,在城市中出现了批零兼售的茶号,还办起了新式制茶公司,形成了宁波、杭州、温州三大茶埠。

清代后期,增加了茶税稽征。至清末,茶叶生产已难以发展,陷入衰落境地。唯绍之珠茶产量尚有每年 12 万～13 万担,勉强支撑着困难的局面。

(六)药材

至清代,官营药局体制被废除,民间药铺制售中成药有了进一步发展。中药商业在浙江也逐渐发展。同时,沟通省内与外地药材交往的药材行也随之兴起,较具代表性的商行有杭州的阜通药行、温州的叶同仁堂、兰溪的茂昌药行等。[2] 各地药业同人为保护本行业利益,陆续建立起药皇庙、药业公所、药材会馆、药业会馆等行业组织。

以"浙八味"和"杭十八味"为代表的中药材享誉四方。

---

[1]　孙淑娟、黄向永、董占波等:《温州茶叶的发展与传承》,《中国茶叶加工》2020年第 2 期。

[2]　《浙江通志》编纂委员会编:《浙江通志·医药制造业志》,浙江人民出版社,2010,第 1—16 页。

（七）纺织纤维

随着明代商品经济的迅速发展,桑、棉等纤维作物成了农业生产的重心。至清代康、乾以后,这种情况更加突出。广大农民纷纷改种田(种植粮食作物)为种地(种植经济作物),以至于许多地区出现了粮食作物种植面积锐减和粮食严重不足的现象。经济作物种植面积急剧增长,并出现了一些闻名遐迩的优良品种。据乾隆《湖州府志》卷三十六统计,湖州府从明末至乾隆年间,水田减少了7900亩,而旱地却增加了2800亩;康熙《嘉兴府志》卷九记载,嘉兴府从明末至康熙年间,水田就减少了1354000亩,旱地增加了1560000亩。此时出现了农业多种经营繁兴的局面,农产品的商品化程度已相当高。

1.蚕桑

杭、嘉、湖地区明代丝织工业甚为发达,成为全国蚕桑生产的中心地区。至清代,该地区的蚕桑业又有了较大的发展。当时浙江丝绸颇受外商青睐,湖州南浔辑里所产"辑里湖丝"畅销欧美各地。同治元年"湖丝极旺时,出洋十万包"[①]。光绪五年(1879),浙江丝总产量6.02万担,其中外销上等丝5.29万担,占87.8%。仅湖州菱湖镇年产丝就达1.09万担。光绪六年(1880),全国产茧243.5万担,其中浙江产茧94.5万担,占全国的38.8%。[②] 素以产粮著称的稻作农业区,已经明显地转变为粮桑农业区。

外贸需求旺盛,促进浙江蚕桑的发展。当地农民从实践中

---

①　潘玉璿修,周学濬等纂:光绪《乌程县志》卷二六,清光绪七年刻本。

②　浙江省林业志编纂委员会编:《浙江省林业志》,中华书局,2001,第140页。

充分意识到种桑养蚕的收入远胜于种粮,所以种桑养蚕的积极性长盛不衰。乾隆《海宁州志》卷三《田赋》记载:"夫桑地之利,每倍于田。"清代桑叶的产量,上等的每亩可达1000余公斤,中等的750公斤左右,下等田也可产叶400公斤左右。如乾隆《长兴县志》卷十记载,湖州府长兴县平均每亩可产桑叶800公斤。而嘉庆《桐乡县志》卷十二则记载,每亩可植桑树200株,产桑叶100个(即1000公斤,10公斤为一个)。据乾隆《海盐县续图经》卷一记载,在一般情况下,养蚕一筐,食叶100斤,可作茧5公斤、缫丝0.5公斤。当时有一种从余杭、湖州引入的蚕种,产量要高出本地种数10公斤,缫丝也重数两,于是大家都"竞弃家种而养客种"。其投入与产出的利差十分可观。

在如此之高的利润驱动下,人们植桑养蚕的积极性普遍高涨,家家户户皆以此为业。特别是杭嘉湖地区,无不桑之地,无不蚕之家。[1] 此外,省内其他地区,如宁波、绍兴、严州、温州等府各县,植桑养蚕也较普遍。

种桑与养蚕分离,以及叶市、茧行、桑秧行、蚕子行的大量出现,是清代浙江蚕桑业繁兴和商业性农业发展的一个显著标志。如桐乡的石门、乌青等镇桑叶市场十分繁荣,每当桑叶上市,远近负而至,并出现了徐鼎和、陆三泰等大桑行,成为桑叶销售的中心。茧行也大量涌现,专门收购各乡的蚕茧,然后转销到各地丝织厂缫丝。仅乌青镇就有周义隆等10多家茧行,每年有干茧1250担运往外地。

种桑养蚕的技术也有了较大的进步。蚕桑农普遍重视桑树

---

① 雍正《朱批谕旨》第52册,转录自陈学文:《明清社会经济史研究》,台北稻禾出版社,1991,第24—25页。

的培育、剪枝、嫁接、桑园管理、蚕的饲养等,使产量有了较大的提高。清时浙江各地已培育出许多桑树的优良品种。对于蚕种,清代浙江人更为讲究,并重视培育推广那些食叶少、产茧率高、出丝重而又耐寒热、容易饲养的优良品种。

2.棉花

清代,浙江仍然保持着全国重要产棉区的地位。清朝乾隆以后,由于钱塘江改走北大门入海,绍兴、萧山以北涨沙扩展,棉花的种植遂在这片沙地上迅速发展,并在清中晚期达到全盛,在沿海一带形成了安昌、曹娥、三江等以棉花交易为主的集镇。宁绍平原的棉花以余姚所出最为著名,享有"浙花"的殊荣。[①] 东部沿海温黄平原也有种植。浙江的棉花除供自家纺织外,有许多是作为商品,专门供给别的纺织厂,甚至运到江苏等邻省。

清乾隆、嘉庆年间,浙江纺织业除纺纱、织布以外,又发展了针织、编织、毛毡,开始生产手套、袜子、土布巾和毡帽等。

光绪三十年(1904),浙江通过朝廷大量引入美国陆地棉种子,试验种植。

3.苎麻

苎麻作为一种织布的原料,在清代浙江各地的种植有了进一步的扩大。种麻的获利也比较高,一般一年可收割 3 次,成长非常迅速,而其投入则相对简单,一次植根,稍加肥土,即可年年收获。每亩产量可剥麻皮 100 多公斤。杭嘉湖平原地区,主要种在田圃之间,与桑地、稻田套种,一般不与桑稻争田地,且以自给为主,少量出售。特别是桐乡一带,种麻较多。张履祥《补农书》下卷记载,桐乡"东路田皆种麻";湖州府也"家种苎为线,多

---

① 李志庭:《浙江地区开发探源》,江西教育出版社,1997,第 136 页。

者为布"。清代,来自福建、江西的外省流民大量涌入浙西北、浙西南山区,苎麻种植得到了迅速发展,且主要是为了出售,成为商业性农业。如同治《安吉县志》卷八记载,安吉县原来产苎麻并不多,自从福建、江西人租地设厂开掘以后,苎麻的种植日益普遍,获利也增多。故乾嘉以后,安吉县也成为重要的产麻区,"麻园盛者,望之荫翁可爱,绩为麻布,视他处出者较良"。至于浙南山区,推广种植苎麻则更为普遍。

(八)烟草

清康熙年间,浙江全省农村以种烟为业者渐多,石门(今属桐乡市)为全国主要烟叶产地。时嗜烟者日众,烟铺遍及城乡,烟丝制作渐趋精良,政府一度征税。清朝中期,烟叶已是产烟县的重要物产和民众的重要经济来源。所产烟叶除销本地,还装箱外运。崇德(今属桐乡市)烟、塘栖烟时为全国名烟。19世纪,杭州所产烟丝畅销长江南北,闻名全国。19世纪下半叶,随着帝国主义的经济侵略和宁波、温州、杭州等通商口岸的开放,外国烟丝、卷烟、雪茄烟相继输入浙江。浙江烟叶开始销往海外。光绪三十二年(1906),杭州大通公司等开始生产卷烟,力言凡热心爱国者,应改吸中国卷烟。

(九)造纸

清代浙江的官刻、坊刻、私刻书籍比前朝增多,也促使浙江造纸业的发展。全省各山区县产竹地区均有造纸手工业,尤以杭州府的富阳,衢州府的江山、常山、开化、龙游等地造纸业更为发达,成为当时造纸业的重要基地。如雍正《浙江通志》卷九十九载:富阳"邑人率造成纸为业,老小勤作,昼夜不休",造纸原料

除竹外,还有用桑皮、稻草、楮皮等,产品有元纸(又名白纸)、草
纸、花笺等。钱塘、余杭、临安、新城等地则有油纸、绵纸、黄烧
纸、银皮纸等。据章学诚《章氏遗书》卷二十四记载,湖北市场上
的纸、笺等均来自杭州等地。清雍正《浙江通志》卷一〇六记载:
衢州府各地,民多"以造纸为业",而且品种繁多,"大小厚薄,名
色甚众",有历日纸、赃罚纸、科举纸、册纸、三色纸、十九色纸、玉
版纸等,不可枚举。龙游纸业在清代有黄笺、白笺、南屏3种,南
屏纸又有焙、晒两种,该县溪口村是纸类贸易中心,其村之繁盛,
乃倍于城市。所以,知县多次下令禁止外地人流入龙游砍伐竹
笋。温州所产镯纸、桑皮纸、雨伞纸、红色花笺等也很有名。此
外,湖州孝丰、安吉、武康、归安等山区生产的黄白纸、桑皮纸、草
纸、黄纸等,嘉兴的梅里笺,在清代也比较有名。①

　　造纸虽大多属于商品生产,但以与农业相结合的家庭手工
业为主,脱离家庭农业的专业性造纸作坊仅在龙游等地较多。

（十）其他

1. 罂粟种植与鸦片制作

　　清朝,由于鸦片的大量涌入,种植罂粟制作鸦片带来巨大利
益,于是时人广泛种植。温州、台州靠海,地广而土性碱,不宜五
谷,罂粟种植则颇为盛行,自道光初年起,几乎无处不有。1877
年,仅台州府罂粟之年产值计达300万银两,温州府也有180万
银。温台人不仅在本地大面积种植罂粟,还把种植罂粟和取浆
制作鸦片的方法传播到浙江的其他地区。②

---

① 　叶建华:《浙江通史·清代卷》,上册,浙江人民出版社,2005,第257页。
② 　刘艳:《清代浙江罂粟种植考述》,《当代教育理论与实践》2014年第5期。

2.漆及靛

漆,是浙江西北山区安吉、长兴、武康、昌化等县的特产,质地优良,黄泽如金,其中尤以昌化县西颊口所产最为著称。随着麻、毛、棉织业与丝绸工业的发展,杭州、嘉兴、湖州、绍兴、宁波、温州等地印染业长足发展,种植染料作物的收益也大。如乾隆《海盐续图经》卷一记载,海盐县农民种靛,获其价值,数倍于谷麦。

五、畜禽、水产及蜜蜂

(一)畜禽

据雍正《浙江通志》卷一○一载,清代浙江省各地家畜有牛、羊、马、驴、骡、豕、犬、猫、兔等,家禽有鸡、鹅、鸭等。浙江商品经济发达,经济和粮食作物种植倍受重视,随着荒草地的减少,放养牛马呈萎缩之势。猪因以舍饲为主,以残羹剩饭、农副产品饲喂,且养猪不仅可以食肉,还可以壅粪肥田,故其养殖还保持着发展的势头。如同治《南浔镇志》卷二十四载:"乡人畜猪羊并取其粪移壅田",牛有"黄牛水牛二种,浔地不用牛耕,唯用以转磨油车用水牛,面坊或用黄牛,私宰鬻食者假名鹿肉虽屡禁不能止也,冬春有育子母牛而卖其乳者"。还有畜白兔、白鼠有以为玩者。嘉兴一带,朱士楷的《新塍镇志》卷三引《光绪新塍志》说到当地"猪羊皆四乡常畜之物"。同治《湖州府志》卷三十三载:"吾乡羊有两种,曰吴羊、曰山羊,吴羊毛卷尾大无角,岁二八月剪其毛,以为毡物;……畜之者多食以青草,草枯则食以枯桑叶,谓桑叶羊,北人珍焉,其羔儿皮可以为裘。"康熙《金华府志》卷六记载,用金华猪制作的风腿(金华火腿),已是地方特产。另外,外来家禽品种有番鸭、火鸡等。

（二）淡水渔业

清代，浙江的淡水渔业也有一定的发展。杭嘉湖地区，河道湖荡星罗棋布，是淡水鱼养殖的重要地区。农民大多以渔业为主要副业之一，也出现专门养鱼、捕鱼的渔民。淡水渔业养鱼技术更趋成熟。如光绪《塘栖志》卷二十记载，当地"丁山湖民以养鱼为业""栖水乡数十里内荡漾溪河，渔者尤多"。民国《德清县志》卷二记载，德清县在清代"乡人蓄诸池荡，年底贩于远处，为出产之大宗"。乌程县也多有养鱼为业者，尤其是低洼水患地区，养鱼甚至重于种稻。清代张履祥《补农书》下卷记载："湖州低乡，稔不胜淹。数十年来，于田不甚尽力，……利在畜鱼也。故水发之日，男妇昼夜守池口。若池塘崩溃，则众口号呼吁天矣。"淡水鱼的品种很多，有鲤鱼、银鱼、鲥鱼，还有虾、蟹等。特别是富春江中的溯河性鱼类——鲥鱼，鱼体丰肥，肉质细嫩，脂厚味美，极为名贵。当时养鱼的商品化程度已很高。杭嘉湖地区乡民有专门畜鱼苗（鱼秧）出卖者，也有专门贩运鱼苗者，每年冬天，往来于苏、常及长江，人称"鱼贾""鱼秧船"。随着养鱼业的发展，一些地方田、地、荡的税收也发生了变化，原来田税最重，桑地税次之，荡税最轻。由于池荡养鱼收入增加，鱼荡利胜于田，故荡税也与田税一样重。

（三）蜜蜂

清代，蜂业有了进一步的发展。清初，木制蜂箱中已出现具有继箱作用的"方匣"；晚清，浙江已出现带有原始继箱的旧式改良蜂箱,有嘉湖式、温州式、横箧篓式、方形多层木箱等。[①] 郝懿行撰写了我国的第一本养蜂专著《蜂衙小记》,系统总结了识君臣、坐衙、分族、课蜜、试花、割蜜、相阴阳、知天时、择地利、恶螫人、祝子、逐妇、野蜂、草蜂、杂蜂等15则养蜂经验。民间养蜂普遍,乾隆《象山县志》卷三(物产)载,"人家庭院中往往置蜂房收养之"。同时,采集野生蜂蜜仍在一定程度上存在。

六、林木资源

(一)资源保护

清代,随着顺坡垦殖种粮扩大,浙西、浙南及淳安一带的插杉点桐开始盛行。乌桕籽可榨白油用于造蜡烛、青油用于燃灯照明,其树叶可以用来染色,其木可以刻书和雕造器物,往往一次种植,可以为子孙数世之利,且其树不占良田,随处可种。清代浙江杭、嘉、湖、严等地区农村有大量种植。

(二)资源消耗利用

清代,也是浙江历史上天然森林遭受破坏最严重的时期之一。其中玉米与番薯的引入、兵燹破坏、造船御敌、大兴土木,以及需要消耗大量柴炭供能的冶炼、制茶、砖瓦石灰窑、陶瓷、缫丝等手工业的发展影响最甚。

随着玉米和番薯等引入而粮食开发潜力倍增,导致外来人口大量进入。顺治十八年(1661),浙江巡抚朱昌祚因闽海交讧,乃迁粤民于内地。光绪《处州府志》记载,畲民由交趾迁琼州,由

---

① 杨淑培、吴正恺:《中国养蜂大事记》,《古今农业》1994年第4期。

琼州迁入处州。有的搭棚山上垦殖,使浙江山地的天然森林遭到空前大规模破坏,乃至深山僻壤,也很难幸免。康熙、乾隆年间,浙江山区普遍种植玉米和番薯。嘉庆初年,鉴于乱垦殖的危害,浙江巡抚阮元曾下令禁止在山区进行这种开垦,但成效甚微。清代后期毁林垦伐天然森林的规模也越来越大,不少山区自然植被因之灭失。

清中前期,朝廷为造战船,征购木材,不但沿海地区大量林木被伐,内地也有不少遭采伐。顺治十六年(1659),开化将 2 万根木材运至宁波造战船。清咸丰元年(1851),爆发了太平天国运动,从咸丰五年至同治元年(1855—1862),起义军先后 4 次进入浙江,转战全省,与清军多次发生大规模战斗,兵燹所至,无树不伐。

清廷为修缮和扩建北京紫禁城建筑群,除派官员至川、桂等地采办楠木以外,更规定冀、晋、苏、皖、浙、赣、粤、桂、湖等省每年须向京师贡献木材和林副产品,从而进一步加速了这些地方的森林破坏。

七、海洋资源

(一)盐业

清朝对浙江的盐业生产也很重视。顺治二年(1645),即设两浙巡盐御史执掌浙江盐政,又设两浙盐运使督察盐场生产、盐商行息、调整盐价及盐运等事项。两浙巡盐御史下原设松江、宁绍、温台、嘉兴四分司,后并为杭宁绍温台和嘉松两分司,由杭宁绍温台分司统领仁和场(仁和、钱塘)、许村场(海盐)、西兴场(萧山)、钱清场(山阴、萧山)、三江场(山阴)、曹娥场(会稽、上虞)、鸣鹤场(慈溪、余姚)、清泉场(镇海、鄞县)、龙头场(镇海)、穿山场(镇海)、长山场(镇海)、大嵩场(鄞县)、玉泉场(象山)、长亭场(宁海)、黄岩场(黄岩、宁海、太平)、林浦场(临海)、双穗场(瑞安)、长林场(乐清)、永嘉场(永嘉)、南监场(平阳)、北监场(乐清、太平),嘉松分司统领西路场(海宁)、鲍郎场(海盐)、海沙场(海盐)、芦沥场(平湖)、横浦场(平湖)以及浦东场、袁浦场、青村场、下砂场、下砂二场、下砂三场等。

清初从顺治至康熙前期,浙江特别是沿海一带仍战乱不已,宁波、温州、台州三府,沿海 15 场,商灶逃窜,庐舍多墟。而顺治十八年(1661)开始的迁界,更使三府各盐场迁置界外,场灶既废,引地空悬。康熙时的三藩之乱,又使金华、衢州、严州等地遍野干戈,盐商苦遭袭劫。在盐业生产亟待恢复的同时,盐政衙门和官吏的腐败危害不浅,他们往往以权谋私,内外勾结,参与贩卖私盐,从中牟利,使国家课税无着。所以,清初浙江的盐业混乱,私盐猖獗。雍正时,浙江总督兼两浙盐务李卫提出并实施了整顿盐政的一系列措施,两浙盐业迅速发展,并在乾隆年间达到鼎盛。盐场由顺治时的 23 场、雍正时的 25 场,增加到乾隆时的32 场。钱塘江河口两岸盐场,特别是南岸盐场和温州、台州、宁波等沿海盐场不断发展,其中余姚盐场后来发展成全省最大的盐场。官盐的销售额也大为增长,据乾隆十八年(1753)奏销册计算,当时两浙年正引、票引盐达 2.8975 亿斤,比顺治时增加近一倍。盐课税额收入也由年 23 万余两增加到年 73.77 万余两[1];行销浙江、江苏、安徽、江西等 4 省近百个县。

---

① 叶建华:《浙江通史·清代卷》,上册,浙江人民出版社,2005,第255—256页。

（二）海洋渔业

清初实行迁界禁海令,沿海渔业遭受严重破坏,迁移之民,尽失故业。但雍正、乾隆以后,逐渐恢复发展,如镇海一带,在雍正、乾隆时期,沿海渔业发展迅速。据乾隆《镇海县志》记载,除当地渔民终年以捕鱼为生外,其他农民则在每年四月初夏至六月间,也出海捕鱼,因这一时间是"渔期"。每年这一时期,当地渔业一片繁忙,渔船出洋,乘潮捕鱼,不避风浪,招宝山下沿海塘一带樯帆如织,四方商贾争相贸易。当时沿海渔民往往在每年冬至后,置窖藏冰,以为次年渔期保鲜之用。至嘉庆、道光时期,镇海解浦大流网船达300余艘,作业渔场北起山东石岛,南至温州、台州外侧海域。宁波的大目洋渔场、象山爵溪渔港等,也都逐渐兴起。每当鱼汛季节,宁波三江口一带渔船云集,渔商纷至沓来。温州沿海水产品贸易也比较活跃,由鱼贩的小本经营发展为批发、加工、外运等各个行业。

当时海鲜的品种繁多,有各种鱼类、蚶蛏和虾类等。浙东沿海地区,海鲜品种就连当地渔民也难以尽数。

（三）港口岸线

清康熙二十四年(1685)重开海禁,宁波设江浙海关,恢复海外贸易。乾隆二十二年(1757)封江浙闽海关,只留下广州为对外贸易港口。鸦片战争以后,道光二十二年(1842),清朝廷被迫签订《南京条约》,次年宁波开埠。光绪三年(1877),温州划为通商口岸。从此浙江境内两个重要海港和一个运河港埠均被迫对外开埠,成为对外通商的重要口岸。光绪二十八年至二十九年(1902—1903),外国列强又迫使清朝廷签订中英、中美、中日《通商行船条约》,帝国主义国家的机动船舶纷纷在浙江沿海及内河开辟航线。

由于钱塘江口改道,钱塘江潮挟带的大量的长江沙水涌入钱塘江内,杭州港因海口淤沙湮塞,海船进出困难,不得不借助外港乍浦来代替其海外贸易的重要地位。同时,至于种种客观原因,如港口靠近太湖流域生丝和丝绸产地,以及近浙西山区中国名茶产地等,乍浦港又成为宁波港远航船的基地和起锚地。[①]

鸦片战争后,中国丧失航运独立权,海运市场被外商掠夺瓜分,航运业因此蒙上浓厚的半殖民地色彩。中日甲午战争后,浙江一部分商人、绅士、买办、官僚用自身积累的资本购置轮船,在沿海港口和城镇开设轮船公司,经营轮船航运业。[②]

---

① 徐明德:《论清代中国的东方明珠——浙江乍浦港》,《清史研究》1997年第3期。

② 《浙江通志》编纂委员会编:《浙江通志·海洋经济专志》,浙江科学技术出版社,2021,第4页。

第九章 民国时期浙江的自然环境及资源开发利用

　　1911 年辛亥革命爆发,推翻了清王朝的统治,1912 年建立了中华民国。和全国其他地方一样,浙江撤销清代道、府建置,合并有关府治附郭县,州、厅一律改称为县,地方行政实行省、县二级制。行政区划经多次调整,至民国三十七年(1948)末,浙江省设 9 个行政督察区和 1 个省直属区,辖杭州 1 市及吴兴、余姚、江山等 78 县。① 民国期间的浙江人口,根据政府方面的统计数据,多数时候都在 2000 万上下波动,其总量并无显著变化。② 中华民国历时虽然仅 38 年,但自然资源和环境以及社会状况的变化,也颇有一些引人注目的地方。

---

　　① 《浙江通志》编纂委员会编:《浙江通志·政区志》,浙江人民出版社,2019,第 8 页。

　　② 浙江省人口志编纂委员会编:《浙江省人口志》,中华书局,2007,第 173 页。

第一节　自然环境

一、气候变化及自然灾害

（一）气候变化

民国十九年（1930）及以前，浙江延续清中后期的寒冷，其中1917 年为 20 世纪年平均气温最低的年份①；民国二十年（1931）以后，转为较暖期②。总体上，浙江在民国时期气候是湿润的。相对而言，宣统三年至民国九年（1911—1920）、民国十八年至民国二十七年（1929—1938）、民国三十七年（1948）至 1957 年降雨偏多，民国十年至民国十七年（1921—1928）、民国二十八年至民国三十六年（1939—1947）年降雨偏少。③

民国十八年至民国十九年（1929—1930），中国曾发生全国性的极端冷冬事件④，如《临海二千年自然灾情志》记载：民国十八年，临海"冬又奇寒，城中冻死数十人，乡间冻死亦不乏人"。加之水、风、虫、旱诸灾并发，民国十九年，浙江"饥民卖妻鬻子，

---

①　李正泉、张青、马浩等：《浙江省年平均气温百年序列的构建》，《气象与环境科学》2014 年第 4 期。
②　《浙江通志》编纂委员会编：《浙江通志·自然环境志》，浙江人民出版社，2019，第 251 页。
③　浙江省气象志编纂委员会编：《浙江省气象志》，中华书局，1996，第 146—147 页。
④　陈旭东、田芳毓、陈思颖等：《1929—1930 年中国极端冷冬事件的重建》，《古地理学报》2021 年第 5 期。

死亡者达十万之众"[①]。

（二）自然灾害

民国时期浙江灾荒频发，尤以水灾、旱灾、风灾等为重。据统计，民国元年至民国三十七年（1912—1948）有 27 个年份发生了自然灾害。严重的灾荒常常遍及全省大部分县市，受灾县数平均每年约有 19.2 县次，相当于每年约有 25％的县份遭受自然灾害，灾荒发生的时间大多在夏秋之际。[②]

1. 水灾

从民国元年至民国三十七年（1948），有 19 个年份、394 个县次发生过水灾，一般发生在 6 月左右的梅雨季节以及夏秋之际。浙江东南地区为水灾频发之地，西部与南部山地也时因山洪暴发引发水灾。

（1）民国十一年（1922）水灾。此年 5、6 月间，婺、衢、甬、绍、台等地均发大水；7 月，新安江、衢江、婺江、甬江、椒江、瓯江等河水猛涨，沿江各县连发水灾；8、9 月间，温、台又遇台风暴雨灾害。全省有 60 余县受灾。灾区之广、灾情之重，均为浙江灾荒史上所罕见。

（2）民国十八年（1929）水灾。民国十八年自开春至夏初浙江各地亢旱，至 6 月梅雨季节则阴雨连绵，浙东地区暴发严重水灾。钱塘江沿岸的杭县、萧山、富阳、桐庐、建德、兰溪等县，水灾严重，人亡房毁。绍兴、金华、衢县等地也淫雨成灾。7、8 月，温州、台州狂风暴雨。广大灾区的房屋、农作物等被严重毁坏，大

---

① 刘惠新：《众擎力举：民国时期的浙江灾害与社会应对》，《江淮论坛》2010 年第 6 期。

② 龙国存：《试论民国时期浙江的灾荒》，《文史博览（理论）》，2009 年第 4 期。

量人员死亡。

(3)民国二十年(1931)水灾。民国二十年夏秋之交,全国大部分地区淫雨不绝,7月至9月浙江连降大雨,江湖泛滥。浙西北滨湖诸属、钱塘江流域及浙东沿海一带都遭遇严重水灾。杭县、余杭、武康、海盐、长兴、吴兴等县遭灾,被灾者计40余县,占全省县数一半以上。

2.旱灾

民国时期,浙江地区旱灾时有发生,并且灾情严重。从民国元年至民国三十七年(1912—1948),共发生旱灾129县次。旱灾多发生在天气炎热的夏秋季节。浙江西部与南部山区为旱灾多发之地。

民国二十三年(1934)旱灾。民国二十三年为民国时期旱灾最重的年份之一。浙江多数县份入夏以来三月无雨,全省71县均受旱灾影响。

民国三十六年(1947)旱灾。民国三十六年7、8月间,浙江大旱。温岭、乐清、武康等26县遭灾,收成大减。

3.风灾

浙江温州、台州、宁波地区常为台风登陆地带,尤其是瑞安、平阳等地,遭遇的风灾往往是最严重的。从民国元年至民国三十七年(1912—1948),共发生风灾53县次。

民国元年(1912)风灾。民国元年8月,台风袭击平阳、瑞安、永嘉地区后,又经过青田、丽水、松阳、云和等地,在浙江历时四五天。台风暴雨交相袭击,大量房屋被冲毁、几十万居民被淹死,灾情严重。宁波等地也遭飓风袭击,人员死伤惨重。

民国十二年(1923)风灾。民国十二年夏季,浙江东南沿海10余县遭飓风袭击,农作物被严重毁坏。

二、湖泊扩缩

民国时期,浙江省湖泊扩缩主要受人类活动影响。

(一)杭嘉湖平原

太湖:民国时期,围湖造田现象愈发严重,水域面积日益缩小。据统计,民国五年(1916)东太湖水域面积为 265 平方公里;民国十三年(1924)实测面积为 145 平方公里,湖底平均高 1.2 米;民国二十四年(1935)东太湖水域面积仅剩 107 平方公里,湖底平均高 1.8 米。湖面缩小,湖底升高。[①]

杭州西湖:民国初年,水利委员会对西湖面积进行测量。民国九年(1920)1 月,水利委员会对照西湖周边原有耕地数据,着手清理被侵占土地,减少西湖周边私人耕地。经过疏浚工程后,西湖周边葑积减少、耕地面积缩小,西湖面积有所恢复。[②]

余杭南湖:民国时,政府虽明令禁垦南湖,然收效甚微。南上湖(今中泰乡之中洪片)已成田畴村落,南下湖部分被占,至 1949 年,南湖面积仅存 7050 亩。[③]

(二)宁绍平原

萧山湘湖:民国十六年(1927)秋,湘湖周长为 56 里 162 丈,面积约 2.4 万亩。当年,湘湖收归国有,第三中山大学劳动学院

---

① 胡勇军:《菱芦、湖田与水患:清末民国东太湖的水域开发与生态环境变迁研究》,《社会史研究》2023 年第 2 期。

② 叶榕:《清中后期至民国初年杭州西湖浚治的主体变迁及其环境影响(1724—1927 年)》,博士学位论文,浙江大学,2019。

③ 余杭水利志编纂委员会编:《余杭水利志》,中华书局,2014,第 159—163 页。

等单位垦湖种植,至民国二十年(1931),上湘湖定山一带已开垦农田 3~5 千亩。至民国三十六年(1947),湘湖面积缩小至 1 万余亩。[①]

宁波东钱湖:民国三十二年(1943),鄞县县政府以梅湖淤塞过甚,开垦为田,得田 3000 亩。抗日战争胜利后,因当地百姓反对,又恢复为湖。[②]

余姚牟山湖:民国十六年(1927),又起垦湖之议,浙江省政府令水利局勘查,民国二十一年(1932)拟《牟山湖灌溉之计划》,测得湖面积为 10555 亩,拟垦湖面 32% 为田,后未实施。民国三十六年(1947)成立"牟山湖疏浚复垦办事处",当年将湖北部围田 3400 亩。[③]

余姚余支湖:民国五年(1916),开垦 1974 亩,至中华人民共和国成立之初,湖面仅存 1200 亩。[④]

三、海岸线变化

民国初,赭山以西沙地,多被江水冲陷。以民国三年(1914)与民国二十二年(1933)的地图比较,在民国三年图上,赭山,河庄山之西及蜀山之北尚有广泛的沙地,宽约 10 里,村落稠密;在民国二十二年图上,则均陷为江流。民国三十一年(1942)以后,江心淤沙日积,两岸均开始坍陷。南沙自民国三十一年至民国三十五年(1942—1946),坍陷达 2100 余米,原小泗埠等村落已陆沉江底。民国三十六年(1947)头蓬镇一带坍江危急,乃于该

---

① 侯慧燊:《湘湖的形成演变及其发展前景》,《地理研究》,1988 年第 4 期。

② 宁波市水利志编纂委员会编:《宁波市水利志》,中华书局,2006,第 84 页。

③ 同上书,第 85—86 页。

④ 同上书,第 87 页。

镇东侧建坝 1 座,坍势得以制止,后又逐渐回淤。①

四、植被与生态系统

中华民国成立,公布了《森林法》《狩猎法》,规定了植树节,奖励人民植树造林,但实际行动不多。而军阀纷争,日寇侵略,时局长期不宁,森林之摧残破坏,仍未稍减。20 世纪 30 年代,浙北苕溪流域东、西天目山赖寺僧历代保护,还保存有较完整的天然老林,孝丰及武康莫干山多竹林;临安、余杭、於潜部分地区有生长 10 年左右的松、杉幼林及竹林;其他大部分地区基本为荒山。於潜县曾有炭窑 200 余处,旦旦而伐,木无孑遗。钱塘江,除江山、东阳、浦江及开化县部分边远山区有松、杉、杂木、竹林外,濯濯童山,到处皆是。灵江流域,临海县境尚多针阔叶混交林及竹林,仙居、天台县局部地段有一些松、槠、杉林,其他均荒山。瓯江流域,上游的龙泉、云和、松阳、遂昌等县交界之处尚保存有面积较大、林相较优之森林。其中自龙泉小梅至县城,会秦溪、蒋溪、锦川诸水,为全浙森林最发达之处,其林相之整齐与林木蓄积之丰富,为东南诸省所鲜见。但自云和县赤石以下,山林普遍为似荒非荒状态。到青田县境,欲求 10 年以上松林,亦不多见。5~7 年生幼林,即皆伐作为薪柴。更以山草之竞取,地被缺乏,渐呈不毛现象。② 民国二十三年(1934),浙江林业用地面积 4396.15 万亩,有林地 1212.75 万亩,森林覆盖率 8%。③

新中国成立前夕,除浙南、浙西山区还有较多的森林,以及名胜古迹、村前庄后、坟地宅旁尚保存一些较大树木外,全省各

---

① 萧山县志编纂委员会编:《萧山县志》,浙江人民出版社,1987,第 306—307 页。

② 章绍尧、姚继衡:《浙江森林的变迁》,《浙江林业科技》1988 年第 5 期。

③ 雷志松:《浙江林业史》,江西人民出版社,2011,第 218 页。

地,濯濯童山,弥望皆是。[1]

五、水土流失

民国时期,农民到山上开荒种粮,使得森林面积减少。另外,随着沿海城市的发展,需要大量木材,山林被砍伐。日军侵略浙江期间,大量森林被烧被毁。[2]

梁希在《两浙看山记》中,曾论及曹娥江上游嵊县、新昌森林破坏后对下游水土流失的影响:"嵊县一年所产稻米,仅供本县三个月食粮。乡民皆登山开垦。上地种烟叶、玉米,下地种白术、茶叶。县城东南一带高山皆如是。因此,山土粗松,逐渐下坠,岩石暴露,终于荒废。""新昌垦山之习,更甚于嵊县。"于是"下游各地,每年秋季必发水。水从上游嵊县而来,至曹娥镇附近,则泛滥而没堤岸,故东岸江砌头有坝,然水面往往高过坝面,致外梁湖万余耕地,时遭淹没"[3]。据1935年《浙江建设月刊》记载,省派员视察天目山森林,撰文指出:"查天目山森林关系浙西农田水利,至为密切。迩来因农村经济衰落,人民贫困,诸山森林渐被摧伐,垦种食粮,贪一时之近利,忘百年之大害。结果表土渐次流失,岩骨暴露,林既无有,耕种亦遂告艰难……此种情形,在陈家头一带山场及於潜县一都附近诸山,尤为显著。"[4]类似案例,比比皆是。

---

[1] 章绍尧、姚继衡:《浙江森林的变迁》,《浙江林业科技》1988年第5期。
[2] 龙国存:《试论民国时期浙江的灾荒》,《文史博览(理论)》2009年第4期。
[3] 梁希文集编辑组编:《梁希文集》,中国林业出版社,1983,第33—34页。
[4] 《临安市土地志》编纂委员会编:《临安市土地志》,中国大地出版社,1999,第140页。

第二节　自然资源开发利用

一、土地资源

民国时期,1914 年、1934 年和 1949 年浙江的耕地面积分别为 2910.8 万亩、3779.5 万亩和 2847.7 万亩[①],较于清代有所减少。

沿海各县,均通过围垦海涂来扩大垦殖地域。绍兴、萧山沿海的南沙半岛和余姚、慈溪、镇海以北的三北半岛,围垦所得土地,称沙田。

二、水资源

(一)水运

20 世纪 30 年代,浙江航运业有了较大的发展。1000 吨~3000 吨级的轮船由民国元年(1912)的 3 艘增加至民国二十四年(1935)的 9 艘,500 吨级以下的小轮船由民国元年的 7 艘增至民国二十四年的 78 艘。外海轮船航运业中轮船吨位有了明显的提高。民国二十七年(1938)1 月,日军入侵浙江。这一时期,浙江船舶有不少毁于战火,各港也先后被迫封港。内河航运承担了艰巨的军、公运输任务。民国三十年(1941)4 月,宁波、绍兴失守,宁波、温州 2 个出海口均被封锁。民国三十一年(1942),浙

---

① 刘彦威:《中国近代人口与耕地状况》,《农业考古》1999 年第 3 期。

江大部分沦陷,海上航运和内河航运基本处于停顿和瘫痪的状态。[①]

(二)海塘修筑

民国时期,海塘修筑引入近代技术。钱塘江海塘修筑逐渐采用水泥砂浆、混凝土、钢筋混凝土等新材料、新技术和新结构。民国二年(1913),在平湖用混凝土浇筑海塘基础,新建鱼鳞石塘106米。民国二十三年(1934),在海盐新建重力式弧面混凝土塘194米,在平湖新建重力式台阶面混凝土塘20米。民国十六年(1927),在海宁新建重力式混凝土塘1611米。民国十八年(1929),浙江省水利局拟定《钱塘江之整理计划》,并于民国二十三年在杭州闸口至七堡等河段实施抛筑丁坝整治措施。民国二十三年,平阳县盐民在海涂上修筑海塘。民国三十七年(1948),在海宁新建扶壁式钢筋混凝土塘167米。浙东各地政府官员与士绅组织当地围涂筑塘,修复和兴建了一些海塘。[②]

(三)平原与山区水资源开发利用

民国时期,杭州闸口、萧山闻家堰、上虞谭村等地建成机械翻水站,开创了向大江提水的范例;在温黄平原,以钢筋水泥建设西江闸和新金清闸,为浙江建造现代水闸之始;日军侵略浙江时期,浙西南山区成为浙江抗日的后方基地,为解决军需民生,在丽水、云和、龙泉、遂昌等地兴建了一批小规模的水电站,结束

---

① 《浙江通志》编纂委员会编:《浙江通志·交通运输业志(一)》,浙江科学技术出版社,2021,第3页。

② 《浙江通志》编纂委员会编:《浙江通志·海塘专志》,浙江人民出版社,2021,第4页。

了浙江无水电的历史；民国三十六年（1947），钱塘江水力发电勘
测处勘定富春江七里泷、新安江罗桐埠、淳安邵村、乌溪江衢县
黄潭口、常山港灰埠等 5 处水力厂地点，估计发电量共 22 万千
瓦时，其中以七里泷形势最佳，可发电 6 万千瓦时。[①]

（四）水文观测

民国时期，设立了浙东、浙西水利测量队，1946 年成立浙江
省水文总站。共设水位站 49 处，流量站 25 处，取得了钱塘江、
曹娥江、浦阳江、瓯江、灵江、苕溪等各河流重要的水文资料。[②]

三、矿产资源

（一）金属矿产开采

民国时期，矿产部门和相关学者对浙江的铁矿、铜矿、银矿、
铅锌矿、锑矿、钼矿、锰矿、钒矿等进行了调查评估。民国二十年
（1931），上海开成制酸公司到诸暨洞岩山开采黄铁矿石 500 吨，
用于制酸。民国三十五年（1946），露天开采绍兴娄宫古竹磁铁
矿，矿石经上海运销日本。民国三十七年（1948），矿商雇员开采
绍兴漓渚紫铜山磁铁矿，日产约 40 吨，运往上海出售。[③]

（二）萤石和明矾矿开采

金华、义乌、武义、永康等地有萤石矿，民国六年（1917）开始
采掘，最初年产量 500 吨左右，民国十年（1921）以后产量迅速增

---

① 浙江省水利志编纂委员会编：《浙江省水利志》，中华书局，1998，第 6 页。
② 梁敬明、王大伟：《民国时期浙江水利事业述论》，《民国档案》2012 年第 4 期。
③ 绍兴市地方志编纂委员会编：《绍兴市志》，浙江人民出版社，1996，第 799 页。

加。当时浙江萤石矿的产量,占全国总产量的 90％以上。[①] 武义萤石开发始于民国十年(1921)。民国十七年(1928),武义县的萤石开采进入盛期,年产块矿 7000 吨,约占全省总产量 1.20 万吨的 58％,开采坑口多达 40 处,占全省开采坑口总数的 50％。

第一次世界大战以前,平阳生产的明矾,销路限于国内。大战爆发后,意、美、澳等国明矾来源断绝,国产明矾销路大畅,价格由原先每担 2～3 元涨至 7～8 元,平阳矾窑由原来的 20 余处增加到 40 多处,产品在上海、香港等明矾市场享有盛誉[②],并远销国外。1921 年,浙江省出口明矾较于一战前的 1912 年增加 32902 担[③]。

(三)观赏石发掘利用

从民国初年至日军侵略浙江之前,海外销路的开拓,促进了石雕生产迅速发展,青田石雕进入繁盛时期。民国四年(1915),美国在旧金山举办巴拿马太平洋博览会。青田石雕艺人周芝山的“梅鹤大屏”等 12 件作品和金兼三(铖三)的“小屏风”,均获博览会银牌奖章。

清末,青田石雕艺人有 1000 多人,至民国二十年(1931),发展到 2200 余人;采石工匠近百人。山口村共 597 户、2700 多人,以石雕为业者就有 1000 多人,并涌现出许多著名艺人。青田石雕制品全年约 1 万箱。青田石雕专卖店遍及上海、温州等国内各大城市。青田石雕远销欧洲、美洲、亚洲各国,尤以美国和英国

---

① 金普森等:《浙江通史·民国卷》,浙江人民出版社,2005,第 106 页。
② 苍南县地方志编纂委员会编:《苍南县志》,浙江人民出版社,1997,第 3 页。
③ 金普森等:《浙江通史·民国卷》,浙江人民出版社,2005,第 106 页。

最多。日军侵略浙江后，青田石雕销路受到严重影响，外销几乎断绝，大多艺人被迫改行转业，有的甚至流落异乡，坚持石雕生产的艺人寥寥无几。[①]

（四）煤炭开采及调查

民国元年（1912），刘长荫等人创办长兴煤矿公司，最初仍用土法开采。民国七年（1918）改组为长兴煤矿有限公司，增加投入，使用机器进行采掘。这是浙江商办机器采矿业的开始。该矿最盛时每日出煤 600 吨左右。由于煤质较差，含硫量太大，销路不好，民国十三年（1924）停产。[②]

民国十五年（1926），刘季辰、赵亚曾调查浙西衢州、江山、寿昌一带煤田。民国二十五年（1936），盛莘夫对钱塘江上游进行煤矿调查，著有《钱塘江上游煤矿》。[③]

（五）陶瓷砖瓦及玻璃生产

民国六年（1917），诸暨全县有缸业 3 家，年产酒坛 2.2 万只，缸 1.61 万只，茶瓶 0.68 万只。民国十一年（1922），鄞县横溪烧制陶器 50 万件。民国十五年（1926），奉化畸山、西圃陶业兴旺。民国二十年（1931），绍兴《越铎日报》载："诸暨安平乡缸业每年运销于绍兴不下十余万金。"民国二十二年（1933），诸暨全县有缸坛窑 21 座，窑工 2000 余人，年产酒坛约 17 万只，大部分销往绍兴。同年，长兴有陶窑 4 座，年产缸 10 万只。武康有

① 青田县志编纂委员会编：《青田县志》，浙江人民出版社，1990，第 283 页。
② 金普森等：《浙江通史·民国卷》，浙江人民出版社，2005，第 106 页。
③ 浙江省地质矿产志编纂委员会编：《浙江省地质矿产志》，方志出版社，2003，第 10—12 页。

陶窑 2 座,产砂缸。村民以开采陶土、制陶器、烧陶窑和筏运缸为主要生计。民国二十五年(1936),奉化有陶业作坊 276 个,从业人员 420 人,产陶器 134 万件,产品销往新昌、慈溪和舟山等地。[①]

民国二十一年(1932),宁波有砖瓦厂 80 家,年产砖瓦 5000 万块,产值 42 万元。民国二十五年(1936)从业人数 1150 人。日军侵略浙江期间,砖瓦厂多歇业,至 1949 年,仅大生、镇海张鑑碶等数家,产黏土砖 169 万块,制作方式仍沿袭人畜踩泥、手工扣坯、土窑烘烧,产品均青砖瓦,品种有龙骨砖、坟砖、花色砖、古刹异型砖等。[②]

民国七年(1918),宁波、杭州、温州、兰溪等地开设一批日用玻璃企业,生产煤油灯罩、药瓶和玻璃器皿。[③]

四、农作物

清代至民国,由于浙江工商业发达,桑棉茶等经济作物大面积种植,在城市近郊还出现了专门种植蔬菜、瓜果和花卉以供城市居民消费和玩赏的农户,粮经争地现象明显,所以需要其他省区来供应粮食。《大清会典》卷三十九有如下记载:"浙江及江南苏松等府,地窄人稠,即在丰收之年,亦皆仰食于湖广、江西等处。"

(一)粮食作物

民国时期,浙江的传统粮食作物主要有水稻、大麦和小麦、

---

① 浙江省轻纺工业志编辑委员会编:《浙江省轻工业志》,中华书局,2000,第 134 页。

② 宁波市地方志编纂委员会编:《宁波市志》,中华书局,1995,第 1022 页。

③ 浙江省轻纺工业志编辑委员会编:《浙江省轻工业志》,中华书局,2000,第 6 页。

豆类、番薯、玉米等归化粮食作物，以及高粱、粟、荞麦、蕉藕等小杂粮。

1.传统粮食生产

民国时期，稻子和麦子是浙江最主要的传统粮食作物。

水稻品种进一步增多，民国十九年（1930）开始设立省立稻麦改良场，并成功育种了诸如"中籼稻一号""中籼稻八号""糯稻二〇四号"等稻种，积极在省内推广。稻田以种植粳稻为主，小麦为冬小麦。稻田主要集中在沿海地区以及中西部的金衢盆地，各县稻田亩产 1.3～2.4 石，亩产高的区域集中在东部的温绍台所属县份。[①]

民国中后期，试验和推广麦豆套种、麦棉套种、旱作开沟作畦和间套复种制等技术，以及发展翻耕与免耕结合的轮耕体系。

民国二十二年（1933）全省小麦面积 694.76 万亩（46.32 万公顷），常年总产量 648.51 万担（32.43 万吨），平均亩产 46.7 公斤。日军侵略浙江时期，种植业遭受破坏，此后种植业产量连年下降，1949 年达到最低点，小麦平均亩产只有 44 公斤，总产量为28.65 万吨。[②]

2.番薯、玉米等归化粮食作物的传播推广

民国二十一年（1932），全省种植玉米 180.4 万亩（12.03 万公顷），总产量 276.67 万担（13.83 万吨），平均亩产 77 公斤，其中以武义县种植最多，计 20.9 万亩，浦江县次之，计 20 万亩。诸暨县也有 19.6 万亩，东阳县 13 万亩。产量则以东阳为最多，计 35.36 万担，浦江县次之，计 30 万担，诸暨县又次之，计 19.6

① 孔得伟、龚莉：《民国时期浙江粮食作物的空间分布及米谷市场初探》，《农业考古》2020 年第 6 期。

② 浙江省农业志编纂委员会编：《浙江省农业志》，中华书局，2004，第 636 页。

万担,武义县仅 18.3 万担。①

民国二十年至民国二十五年(1931—1936),全省甘薯年平均种植面积 137.1 万亩,总产量 48.85 万吨,平均亩产 344.42 公斤(5 斤鲜薯折 1 斤原粮,下同)。1949 年,全省甘薯种植面积 165.3 万亩(11.02 万公顷),亩产 159 公斤,总产量为 26.3 万吨,占全年粮食总产量的 6.12%。②

3. 豆类

民国时期,浙江种植的豆类品种丰富,有青豆、黑豆、紫豆、黄豆(均为大豆)、绿豆、豌豆、刀豆、蚕豆、羊眼豆、虎斑豆、龙爪豆等。

据国民政府实业部国际贸易局调查,民国二十一年(1932)全省大豆面积 246.59 万亩(16.44 万公顷),为历史最高年,总产量 249.9 万担(12.495 万吨),平均亩产 50.67 公斤。全省种植蚕豆 210.9 万亩(10.06 万公顷),总产量 427.42 万担(21.37 万吨),平均亩产 101 公斤。1949 年全省种植面积下降到 136.5 万亩,总产量 5.1 万吨,平均亩产 37 公斤。③

4. 酿酒

辛亥革命之后,绍兴黄酒业在清代兴盛的基础上继续向前迈进,酿酒作坊越建越多,至 20 世纪 30 年代,绍兴酿坊达两千家之多,年产酒总量达 4300 万斤,庞大的造酒群体把绍酒推向鼎盛。民国四年(1915),绍兴黄酒获美国巴拿马太平洋万国博览会金奖;民国十八年(1929),荣获中国杭州西湖博览会金奖。日军侵略浙江后,绍兴酒业受到了严重的摧残,大批酒坊被迫停

① 浙江省农业志编纂委员会编:《浙江省农业志》,中华书局,2004,第 639 页。
② 同上书,第 643 页。
③ 同上书,第 648—651 页。

闭。至民国三十三年（1944），绍酒的年产量不到 2000 吨，古老的绍酒一度处于低谷状态。[①]

（二）蔬果

1. 蔬菜

民国时期，浙江蔬菜有过一段稳定发展的时期。民国二十二年（1933），全省蔬菜播种面积达 462.02 万亩（包括竹笋124.52 万亩、油菜 154.1 万亩），总产量 121.34 万吨，人均占有58.55 公斤。民国二十六年（1937）后，全省蔬菜种植面积逐年减少，至 1949 年，播种面积不足 90 万亩。[②]

从国内外引入的蔬菜种类有四季豆、大白菜、蒿菜、慈菇、包心菜、花椰菜等。桐乡榨菜是民国二十年（1931）由桐乡县晏城乡顾家门村两户农民从四川引入，经试种后发展起来的。[③]

2. 水果

民国二十一年（1932）全省水果年产量达 10.05 万吨，其中柑桔 3.1 万吨，其他水果 6.93 万吨。后由于战乱频仍，生产受挫，至1949 年柑桔总产量只有 1.63 万吨，比 1932 年下降 48%。[④] 浙江引种草莓始于 20 世纪 30 年代，当时杭州市的农业院校、科研单位和一些果园进行引种试验和栽培，但栽培面积很少。

民国时期，除了余杭塘栖枇杷，黄岩枇杷也闻名全国，一个县的产量可达全国总产量的 40% 以上。此外，衢县、常山、临海、德清、淳安和温州等县市也产枇杷。民国二十二年（1933），浙江

---

① 王赛时：《绍酒史论》，《中国烹饪研究》1992 年第 4 期。
② 浙江省农业志编纂委员会编：《浙江省农业志》，中华书局，2004，第 893 页。
③ 同上书，第 919 页。
④ 同上书，第 834 页。

枇杷产量达 3850 吨。浙江杨梅重点产区在宁波、台州和温州,原老产区杭州、绍兴两地杨梅发展相对滞后,宁波、台州、温州三地杨梅面积和产量合计分别为 34.59 万亩和 7.91 万吨,分别占浙江全省面积和产量的 75.44% 和 74.76%。枣树的经营方式,多数是枣粮套种,每亩种枣 10~20 株,林下长期套种农作物,以及"四旁"的散生种植。鲜枣的产量,民国二十二年浙江全省产3500 吨,面积 2 万亩左右。以后历遭战火破坏,至 1949 年仅产鲜枣 755 吨。柿树分布遍及浙江各市县,多种于田边地角,村前屋后或散生,长期林粮间作,少有或片纯林。浙江全省鲜柿产量至 20 世纪初年产约 3000 吨,民国二十二年全省产柿约7700 吨[①]。

3. 干果

民国二十一年(1932),浙江板栗年产量 5.23 万担(2660吨),分布在 34 个县,以诸暨县最多,年产 6000 担(300 吨)。品种甚多,有毛栗、魁栗、桂花栗、珠栗、大栗、柴栗、板红栗、光栗、烂头栗等,以板红栗、魁栗、光栗品质最上。[②]

昌化、於潜、淳安是山核桃主产区,19 世纪末至 20 世纪初,山核桃已经成为该地的重要经济树种,群众广为栽培。民国二十一年(1932)年产量 3.69 万担(1847.5 吨)。[③]

诸暨山区所产香榧,大都集中在枫桥镇。民国二十一年(1932)全省年产量 5210 担(260.5 吨),诸暨产榧 3000 担(150

---

① 实业部国际贸易局:《中国实业志·浙江省》,第四编,上海华丰印刷铸字所,1933,第 2—3 页。
② 浙江省农业志编纂委员会编:《浙江省农业志》,中华书局,2004,第 885 页。
③ 同上书,第 887 页。

吨),民国二十三年(1934)产 6000 担(300 吨),居全省首位。①

（三）油料

1. 油菜

民国二十年至民国三十五年(1931—1946)年均种植油菜
511 万亩,平均亩产 38 公斤,总产量 19.54 万吨。民国三十五年
至民国三十六年(1946—1947)年均种植面积 750 万亩,平均亩
产 36 公斤,总产量 26.9 万吨,其中民国三十六年(1947)为
29.49 万吨,为民国时期的最高年产量。1949 年,全省油菜种植
面积减少到 223.9 万亩,但平均亩产保持在 40 公斤,总产量 9.03
万吨。民国时期,全省种植的油菜品种均为白菜型,产量低。

2. 花生

民国二十二年至民国二十五年(1933—1936)年均种植面积
30.58 万亩,亩产量 85 公斤,总产量 2.6 万吨;民国二十六年至
民国三十四年(1937—1945)种植面积和产量均有所下降,年均
种植面积 21.59 万亩,亩产量 100.6 公斤,总产量 2.17 万吨;民
国三十五年(1946),种植面积恢复到 29.5 万亩,亩产量 94.8 公
斤,总产量达 2.98 万吨。1949 年,总产量 27050 吨。②

3. 芝麻

民国二十三年至民国二十五年(1934—1936),浙江省年均
种植面积 22.73 万亩,亩产量 31.5 公斤,总产量 7150 吨;日军
侵略浙江期间,种植面积减少,产量下降。民国三十三年至民国
三十四年(1944—1945)年均种植面积 13.65 万亩,亩产量 27.8

①　浙江省农业志编纂委员会编:《浙江省农业志》,中华书局,2004,第 889 页。
②　同上书,第 776 页。

公斤,总产量 3800 吨;抗日战争胜利后,种植面积扩大,产量上升。民国三十五年至民国三十六年(1946—1947)年均种植面积20.75 万亩,亩产量 34.7 公斤,总产量 7200 吨。[①]

4. 油茶

浙产茶油色泽浅淡,是著名的出口油料之一,民国时期,大都输往欧洲,作为色拉油的原料。油茶产量在 20 世纪 30 年代较为平稳。民国二十九年(1940)下降到 19220 吨,至 1949 年仅15661 吨。[②]

(四)糖料

民国二十年(1931)全省鲜蔗总产量 54680 吨。其中瑞安3 万吨,平阳 7500 吨,义乌、遂安(今淳安县)各 5000 吨,常山4500 吨。土糖产量 5468 吨。1949 年,全省鲜蔗总产量 64350吨,食糖总产量仅 5500 吨。

(五)花卉

民国时期,浙江只在杭州等少数城市,及杭州西湖区、金华罗店镇、奉化溪口镇、宁波、温州等少数花木、盆景基地有短期、零星的商品花卉生产。[③]

(六)茶

民国时期,浙江茶叶产销一度兴盛。民国四年(1915)景宁县惠明茶荣获巴拿马万国博览会金质奖章和一等奖状。民国二

---

① 浙江省农业志编纂委员会编:《浙江省农业志》,中华书局,2004,第 778 页。
② 同上书,第 779 页。
③ 同上书,第 1006 页。

十三年(1934)春,绍兴县政府为指导农民种茶、制茶,设立茶叶指导员。民国二十四年(1935),国民政府农林部与浙江省建设厅合资在嵊县三界建立浙江省茶叶改良场,同时在绍兴平水茶区建立出口茶叶检验处;嗣后又设立宁绍台、温丽、金衢严 3 个茶叶检验处,在遂安、松阳、宣平、平阳、会稽、天台建立茶叶示范场,改进茶叶技术推广工作。民国二十一年(1932)全省产茶44.71 万担;民国二十二年(1933)全省茶园面积 56.67 万亩,产茶49.12 万担。民国十一年至民国二十年(1922—1931),杭州、宁波、温州三港口出口的茶叶,平均每年达 29.04 万担,占全国同期出口总量的 22.9%。民国二十六年(1937)前,浙江每年出口茶叶在 30 万担左右。从事茶叶购销的茶行、茶栈纷纷兴起。在杭州、宁波、温州等茶叶运销集散城市,精制茶叶的茶栈、作坊林立,设在产地的精制作坊则更多。民国三十年(1941)春,吴觉农在衢州万川筹建东南茶叶改良总场。同年 10 月,宣布改组为隶属财政部贸易委员会的茶叶研究所(次年 4 月因日军入侵金华、衢州,该所迁至福建崇安)。民国二十六年(1937)日军入侵华北、华东地区,茶叶内销被阻,外销逐步停止,特别是民国三十年(1941)后,日军在浙江的侵略进一步加剧,致使茶园荒芜,茶厂被毁,茶农生活困难,被逼逃荒流亡。至民国三十五年(1946),浙江茶园面积 46 万亩,茶叶年产量仅 27 万担(1.35 万吨),1949 年仅存茶园 30 万亩,产茶 13.2 万担(0.66 万吨)。[①]

(七)药材

民国二十四年(1935)版画册《东南揽胜》中记载缙云、丽水、

---

① 　浙江省农业志编纂委员会编:《浙江省农业志》,中华书局,2004,第 710 页。

青田、永嘉、乐清等县产中药材 257 种,包括乐清的石斛,兰溪的青木香、红党参,於潜的白术,鄞县的贝母(其产量占全国总产量的一半以上)等。[①]

民国时期,杭州市郊笕桥一带盛产十八味药材"杭十八"(玄参、麦门冬、地黄、薄荷、草决明、千金子、白芷、白芥子、荆芥、牛蒡子、冬瓜皮、冬瓜子、萝卜子、地枯娄、黄麻子、泽兰、地鳖虫、僵蚕),以及玫瑰花、浙贝母等。西湖及周边山区亦盛产野生药材,诸如荷、莲、藕、黄精、首乌、菊花、薄荷、益母、芍药、牡丹、枸杞等。[②]

(八)纺织纤维

1.蚕桑

清光绪三十四年三月(1909 年 4 月),浙江农事试验场在杭州笕桥成立,内设蚕桑科,下有苗圃和蚕种场。民国十七年(1928)起在浙江省农矿厅内设农业推广委员会,指导各县农林蚕桑工作,民国二十二年(1933),浙江省建设厅成立改良蚕桑事业委员会。

第一次世界大战后,由于美国生丝需求量剧增,民族丝绸工业迅速发展。民国十二年(1923)每担蚕茧价格 62.63 元,比民国六年(1917)提高 73.6%,与稻谷的比价为 1∶15.97,达到"斤茧斗米"。民国十二年(1923)全省桑园面积达到 265.82 万亩,是栽桑面积最多的年份;民国二十年(1931)蚕茧产量达到 136.33 万担,为历史最高年产量,占全国蚕茧总产量 30.8%,以后,受世界经济危机影响,特别是日军侵略浙江时期,蚕桑生产

---

① 浙江省农业志编纂委员会编:《浙江省农业志》,中华书局,2004,第 804 页。
② 朱德明:《近代浙江中药材调查》,《浙江中医药大学学报》2010 年第 5 期。

一落千丈,全省桑园面积损失 65.35%,改良种生产量减少
99.51%,鲜茧收购量减少 73.31%,茧行、丝厂也减少一半以上。
抗日战争胜利后,国民政府于民国三十五年(1946)成立中国蚕
丝公司,在浙江设立杭州、嘉兴办事处,及嘉兴蚕种场、长安桑苗
培育所等。省建设厅内设第四科掌管蚕丝行政,另设蚕业推广
委员会,负责农村蚕业改进工作。民国三十六年(1947)春,推广
改良蚕种 50.98 万张,组织共育 1.11 万张,配发桑苗 1763.6 万
株,收到一定成效。但由于通货膨胀,市场茧价跟不上物价飞
涨,农民养蚕连年亏本。民国三十七年(1948)全省产茧量仅
34.45 万担。[1]

2. 棉花

民国时期,棉花逐渐成为浙江的主要经济作物。民国十九
年至二十三年(1930—1934)5 年平均植棉面积达 162 万余亩,民
国二十年(1931)达 183.7 万亩,是浙江历史上植棉面积最多的
一年。日寇侵略浙江期间,棉花滞销,棉价暴跌,粮食紧缺,棉农
纷纷改棉种粮,棉花生产日趋萎缩。民国三十年(1941),慈溪县
植棉仅 9.22 万亩,亩产皮棉 6.54 公斤,总产量 603.1 吨,比
1936 年前棉田减 32.10%,亩产减 72.8%,总产量减 81.45%。
民国三十四年(1945),浙江植棉面积锐减至 45.2 万亩,总产量
仅 0.65 万吨,至 1949 年,全省棉花总产降到 0.68 万吨,平均亩
产皮棉仅 6 公斤,人均占有量仅 0.325 公斤。全省仅有 8 家小
棉纺厂,拥有 5.6 万纱锭,只能生产粗、中支纱和低档棉布,所需
棉纺织产品基本依赖省外调入。[2]

---

[1]　浙江省农业志编纂委员会编:《浙江省农业志》,中华书局,2004,第 672—
673 页。

[2]　同上书,第 728 页。

3. 麻类

民国二十三年（1934），浙江黄麻种植面积 17.2 万亩，总产量 2 万吨。此后，种植面积基本稳定，产量提高幅度较大。至民国三十七年（1948）因继续推广台种络麻，少量的印度洋麻及荬头麻等，且麻价格又好，种麻比种其他农作物更为有利，因此农民普遍种植络麻，种植竟达 163768 亩，计平均每亩产 4 担，该年络麻产量约有 662000 担，其种植面积分布为：杭县 106483 亩，海宁 28728 亩，萧山 26935 亩，其他各县 1622 亩。[①]

民国二十三年（1934），诸暨有苎麻 480 亩，产量 1920 担，薄塘一带有成片麻地，面积占诸暨的三分之一。民国三十三年（1944）前后，嵊县每年种苎麻 2500 亩，产量 161 吨。全省苎麻的产量，日军侵略浙江以前最高年产量 9850 吨，日军侵略浙江期间下降到 1000 吨左右。此后随着市场需求的变化，种植面积和产量都有较大波动。1949 年，全省种植面积仅 0.3 万亩，平均亩产 83 公斤，总产量 250 吨。[②]

此外，杭嘉湖地区还产黄麻。

（九）烟草

民国初期，随着上海卷烟工业的发展，浙江的烟叶生产进入鼎盛时期。民国六年（1917），全省种植烟叶 40.35 万亩，产量达 4.6 万吨，为浙江历史上烟叶产量最高年份。民国七年（1918），全省烟草种植面积减少到 23.28 万亩，总产量为 1.7 万吨。民国二十一年（1932），种植面积恢复到 33.3 万亩，但总产量下降

---

① 浙江省农业志编纂委员会编：《浙江省农业志》，中华书局，2004，第 753 页。
② 同上书，第 767 页。

到 1.5 万吨。抗日战争胜利后,烟草生产有所恢复,至民国三十七年(1948),因通货膨胀,烟叶积压,烟农得不偿失,致使产量再次下降。在全国销往国外的烟叶中,桐乡烟叶占大宗。烟丝产销在与卷烟的激烈竞争中,仍得到较快发展。[①]

(十)罂粟种植与鸦片制禁

民国元年(1912)2 月,《浙江实行禁绝鸦片议决案》公布施行,禁种罂粟,规定:"查有私种,将烟苗犁拔,田亩充公。"3 月,浙江省军政府民政司颁布《浙省取缔种烟条例》,同时选派禁烟调查员,分赴各地巡视种烟情形。浙江省种植鸦片以旧温台府各县种烟最多,再次是金华的永康,严州的淳安,合计全浙有 100余万亩。民国十七年(1928),国民政府禁烟委员会组织成立。民国二十一年(1932),出台《浙江省禁烟方案》,由此,浙江省的禁烟运动走向深入。

(十一)造纸

民国时期,洋纸大量倾销中国市场,手工造纸业遭到严重打击,手工纸作坊、槽户损失惨重,传统手工文化用纸衰落,浙江造纸品种已以迷信纸和包装纸为主。民国十年至民国十一年(1921—1922),杭州武林、嘉兴禾丰造纸厂相继建立,开创浙江机制纸生产。至 1949 年,浙江机制纸厂有嘉兴民丰、杭州华丰、宁波华伦、温州西山等厂,手工纸作坊 200 余家。1949 年,全省生产机制纸及纸板仅 6524 吨,而手工纸产量达 5 万吨。

① 浙江省烟草志编纂委员会编:《浙江省烟草志》,浙江人民出版社,1995,第1 页。

民国三十六年(1947),民丰、华丰两厂为抵制进口卷烟纸倾销,急需生产卷烟纸的大麻原料,民丰厂设种植科,在杭州笕桥置地建立推广种植优质大麻原料基地。这是浙江首次建设造纸原料基地。[①]

五、畜禽、水产及蜜蜂

(一)畜禽

民国时期,战争时断时续,畜牧业生产时兴时衰。民国前期,全省畜牧业生产得到恢复与发展。民国二十年(1931)全省养猪241.1万头,牛62.6万头,羊114.6万只。民国二十六年(1937)全省养猪271.8万头、牛120.4万头、羊135.2万只,较于民国二十年(1931)猪、牛和羊的饲养量均有较快增长。家禽饲养量达2066.7万羽,比1933年增加8.95%。日军侵略浙江时期,浙江畜牧业生产蒙受重大灾难,奶牛场(厂)被炸,鸡场被毁,畜禽疫病流行,导致全省畜牧业生产全面下降,畜禽饲养量锐减。抗日战争胜利后,全省畜牧业生产虽有所恢复,但除猪外,1949年畜禽的饲养量仍低于1934年的水平。[②]

浙江省于民国三十一年(1942)引进大约克猪改良金华猪。抗日战争胜利后,国家农业部于民国三十六年(1947)分配给浙江联合国善后救济总署援华剩余物资考力代羊125头,在海宁县硖石成立嘉兴绵羊场以改良湖羊,同时还在嘉兴绵羊场推行人工授精技术。

---

① 浙江省轻工业志编纂委员会编:《浙江省轻工业志》,中华书局,2000,第47—56页。

② 浙江省农业志编纂委员会编:《浙江省农业志》,中华书局,2004,第20页。

（二）淡水渔业

民国时期，浙江的淡水渔业在技术上更趋完善，特别是淡水养鱼对全国影响很大。当时浙江省淡水养鱼只局限于少数地区，多为粗放薄收，淡水捕捞业船破网漏，渔民四处漂泊，至民国三十七年（1948），淡水渔业产量仅 3000 吨。①

（三）蜜蜂

民国时期，蜂业有较大发展。民国四年（1915），嘉善利农养蜂公司注册。至 20 世纪初期，浙江开始引进西方蜜蜂，采用活框蜂箱和养蜂新技术。民国十年（1921），绍兴郦辛农办起养蜂场，从日本引进意大利蜂种。民国十一年（1922），温州吴小峰相继办起养蜂场，采用活框蜂具进行新法饲养。民国二十二年（1933），全省养意蜂达 1.1 万群。民国十七年（1928），在桐乡县成立全国较早的"江浙养蜂协会总会"，嘉兴人氏蔡冠洛任理事长，下设 7 个分会。翌年，来桐乡县濮院放蜂的有川、鄂、赣、皖和两广等 103 个蜂场，共 1.14 万群蜜蜂。当时，国民党要员宋子文、陈铭枢、李济深等均办有蜂场。日军侵略浙江后，许多蜂场倒闭。民国三十六年（1947）5 月，蔡冠洛发动组织蜂业合作社，在嘉兴烟雨楼召开第一次社务会议，蔡冠洛任主席。这一年来，濮院放蜂的有 70 多个蜂场、7000 多群蜂。②

---

① 浙江省农业志编纂委员会编：《浙江省农业志》，中华书局，2004，第 294 页。
② 同上书，第 1063 页。

六、林木资源

(一)资源保护

辛亥革命以后,许多朝野有识之士纷纷主张发展实业,提倡植树造林。民国四年(1915),农商部呈大总统文申令宣示定清明为植树节并于是日举行植树典礼,规定每年 3 月 12 日(孙中山逝世纪念日)为植树节。从民国十七年(1928)至抗日战争爆发,浙江省普遍开展"总理逝世植树纪念式",营造了不少有规模的"中山林"。①

民国时期,浙江场圃经营取得较大成效。至民国二十六年(1937),浙江省林场领导建德、丽水、天台、常山、青田、天目山 6 个分场和其他林业工作。②

国际市场对桐油等林副产品需求的增加,使一些经济林发展较快。民国二十年(1931),全省产桐白 3.0 万吨,折桐油 1.65 万吨。随着日军侵略浙江和受国际经济萧条的影响,多数经济林萎缩,产量骤降。民国二十六年(1937),桐白产量下降了一半,乌桕籽产量下降了三分之一。③

(二)资源消耗利用

民国时期,浙江各地出现木业作坊及木材加工业。20 世纪 20 年代,制作家具已成专业,有中式和西式之分。30 年代初,出现木业工场。

---

① 雷志松:《浙江林业史》,江西人民出版社,2011,第 216—217 页。
② 同上书,第 221—223 页。
③ 浙江省林业志编纂委员会编:《浙江省林业志》,中华书局,2001,第 6 页。

民国时期,浙江木炭业日盛。民国八年(1919),衢县电灯股份有限公司成立,以白炭为燃料发电,年耗 418 吨。民国二十四年(1935),杭州市经营柴炭行业有 32 家,民国三十五年(1946)增加到 89 家,至新中国成立前夕,杭州市经营柴炭行业已有 225 家。货源主要来自钱塘江、富春江、新安江两岸及其上游各山区,依靠水路运至杭州,每年到货有木柴 5.0 万吨,木炭 1500 多吨。除销杭州市场外,部分转运上海、江苏。[①]

七、海洋资源

(一)盐业

民国后期,浙西诸场均以产低本高、零星分散,被列为裁废场区,主要产区为以余姚、岱山为主的浙东沿海余姚(慈溪)、钱清、玉泉、岱山、黄岩、北监、长林、双穗、南监 9 场。浙江历史上制盐主要有煎和晒两种方式。改煎为晒后,北方海盐生产发展迅速,浙盐产量比例下降,至民国时期仅占全国的 9% 左右。[②]

民国二年(1913),北洋政府向英、法、德、俄、日五国银行团借债,盐务机关任由洋人把持,控制盐税,税额剧增。至民国二十六年(1937),两浙税额增至 1332.3 万元,较民国初增长 8 倍有余,盐的产销都受到很大影响。[③]

---

① 浙江省林业志编纂委员会编:《浙江省林业志》,中华书局,2001,第 621 页。

② 《浙江通志》编纂委员会编:《浙江通志·盐业志》,浙江人民出版社,2017,第 2 页。

③ 同上书,第 3 页。

（二）海洋渔业

民国时期，随着商品经济的发展、渔业投资的增加，浙江渔业又有发展。民国三年（1914）开发的佘山洋渔场，小黄鱼资源丰富，不仅产量高，而且生产周期长，离港口较远，这样用天然冰保鲜随之出现。抗日战争前，舟山就有各种鱼行商栈、加工场350 多家，冰鲜运输船 360 多艘，小鱼商贩遍及海岛，从业人员5000 多人。渔汛中，渔民均在海上将鱼货直接卖给冰鲜、咸鲜船以运销各地。金融部门也分别在定海、沈家门、东沙、嵊山设立营业机构。当时渔场北起佘山，南至南麂山，春捕大黄鱼、小黄鱼、墨鱼，冬捕带鱼。据《浙江经济年鉴》记载，民国二十五年（1936），浙江全省出海渔船近 3 万艘，渔民 20 多万人，年产量 20多万吨。日军侵略浙江期间，先后占领嵊泗、定海和浙江其他沿海地区，每到一地，渔船被毁坏，大量涂面、鱼塘被毁或抛荒，渔业生产受到极大破坏。据民国三十六年（1947）统计，全省出海渔船 1.5 万余艘，渔民 10 万余人，年产量 17 万吨，不论船只、渔民、产量均比战前下降一半左右。至 1949 年，渔业更为衰落，全省出海渔船 1.4 万艘，渔民 5.7 万人，年产量仅 7.1 万吨。[①]

（三）港口岸线

民国时期，浙江民族资本推动外海轮船航运业进入发展壮大期，发展重心在宁波，海门和温州也逐渐兴旺。轮船航线遍及全省沿海各主要岛屿，并辐射至南北洋沿海各港口和长江中下游地区主要港口。与日本、朝鲜、苏联的符拉迪沃斯托克和东南

---

① 浙江省农业志编纂委员会编：《浙江省农业志》，中华书局，2004，第 4 页。

亚各地也有不定期的轮船往来。侵华日军占领宁波后,宁波港和温州港所有正常贸易停止。民国三十四年(1945)抗日战争胜利后,浙江沿海轮船航运业的恢复重点主要有宁波和温州两个港口。1946年后,全面内战爆发,港口运力衰退。①

---

① 《浙江通志》编纂委员会:《浙江通志·海洋经济专志》,浙江科学技术出版社,2021,第4页。

第十章　新中国成立以来浙江的自然
环境及资源开发利用

1949 年 10 月 1 日,中华人民共和国成立,开创了中国历史的新纪元。

1949 年 2 月开始,浙江各县相继解放,遂将中华民国时期施行的行政督察区改为专区,行政督察区专员公署改为区专员公署。7 月 29 日,浙江省人民政府成立。1949 年末,浙江省辖杭州(下辖 8 个市辖区)、宁波、温州 3 个省辖市,杭县 1 个省辖县,10 个专区,下辖 77 个县、6 个县级市、2 个专区辖区。1950 年初,中央人民政府政务院统一编制标准,以管辖人口多少、面积大小为主,兼顾政治、军事条件,将各省辖区内市、县划分为特等、甲等、乙等、丙等、丁等 5 等。9 月 27 日,浙江省人民政府报经华东军政委员会批准,设特等县 2 个、甲等县 9 个、乙等县 12 个、丙等县和丁等县各 27 个。"文革"初期,各专区先后成立地区革命委员会,行使政府职责。"文革"结束后,地区革命委员会改为地区行政专员公署。1979 年末,浙江省设 8 地区、2 地级市,辖 65 县、1 地区辖市、10 市辖区。中共十一届三中全会作出将全党的工作重点转移到社会主义现代化建设上来的战略决策,中国开启了改革开放历史新时期。20 世纪 80 年代初,改革的重点由农村转向城市,原来的政区体制已经不适应社会发展的需要。从 1981 年开始,各省逐步撤地设市、撤县改市(区),实行市管县体制。随着各地级市人民代表大会相继召开,人大常委会、人民政府等机构的建立,地级市成为地方权力机关,地方行政实际上形成省、地级市、县(区、县级市)、乡镇 4 级体制。[①]1994 年,一批重要城市被国家确定为副省级市。经多次行政区划调整,至 2022 年末,浙江设杭州、宁波、温州、嘉兴、湖州、绍兴、金华、衢州、舟山、台州、丽水 11 个地级市,其中杭州、宁波为副省级市。设 37 个市辖区、20 个县级市、33 个县(其中 1 个民族自治县),共 90 县级政区。

　　中华人民共和国成立之初,经过三年恢复时期,国民经济开始发展,社会安定,人民生活得到改善,刺激了人口的快速增长。于是浙江全省人口从 1949 年的 2083 万人增加到了 1970 年的 3316 万人,21 年增长了 59.18%,年平均增长率达到 2.23%。进入 20 世纪 70 年代后,受 1966 年开始的"文革"的干扰,国民经济走向崩溃的边缘,人口问题十分突出,国家不得不重建计划生育机构,切实控制人口增长,促使全省人口自然增长率从 1970 年的 20.20‰下降到了 1978 年的 12.34‰。纵然如此,总人口还是从 3316 万增加到了 3751 万。[②]

　　1978 年的改革开放以及随后的一系列改革,推动了社会主义市场经济的发展。浙江率先实践了主要由市场决定生产要素

---

① 《浙江通志》编纂委员会编:《浙江通志·政区志》,浙江人民出版社,2019,第 8—10 页。

② 浙江省人口志编纂委员会编:《浙江省人口志》,中华书局,2007,第 13—15 页。

配置的市场经济原则,促使生产要素向城镇集聚,不断扩大城镇的就业容量,激励农村人口向城镇流动。同时,省外流入人口不断增加,大量来自省外的农村人口与本省农村人口一起,成为浙江城镇化进程的人口大军。计划生育的独生子女政策也进一步加强,2015年10月和2021年5月,相继全面放开二孩、三孩政策。据浙江省统计局《2022年浙江省人口主要数据公报》,2022年,浙江省户籍人口5110.51万人,常住人口6577万人,城镇化率73.4%。

第一节 自然环境

一、气候变化

新中国成立以来,浙江省气温变化总趋势是波动回升,气候变暖,可分为2次较暖期夹1次较冷期。[①] 年日照时数在1961年以后逐年递减。

(一)冷暖变化

1950—1961年延续1931年以来的较暖期,平均气温距百年平均气温高出0.3℃,20世纪50年代初达到高峰,夏季酷热;冬季以1949—1954年最暖,平均气温高出百年平均气温1.2℃。

1962—1989年为第二次较冷期,平均气温距百年平均气温低0.2℃,20世纪60年代除浙中地区外,全省大部分地区较50

---

① 《浙江通志》编纂委员会编:《浙江通志·自然环境志》,浙江人民出版社,2019,第251页。

年代偏低,70 年代又较 60 年代低,其中 1976 年冬季(即 1976 年 12 月至 1977 年 2 月)最为寒冷,极端最低气温全省大部分地区为有历史记录以来最低值,其中安吉极端最低气温达 $-17.4℃$,为全省最低;杭州西湖全面冰冻,湖面可骑车行人。此次较冷期,全省秋季低温频繁发生,1970—1984 年共 15 年的时间里,低于 20.0℃秋季低温出现早的年份就达 7 年(1970 年、1972 年、1974 年、1976 年、1980 年、1981 年、1983 年),频率之高实属罕见。

1990 年至今为第二次较暖期,气温不断升高,特别是进入 21 世纪以来,年平均气温超过 18.0℃的年份越来越多,2021 年达到 18.7℃,为有气象记录以来的历史最高,增温速率达到 0.70℃/10 年。气候变暖以秋冬两季最为明显,秋季低温较常年迟,暖冬年份连续发生。21 世纪头 20 年,有 13 年冬季气温比常年同期偏高,偏高幅度在 0.6～2.6℃。其中,2019—2020 年冬季平均气温达 9.5℃,出现了有气象记录以来气温最高的暖冬。1990 年以来,气温持续增高,极端气候事件频发,极端最高气温接连不断破历史最高纪录,少数测站最高气温达 43～44℃,与西北沙漠地区夏季气温不相上下。受暖冬现象影响,全省 21 世纪 20 年代初初雪、终雪平均日期与 20 世纪 80 年代相比,初雪偏迟、终雪提前均达半个月乃至 1 个月之多。

因气候变暖,生长期延长,积温增多,用以划分中国中、北亚热带重要气候依据之一的大于等于 10℃积温 5300℃·d 和持续期 240 天的界线,由原来的金衢盆地北缘向北推进到钱塘江南岸的杭甬铁路以北一线,即气温带界线由南向北推进 1 个多纬度。影响浙江台风尤其是登陆浙江台风增多增强,登陆台风平均每年接近 1 个,最多年达到 3 个。

（二）日照时数变化

浙江日照充足,全省年平均日照时数一般为 1600～2000 小时,较同纬度内陆省份多。总的分布趋势是浙北多,浙南少,东部海岛多,西部内陆山区少。

浙江日照时数年际变化较为明显的时期是在 1961 年以后,逐年递减,年平均递减率为 79.1 时/10 年,其中 20 世纪 60 年代至 80 年代中期,年日照时数下降趋势最为明显,年平均递减率达 141 时/10 年;20 世纪 80 年代中期至 2014 年,日照时数减少趋于平缓;2015 年以后,又明显减少。

（三）干湿变化

浙江降水丰富,全省年平均降水量 1100～2050 毫米。空间分布不均,最多地区与最少地区相差达 1 倍之多。降水量南部多,北部少;陆上多,海岛少;山区多,平原少;总趋势自西南向东北减少。

总体上,20 世纪以来浙江年降水量相对稳定,无明显长期趋势变化,年平均降水量约 1515.3 毫米。其中,降水量最少的年份是 1967 年,为 1045.8 毫米。年降水量最多的年份是 1949年,为 2244.5 毫米。

在总体稳定的情势下,1901—2022 年的浙江百年降水序列中存在 56 年和 35 年两个变化主周期,1960 年左右,浙江年降水存在一个由多雨期向少雨期转折的突变。此外,20 世纪 60 年代以后,还存在 4～7 年的小周期波动。[①] 20 世纪 50—60 年代降水迅速减少,而后又相对平稳,至 21 世纪第二个十年降水又开始增多。

（四）旱涝灾害

1. 干旱

浙江省夏秋干旱多发,自 1951 年以来的 60 年中,影响范围大、持续时间长、灾害较重的夏秋干旱年有 1953 年、1956 年、1957 年、1958 年、1961 年、1964 年、1967 年、1971 年、1978 年、1986 年、1988 年、1990 年、1991 年、1992 年、1994 年、1995 年、1997 年、1998 年、2003 年、2004 年,共 20 年,发生频率达 33.3%,约每 3 年一遇。其中,严重干旱年有 1953 年、1961 年、1967 年、1971 年、1990 年、1994 年、1997 年、2003 年、2004 年,共 9 年。1967 年 7—10 月的持续干旱,全省大部分地区连旱 3 个月以上;2003 年夏季的高温天气,35℃以上的日数长达 65 天,出现破纪录的极端最高气温 43.2℃（丽水市）。各年代相比,20 世纪 50 年代 4 年、60 年代 3 年、70 年代 2 年、80 年代 2 年,而 90 年代达到 7 年,为有气象记录以来最多。[②]

2. 洪涝

梅汛期洪涝:浙江每年从 5 月入汛至梅雨结束,洪涝都有可能发生,梅汛期洪涝面积达 300 万亩（20 万公顷）以上,造成较大灾害的年份有 1954 年、1955 年、1963 年、1973 年、1977 年、1983

---

① 肖晶晶、李正泉、郭芬芬等:《浙江省 1901—2017 年降水序列构建及变化特征分析》,《气候变化研究进展》,2018 年第 14 期。

② 《浙江通志》编纂委员会编:《浙江通志·自然环境志》,浙江人民出版社,2019,第 284 页。

年、1984 年、1989 年、1990 年、1991 年、1992 年、1993 年、1994 年、1995 年、1996 年、1997 年、1999 年、2009 年、2010 年,共 19 年,平均约 3 年一遇。1954 年 5—7 月全省平均降雨 1142.5 毫米,受淹农田达 522.5 万亩,死亡 440 人。各年代相比,20 世纪 60 年代最少,50 年代与 70 年代次之,90 年代则多达 9 年,2000—2010 年,梅汛期洪涝又趋于减少,11 年中共有 2 年发生。

台风期洪涝:浙江台风期(7 月中旬至 10 月底)洪涝灾害受灾面积在 300 万亩(20 万公顷)以上,造成灾害损失较大的年份有 1949 年、1952 年、1956 年、1960 年、1961 年、1962 年、1963 年、1972 年、1974 年、1985 年、1987 年、1989 年、1990 年、1992 年、1994 年、1997 年、2000 年、2002 年、2004 年、2005 年、2006 年、2007 年、2009 年,共 23 年,平均约 3 年一遇,但年际分布不匀。1956 年 12 号台风和 1994 年 17 号台风,全省死亡人数分别为 4925 人和 1216 人。1997 年 11 号台风和 2004 年"云娜"、2006 年"桑美"台风也造成严重影响。资料显示,随着全球气候变暖,1987—2010 年的 24 年中,台风期洪涝发生达到 13 年,平均 2 年一遇,浙江台风期洪涝明显增多。以年代相比,20 世纪 50 年代和 70 年代较少,台风期洪涝发生分别为 2 年,这与两个时期夏秋气候偏凉有关;60 年代、80 年代和 90 年代各有 4 年发生;2000—2010 年台风期洪涝明显增多,11 年中有 7 年发生。[①]

二、湖泊扩缩

自新中国成立以来,浙江省的湖泊除部分被改建成水库外,

---

① 《浙江通志》编纂委员会编:《浙江通志·自然环境志》,浙江人民出版社,2019,第 285 页。

余下的,在 20 世纪 50 年代至 70 年代,大多遭到局部围垦。如宁绍平原东部最大的湖泊东钱湖曾被垦废近六分之一,西部最大的湖泊独猿湖也被垦废三分之一,一些湖泊甚至被垦废湮废。① 20 世纪 80 年代以来,湖泊围垦得到遏制,虽然城镇化建设侵占了一些湖泊湿地,但随着对湖泊湿地生态保护的重视,杭州西湖、萧山湘湖、宁波东钱湖等湖泊也得到修复和扩大,全省湖泊面积稳中有升。② 至 2010 年底,浙江省常年水面面积 1 平方千米以上湖泊共有 57 个,全部为淡水湖。其中,杭嘉湖平原49 个,萧绍宁平原 7 个,钱塘江支流浦阳江 1 个(诸暨市白塔湖)。按行政区统计:杭州市域 4.5 个,湖州市域 19.5 个,嘉兴市域 27 个,绍兴市域 5 个,宁波市域 1 个。其中,三白潭跨杭州、湖州 2 市。跨省湖泊 11 个,其中,湖州市域内 2 个,嘉兴市域内 9 个。

三、湿地

浙江省湿地资源丰富、多样,拥有西溪、千岛湖、庵东、南麂列岛、西湖等著名湿地,在全国湿地资源中占据重要地位。

根据 2011 年浙江省第二次湿地资源调查,全省 8 公顷以上的湿地斑块有 10042 块,共有湿地面积 111.01 万公顷(不含稻田面积),湿地类型有 5 类 23 型,其中天然湿地面积 84.35 万公顷,人工湿地面积 26.66 万公顷。③ 按湿地类型分,近海与海岸

① 陈桥驿、吕以春、乐祖谋:《论历史时期宁绍平原的湖泊演变》,《地理研究》1984 年第 8 期。
② 杨昀则、田鹏、李加林等:《浙江省水域系统时空变化特征及驱动力分析》,《浙江大学学报(理学报)》2022 年第 4 期。
③ 吴伟志、方龙:《浙江省湿地资源现状及保护管理对策》,《浙江林业科技》2013 年第 3 期。

湿地 69.27 万公顷,占全省湿地面积的 62.40%,主要群落有芦苇、互花米草、海三棱藨草及柽柳等,稀有群落有甜根子草、珊瑚菜、单叶蔓荆、砂引草、苦槛蓝和秋茄等;河流湿地 14.12 万公顷,占全省湿地面积的 12.72%,主要群落有枫杨、斑茅、芦竹和马尾松等;湖泊湿地 0.88 万公顷,占全省湿地面积的 0.79%,主要群落有芦苇、菱等;沼泽湿地 0.08 万公顷,占全省湿地面积的 0.07%,主要群落有沼原草、玉蝉花、芒和华东藨草等,稀有群落有睡菜、假鼠妇草、江南桤木、毛叶沼泽蕨、福建紫萁、曲轴黑三棱、萱草和中华水韭等;人工湿地 26.66 万公顷,占全省湿地面积的 24.02%,主要群落有旋鳞莎草、蓼子草、习见蓼、三叶朝天委陵菜、芒尖苔草、黄花蒿、狗牙根、双穗雀稗和荻等;稀有群落有莼菜、睡莲(野生)等。①

湿地生物多样,珍稀物种多有中华水韭、莼菜等 4 种国家 I 级保护植物,水蕨、珊瑚菜等 7 种国家 II 级保护植物,睡莲、芡实等 10 种省级重点保护野生植物;湿地脊椎动物中,有白鹤、扬子鳄等 14 种国家 I 级保护动物,黑脸琵鹭、大鲵等 65 种国家 II 级保护动物,黑嘴鸥、五步蛇等省级重点保护动物 34 种。

浙江人多地少,土地资源稀缺,湿地滩涂成为浙江主要的土地后备资源,为解决建设用地,沿海各地不断加大滩涂湿地资源围垦与开发的力度,导致海岸滩涂和湖泊湿地面积逐渐减少。2011 年浙江省第二次湿地资源调查湿地面积比 2000 年首次调查的天然湿地面积减少相当于 27 个西湖②;至 2018 年又减少

---

① 李根有、陈征海、刘安兴等:《浙江省湿地植被分类系统及主要植被类型与分布特点》,《浙江林学院学报》2002 年第 4 期。

② 李飞云:《浙江十年天然湿地面积减少相当于 27 个西湖》,《浙江林业》2014 年第 Z1 期。

了 18412.4 公顷,下降 1.66%[①]。

四、海平面升降及海岸线变化

(一)海面上升

20 世纪 50 年代以来,浙江海平面同全国一样呈逐年上升趋势。70 年代中期,经历一次小的高峰期;80 年代,海平面有所回落;90 年代以后,海平面回升。1981—2011 年,全省各代表站海平面平均累计上升约 70 毫米,平均上升速率为 2.4 毫米/年。2011—2022 年,平均海平面升高更为明显。预计未来 30 年,浙江沿海海平面将上升 70~170 毫米。[②]

(二)海岸线变化

长江和浙江沿岸径流携带的入海泥沙的淤积与沉降作用,塑造了浙江沿海和海岛地区丰富的滩涂资源,浙江沿海的滩涂,总体上处于不断淤涨的状态,自然条件下岸滩平均每年外移 10~20 米。同时,浙江沿海一带,经济发达,工业、基础设施建设等用地项目多,土地资源相当紧缺,寸土寸金。开发利用滩涂资源,围垦造地一直是浙江缓解土地紧缺矛盾的重要手段之一。

1913—2014 年,浙江省大陆海岸总体上位置外推加快,平直的人工岸线不断取代曲折的自然岸线,部分近岸岛屿并入大陆,人工岸线比例显著增大,自然岸线比例减小,近百年间,浙江省人工岸线占比由 48.01%升至 67.46%。其中,发生岸线位置外

---

① 张小伟、吴伟志、王海龙等:《基于国产高分影像的浙江省湿地资源动态监测》,《自然保护地》2021 年第 4 期。

② 自然资源部:《2022 中国海平面公报》,2023,内部资料,第 18 页。

推的海岸线长度达 2207.79 千米,最大外推距离达 18 千米,出现在钱塘江河口南岸。岸线和围垦面积变化总体呈现出 3 个明显阶段:1913—1970 年自耕农时代高滩围垦阶段,人工岸线长度增加 288.78 千米,围垦面积仅增 593.35 平方千米;1970—1995 年集体农业时代联围堵港阶段,围垦面积快速增加,人工岸线长度反而减少;1995—2014 年工业与城镇化建设围垦阶段,人工岸线长度增加 116.66 千米,围垦面积剧增 1053.00 平方千米。河口区大陆海岸线全线平移外推,长度则有增有减,1913 年以来浙江主要河口区围填海面积 1914.85 平方千米,占全省围填海面积的 76.79%。海湾区大陆海岸线变化以截弯取直为特点,岸线总长度持续减少,百年间三大港湾围填海面积达 429.32 平方千米,占全省的 17.22%。[①]

五、森林植被与物种多样性

(一)森林资源变化

新中国成立以后,人民政府重视林业生产,全省造林、抚育和封山育林的面积逐年扩大。至 1957 年,全省林业用地面积 9419 万亩(627.9 万公顷),其中有林地 384.4 万公顷,占 61.2%;疏林 39.8 万公顷,占 6.3%;无林地 203.7 万公顷,占 32.4%。有林地森林覆盖率为 37.8%。林木总蓄积 6463.90 万立方米,其中松木 3394.91 万立方米,占 52.5%;杉木 2705.49 万立方米,占 41.9%;阔叶树 363.50 万立方米,占 5.6%。

---

① 廖甜、蔡廷禄、刘毅飞等:《近 100a 来浙江大陆海岸线时空变化特征》,《海洋学研究》2016 年第 3 期。

　　1958—1959 年的"大跃进"时期,基建与工业需材量剧增,重森工轻营林,重造林轻抚管的现象十分普遍,尤其是"大炼钢铁""大办食堂"与公社化时的"一平二调[在公社范围内实行贫富拉平平均分配;县、社两级无偿调走生产队(包括社员个人)的某些财物]",给浙江森林所造成的破坏尤为严重,当时不少城镇大小高炉遍布城郊,农村千家万户同吃食堂,成片森林和大量四旁树木被砍伐充作柴炭。1960—1962 年的三年困难时期,粮食紧张,山区毁林开荒随处可见。1963 年起,随着中央关于禁止乱砍滥伐和停垦还林政策的颁布,森林资源又逐步恢复。1966 年以后,受"文革"和"农业学大寨"运动的影响,林业又一次遭受了挫折,至 1979 年森林覆盖率减少到 36.4%。

　　1980 年后,全省加大了造林绿化和封山育林的力度,森林资源得以恢复,至 1986 年森林覆盖率回升到 42.6%。20 世纪 80年代中后期至 20 世纪末,浙江省大力加强对森林资源的管理与培育,完成了"五年消灭荒山,十年绿化浙江"等一系列造林绿化任务,加上液化石油气、天然气、水电、太阳能、核电等能源逐渐取代薪材能源,森林资源得到快速发展,至 1999 年全省林地面积 654.79 万公顷,活立木蓄积 1.38 亿立方米,森林覆盖率达到59.43%。[①] 进入 21 世纪后,浙江林业迎来了历史性的发展机遇,在"绿水青山就是金山银山"生态理念的指导下,确立了全面推进林业现代化和生态省建设的发展战略,森林资源保护发展事业取得显著成效。根据《2020 年浙江省森林资源及其生态功

---

　　① 浙江省林业志编纂委员会编:《浙江省林业志》,中华书局,1995,第 144—148 页。

能价值公告》①,至 2019 年底,全省林地面积 659.35 万公顷,森林面积 607.88 万公顷,森林覆盖率 61.15%,活立木蓄积 4.01 亿立方米,其中森林蓄积 3.61 亿立方米;毛竹总株数 32.36 亿株。

(二)森林植被类型及分区

浙江分 2 个植被地带:亚热带典型常绿阔叶林地带和北亚热带常绿—落叶阔叶混交林地带;3 个植被区:浙皖山丘青冈—苦槠林植被区,浙闽赣山丘甜槠—木荷林植被区,浙闽中山丘栲类—细柄蕈树林植被区;5 个植被小区:钱塘江下游—太湖平原植被小区,天目山—古田山丘陵山地植被小区,天台山—括苍山山地、岛屿植被小区,百山祖—九龙山山地丘陵植被小区,雁荡山低山丘陵植被小区。

地带性植被以常绿阔叶林为主,主要分布在中南部地区海拔 800 米以下的地带,由壳斗科的常绿树种以及樟科、山茶科、木兰科、金缕梅科、山矾科、杜英科、蔷薇科、冬青科、卫矛科、杜鹃花科等常绿物种所组成,常见的有石栎—青冈林、木荷—栲类林、栲类林、樟—楠林等群系。浙江竹林面积 94.09 万公顷,占森林面积的 15.48%。② 其中毛竹林 82.58 万公顷,占竹林面积的 88%,为重要笋、材两用竹类。此外,还有主要以壳斗科落叶树种为建群种的落叶阔叶林、由喜温的落叶栎类和耐寒的常绿栎类组成常绿—落叶阔叶混交林等阔叶林类型。针叶林常见的有马尾松林、黄山松林、杉木林、柳杉林、柏木林等。针阔叶混交

---

① 浙江省林业局:《2020 年浙江省森林资源及其生态功能价值公告》,2021 年 1 月 28 日发布。

② 同上。

林的代表类型有马尾松—木荷混交林、马尾松—枫香混交林、黄山松等与其他阔叶树的混交林等。浙江分布的灌丛,其种类组成以温带至亚热带广域分布的科、属为优势,尤其是杜鹃花科的杜鹃属、越橘属、马醉木属植物为主,部分地区还有白栎灌丛。灌草丛则以禾本科的芒属、野古草属、野青茅属占优势。[1]

（三）物种多样性

浙江属中国植物物种多样性丰富的省份。截至 2010 年,有野生或归化的维管束植物 218 科、1240 属、4025 种。已列入国家重点保护野生植物名录（第一批）的有 56 种,列入浙江省重点保护野生植物名录的有 139 种。植物区系中含有较多的古老科属和孑遗植物,如松叶蕨属、紫萁属、银杏属、白豆杉属、榧属、冷杉属等。浙江特有植物共有 135 种,如东方水韭、百山祖冷杉、九龙山榧、天目铁木、普陀鹅耳枥、天台鹅耳枥、普陀樟等。浙江种子植物区系有 14 个类型和 19 个变型,总体上温带分布（共531 属,占 51.4%）多于热带分布（共 460 属,占 44.5%）。已知浙江有归化或入侵植物共 102 种,隶属 33 科 71 属,种类最多的6 个科是:菊科 20 种、禾本科 14 种、苋科 8 种、豆科 7 种、茄科 5种、玄参科 5 种。

在动物地理方面,浙江处于东洋界北缘,动物区系呈现出由东洋界向古北界过渡的特征。截至 2010 年,浙江省已知兽类有99 种,隶属 8 目 32 科。其中云豹、金钱豹、虎、黑麂、华南梅花鹿、白鱀豚 6 种属国家一级保护野生动物,猕猴、藏酋猴、穿山

---

① 《浙江通志》编纂委员会编:《浙江通志·自然环境志》,浙江人民出版社,2019,第 10—11 页。

甲、豺、黑熊、黄喉貂、水獭、髯海豹、大灵猫、小灵猫、金猫、獐、中华斑羚、中华鬣羚、灰鲸、小须鲸、抹香鲸、印太江豚、短吻真海豚、瓶鼻海豚、里氏海豚、虎鲸、伪虎鲸等 23 种属国家二级保护野生动物。浙江已记录鸟类 19 目 76 科 478 种,另有 24 个亚种,其中黑鹳、东方白鹳、朱鹮、中华秋沙鸭、玉带海雕、白尾海雕、白肩雕、金雕、黄腹角雉、白颈长尾雉、白鹤、遗鸥等 12 种属国家一级保护野生动物,角䴙䴘、卷羽鹈鹕、褐鲣鸟、黄嘴白鹭等 70 种属国家二级保护野生动物。

浙江有爬行类动物 94 种,隶属 4 目 18 科,其中扬子鳄、鼋等 2 种属国家一级保护野生动物,玳瑁、太平洋丽龟、蠵龟、绿海龟、棱皮龟等 5 种属国家二级保护野生动物。

浙江有两栖类动物 49 种,隶属 2 目 9 科,其中镇海棘螈、大鲵、虎纹蛙等 3 种属国家二级保护野生动物,镇海棘螈、义乌小鲵等 2 种为浙江特有种。

浙江已记录淡水鱼类 6 目 31 科 173 种,海洋鱼类 43 目 208 科 731 种,合计 904 种。其中,中华鲟、白鲟、达氏鲟等 3 种属国家一级保护野生动物,胭脂鱼、花鳗鲡、松江鲈鱼、黄唇鱼等 4 种属国家二级保护野生动物。重要淡水鱼类有青鱼、草鱼、鲢鱼、鳙鱼、鲤鱼、乌鳢、鳜鱼等,重要海洋鱼类有路氏双髻鲨、鳗鲡、星康吉鳗、大黄鱼、小黄鱼、银鲳、带鱼、蓝点马鲛等。

浙江已记录昆虫 9493 种,隶属 25 目 428 科。其中,以浙江为模式产地的昆虫有 1206 种,分属于 23 目 216 科。金斑喙凤蝶为中国特有,属国家一级保护野生动物;硕步甲、拉步甲、阳彩臂金龟、中华虎凤蝶、尖板曦箭蜓等为国家二级保护野生动物。

浙江已记录甲壳类动物 588 种,隶属 2 亚纲 7 目 91 科,锯缘青蟹、梭子蟹、中华绒螯蟹和中国对虾、日本沼虾等为重要的经济蟹虾类。浙江已记录软体动物 299 种,隶属 5 纲 15 目 94 科,其中龙宫翁戎螺、红翁戎螺等为世界性珍稀物种,虎斑宝贝、唐冠螺等为国家二级保护野生动物。[①]

六、水土流失

浙江省山地丘陵多、降水丰沛,水土流失主要为水力侵蚀,表现为坡面面蚀、浅沟侵蚀以及冲沟侵蚀。此外还有山区由自然和人为因素所引起的滑坡、崩塌、泻溜等重力侵蚀以及由暴雨引发的山洪。水土流失主要分布在浙东曹娥江,浙南飞云江、瓯江等的上游山区,浙西北天目山区以及浙中金衢盆地四周。

新中国成立后,浙江对水土保持做了许多工作,从 20 世纪 50 年代开始,年年开展绿化活动,封山育林,植树造林,同时在水土流失比较严重的地区,因地制宜地采取砌坎保土、修筑谷坊、挖鱼鳞坑、修水平带等措施,综合治理。但是,由于生产关系变动频繁,林权归属不定,每变动一次,山林就被破坏一次,特别是 1958 年"大炼钢铁"和其后的"文革"期间,造成了全省性的森林大破坏。1984 年和 1985 年卫星遥感测定的浙江水土流失面积为 25689 平方千米,占陆域面积的 25.23%。[②]

随着经济高速增长,开发建设与生态环境保护之间的矛盾日益凸显。[③] 20 世纪 80 年代中期以来,随着水土保持工作的加强,以及森林植被覆盖率和林木蓄积量的逐年增加,浙江的水土流失面积逐年减少。虽然 20 世纪末和 21 世纪初中度、强度水

---

①　《浙江通志》编纂委员会编:《浙江通志·自然环境志》,浙江人民出版社,2019,第 10—11 页。

②　浙江省水利志编纂委员会编:《浙江省水利志》,中华书局,1998,第 389 页。

③　叶永棋、杨轩:《浙江省水土流失时空演变研究》,《土壤》2007 年第 3 期。

土流失面积有所扩大,但进入 21 世纪第二个十年以来,中度、强度水土流失面积都大幅减少。水土流失率从 1985 年的 25.23% 降至 2020 年的 6.99%,水土流失已得到根本性遏制。

第二节 自然资源开发利用

一、土地资源

(一)土地利用构成及变化

根据 20 世纪 80 年代中期以来的调查,1985—2019 年,浙江省的耕地面积从 237.79 万公顷减少至 129.05 万公顷,占比从 23.22% 降至 12.33%;园地面积从 41.07 万公顷增加至 76.03 万公顷,占比从 4.01% 增至 7.26%;林地面积从 546.62 万公顷增加至 609.36 万公顷,占比从 53.38% 增至 58.20%;牧草地面积从忽略不计增至 6.35 万公顷,占比从 0 增至 0.61%;居民点及工矿用地面积从 36.00 万公顷增至 114.68 万公顷,占比从 3.52% 增至 10.95%;交通用地面积从 8.87 万公顷增至 24.69 万公顷,占比从 0.87% 增至 2.36%;水域及水利设施用地面积从 65.41 万公顷增至 70.25 万公顷,占比从 6.39% 增至 6.71%;其他土地面积从 88.24 万公顷减少至 16.52 万公顷,占比从 8.62% 降至 1.58%。

(二)耕地面积的变化

新中国成立后,随着经济的发展,建设用地逐年增加,耕地面积 1949 年为 2602.0 万亩,至 2019 年减少为 1935.7 万亩,70

年间共减少 666.3 万亩,平均每年减少 9.5 万亩。但不同时期,耕地有增有减。1949—1956 年,由于开荒和围垦,耕地面积逐年递增,至 1956 年达最高值为 3137.9 万亩,平均每年增加 76.6 万亩。1957—1960 年的 3 年中,减少耕地 288.8 万亩,其中 1958 年减少 142.8 万亩。1970—1978 年,由于重视耕地开发,新增耕地 105.2 万亩,而此时期减少耕地 107.9 万亩,净减 2.7 万亩,为浙江省耕地面积变化最稳定时期。[①] 改革开放初期,新垦耕地增多。20 世纪 80 年代中期至 21 世纪头 20 年,经济建设用地剧增,耕地面积逐年减少[②],35 年间共减少 1631.2 万亩,平均每年减少 46.6 万亩。同时,由于人口数量剧增,人均耕地面积从 1949 年的 1.25 亩降至 2019 年的 0.38 亩。

二、水资源

浙江省处于亚热带季风气候区。境内河流众多,主要有钱塘江(含曹娥江)、瓯江、灵江、苕溪、甬江、飞云江、鳌江及运河等 8 大水系。多年平均水资源总量约 960 亿立方米,按单位面积计算的水资源量在全国各省区名列前茅,为生产、生活、生态用水奠定了良好的基础。但由于人口密度高,降水时空分布不均,水资源的保护利用仍面临诸多挑战。

(一)内河水运

新中国成立后,浙江省对省内主要航道实施了疏浚、养护和初步建设,省内主要航道陆续恢复通行,通航里程逐年增加,通

① 浙江省土地志编纂委员会编:《浙江省土地志》,方志出版社,2001,第 98 页。
② 赵哲远、马奇、华元春等:《浙江省 1996—2005 年土地利用变化分析》,《中国土地科学》2009 年第 11 期。

航条件得到改善,嘉湖、瓯江、钱塘江等主要航道按六级航道标准进行了疏浚整泊。1958—1960 年,浙江省内开展了"全民办运输"的群众性运动,发动行业内外群众参加港口突击装卸和疏运,组织社会运力参加运输,同时对装卸机具和木帆船进行技术革新,提升船舶运力,新建内河专业港口,改进船舶运输方式,实施"一条龙"运输大协作。1960 年后,浙江水路运输开始全面调整,逐步走上稳步增长、健康发展的轨道。特别是改革开放以后,着重对全省水路"卡脖子"的干线航道进行改建、新建和扩建,通航条件逐年改善,船舶轧档堵航现象减少,基本形成以京杭运河、杭申线、长湖申线、乍嘉苏线、杭湖锡线、杭平申线、钱塘江、杭甬运河、椒江、瓯江等干线航道和湖嘉申线、东宗线、嘉于线等连接线航道为主骨架的航道格局。[1] 2020 年,全省内河通航里程 9758 千米,其中等级航道里程 4800 多千米,四级及以上航道里程 1300 多千米。

1978 年,省内开始较大规模河港建设。杭州港先后建成楼家和管家漾作业区、七堡和六堡外海码头,嘉兴、湖州、绍兴先后建成铁水中转区。2000 年以后,杭州港、湖州港、嘉兴内河港、绍兴港、宁波内河港、金华兰溪港、丽水青田港 7 个内河重点港口,相继制订规划,并获得批复,港口建设步伐加快,布局日趋科学合理,积极推进超期试运行、小散乱及非法码头整治提升工作,拓宽港口泊位功能,形成内河港口与沿海港口融合发展新格局,主要内河港口跻身全国内河主枢纽港行列。[2] 2020 年,全省内河港口货物吞吐量 44009 万吨,其中杭州港、湖州港、嘉兴港分

---

① 《浙江通志》编纂委员会编:《浙江通志·交通运输业志》,浙江人民出版社,2021,第 8—43 页。

② 同上书,第 43—62 页。

别为 15414 万吨、12215 万吨和 13111 万吨。

此外,水运工具得到一定发展。20 世纪 60 年代起,以挂桨机为推进装置的钢丝网水泥船逐步取代传统的木帆船,并出现钢质船。70 年代,水泥船成主流船舶,木帆船基本淘汰。80 年代后,以钢质船为主,并逐渐替代水泥船、挂桨机船,船舶设施有了较大改进,完成内河驳船、拖轮、客轮等船型的定型工作。

(二)堤塘修筑

据《浙江省第一次水利普查公报》,2010 年,浙江省海塘长度为 2723 公里,已建 2556 公里,在建 167 公里;江河堤防、湖堤、圩堤等堤防长度共计 14718 公里,其中已建 13767 公里,在建 951 公里。

1.海塘

新中国成立后,浙江省投入大量的人力、物力和财力,从修复老塘、围筑新塘到修筑标准海塘,不断提高海塘防御能力。

抢修加固整修海塘,恢复海塘防御能力。1949 年开始,集中全省水利事业投资 50％以上用于钱塘江等地海塘抢险修复,固滩护塘,完成民国时期已开工而未完工程。1956 年第 12 号台风后,浙江省人民委员会做出整修海塘决策,要求全面整修加固险段海塘。至 1958 年,完成钱塘江北岸的杭州四堡段、海宁七里庙段、海盐临潮海塘缺口、平湖白沙湾段,以及南岸的西江塘、南沙支堤和百沥海塘等的险段海塘抢修。浙东海塘大多为低矮单薄的土塘,老百姓戏称"草绳塘",当地政府发动群众以工代赈,修复老海塘,消除险工。

围涂筑塘,探索标准海塘修筑,逐步提高海塘防潮御浪能力。1958 年,成立浙江省围垦海涂指挥部,颁布《浙江省围垦海涂建设暂行规定》。钱塘江河口地区的治理,以缩窄河口江道、稳定河槽、兴利除害为基本思路,按治导线在两岸开展大规模治江围涂筑塘;浙东沿海地区则结合围涂造田修筑了大量新塘。随着滩涂向海淤涨,至 20 世纪 70 年代末,老海塘外大多修筑了新海塘,并先后实施了宁海县车香港和胡陈港、象山县大塘港、玉环县漩门港、乐清县方江屿港等堵港工程,拦蓄淡水,缩短塘线长度。1978 年,宁海县建成伍山塘试点工程,时称"标准塘"。1979 年,全省海塘工作经验交流会在舟山地区定海县召开,会议要求参照宁海县经验修筑标准海塘,拟编海塘技术规定。1989 年第 23 号台风后,台州等地有计划地修筑标准海塘。1992 年第 16 号台风后,浙江省委、省政府决策部署修筑 20 年一遇标准海塘。1994 年,温州、台州等地遭受第 17 号台风袭击,海塘损毁 521 千米。灾后,省委、省政府决策部署 20 年一遇、50 年一遇标准海塘建设,温州等地大力筹措资金修筑标准海塘。

全面建设高标准海塘,大幅提升海塘防御能力。1997 年 8 月,第 11 号台风在温岭市石塘镇登陆,全省海塘损毁 776 千米。1997 年 10 月,浙江省委、省政府做出"全民动员兴水利、万众一心修海塘"的重大决策。至 2005 年,全省建成高标准海塘 1406 千米,并配套加固水闸。

至 2010 年,浙江省建成 5 级以上标准海塘 2723 千米,其中一线海塘 2132 千米(100 年一遇以上标准海塘 267 千米、50 年一遇标准海塘 1063 千米、20 年一遇标准海塘 480 千米、10 年一遇以下标准海塘 322 千米);沿塘水闸 1713 座,沿塘码头泊位 1095 个。浙东沿海地区通过围筑新塘,增加土地 196 万亩;部分岛屿通过海塘与周边岛屿或大陆连成一体,改善了海岛地区人民生存环境,拓展了发展空间。①

2.江河堤防

新中国成立后,浙江十分重视江河防洪,投入大量人力物力,区别各条河流水系的不同特点,采取措施,集中力量,综合治理,有效地提高了御洪能力,保障了社会主义建设顺利进行和人民生命财产的安全。据《浙江省第一次水利普查公报》,至2010年,流域面积100平方公里以上河流中,有防洪任务的河段长度为10603公里。其中已治理河段长度为4980公里,占有防洪任务河段长度的46.97%;在已治理河段中,治理达标河段长度为3282公里。

(三)堰闸

新中国成立以来,堰坝和水闸工程建设超过历史各个时期。据1989年统计,浙江省共有引水堰坝4.6万余条,灌溉农田312.73万亩。1990—2010年,堰坝建设持续发展,据《浙江省第一次水利普查公报》,浙江省共有堰坝88201处,总容积75599.1万立方米,总灌溉面积294.2万亩。金华白沙溪三十六堰、丽水松阴溪通济堰、鄞州区樟溪它山堰、衢州乌溪江石室堰、龙游灵山港姜席堰、奉化剡江萧镇活动堰、平阳鳌江北港引水坝等古代堰坝,经维护至今仍在发挥作用。

1949年前,除甬江流域平原河网地区一些排涝、泄洪兼纳淡作用的水闸外,在钱塘江下游仅建有茅山闸。新中国成立后,钱塘江下游先后建成峙山闸、余上闸、谈家埭闸、七堡闸;浙江省其

---

① 《浙江通志》编纂委员会编:《浙江通志·海塘专志》,浙江人民出版社,2021,第4—7页。

他主要河流也根据需要建成大量的分洪闸、节制闸、排水闸、引水闸、挡潮闸。据《浙江省第一次水利普查公报》,2010年浙江省共有过闸流量5立方米/秒以上的水闸8581座,其中大型水闸18座、中型水闸338座、小型水闸8225座。此外,全省还有过闸流量1~5立方米/秒的规模以下水闸4187座。

(四)蓄水工程

新中国成立后,浙江省蓄水工程以建设水库为主。水库工程从小到大,从少到多,大体经历4个阶段。[①] 1950—1957年的试办与推广阶段,全省共建成中型水库1座,小(Ⅰ)型水库12座,小(Ⅱ)型水库362座,山塘2200多座。1958—1965年的大发展与调整巩固阶段,全省建成大小水库1551座,其中大型水库4座,中型水库32座,小(Ⅰ)型水库219座,小(Ⅱ)型水库1296座。1966—1989年的持续发展阶段,全省建成大小水库3538座,其中大型水库17座,中型水库86座,小(Ⅰ)型水库574座,小(Ⅱ)型水库2861座,总库容达到76.58亿立方米。1990—2010年的水利跨越发展阶段,据《浙江省第一次水利普查公报》,2010年,浙江省共有水库4334座,总库容445.26亿立方米。水库成为灌溉、防洪、水产养殖、水力发电、饮用水供应、旅游景观用水、生态保护用水等方面的重要资源,对抗御水旱灾害,保障和促进工农业生产以至整个社会经济发展都发挥了显著作用。

---

① 《浙江通志》编纂委员会编:《浙江通志·自然环境志》,浙江人民出版社,2019,第334页。

（五）水力发电

浙江河流多属山溪性河道,峡谷多,落差大,水能资源比较丰富。401 条河流的水能资源理论蕴藏量平均功率 7296.66 兆瓦,理论年发电量 639.19 亿千瓦时,其中单河理论蕴藏量 10 兆瓦及以上的河流 158 条,水能资源理论蕴藏量平均功率为 6518.48 兆瓦,理论年发电量 571.02 亿千瓦时;单河理论蕴藏量 10 兆瓦以下的河流 243 条,水能资源理论蕴藏量平均功率为 778.18 兆瓦,理论年发电量 68.17 亿千瓦时。浙江省技术可开发水电资源站点（0.1～50 兆瓦）共计 3039 座,装机容量 4625.12 兆瓦,年发电量 120.36 亿千瓦时。[①]

20 世纪 50 年代,小水电最先起步,大中型水电和潮汐发电从无到有,蓬勃发展。至 1959 年末,全省已建成水电站 312 座,装机总容量 3.9 万千瓦,为 1949 年的 281 倍;其中小水电站共 311 座,总容量 8993 千瓦。60 年代,大中型水电调整步伐,小水电健康发展,至 1969 年底,全省已拥有水电站 1740 座,总容量达到 67.26 万千瓦,为 1959 年的 17 倍;其中小水电站 1736 座,总容量 9.18 万千瓦,为 1959 年的 10 倍。70 年代,大中型水电全面丰收,小水电涌现两次发展高潮,潮汐发电进行重点试验开发,至 1979 年底,全省水电装机总容量达 153.44 万千瓦,为 1969 年底水电总容量的 2.3 倍。80 年代,在改革开放新形势下,水电发展出现新的局面,并开始出现水电新的开发形式——建设抽水蓄能电站,至 1989 年底,除已报废的小水电站外,共有

---

① 《浙江通志》编纂委员会编:《浙江通志·自然环境志》,浙江人民出版社,2019,第 396 页。

水电站 3080 座,总容量 226.86 万千瓦,年发电量 63.63 亿千瓦
时。其中大型水电站 3 座,总容量 125.97 万千瓦;中型水电站 4
座,总容量 30.30 万千瓦;小型水电站 3073 座,总容量 70.59 万
千瓦;另有潮汐电站 4 座,总容量 3690 千瓦;全省水电总容量比
1979 年增长近 50%,其中小水电增长约 70%。[①]

据《浙江省第一次水利普查公报》,2010 年,浙江省共有规模
以上(装机容量 500 千瓦以上)水电站 1419 座,装机容量 953.36
万千瓦。此外,有规模以下水电站 1792 座,装机容量 40.43 万
千瓦。

(六)跨流域引水

随着经济社会的快速发展,工业与生活用水需求增加,为缓
解资源型缺水地区水资源的供需矛盾,浙江省实施跨流域引水
工程[②],以增加生产、生活与生态供水量。

1.乌溪江引水工程

乌溪江引水工程渠首枢纽位于衢州市柯城区黄坛口水电站
下游 2.3 千米处,是集农业、工业、生态、发电、旅游和人民生活
用水于一体的大型综合性水利工程。1988 年 9 月获省委、省政
府批准,1989 年 8 月动土兴建,1992 年渠首至龙游梨园段总干
渠建成试通水,1994 年衢州市范围内 53 千米总干渠全线贯通,
1996 年通水到金华。

工程利用乌溪江的湖南镇水库和黄坛口水库梯级电站发电
尾水,拦江筑坝,开渠引水。沿途跨越上山溪、下山溪、全旺溪、

---

① 浙江水利志编纂委员会编:《浙江水利志》,中华书局,1998,第 553—556 页。
② 《浙江通志》编纂委员会编:《浙江通志·自然环境志》,浙江人民出版社,
2019,第 338—341 页。

灵山港、罗家溪、社阳港、莘畈溪、厚大溪等 10 条河流,洞穿 18 座大山,横跨衢州、金华两市的柯城、衢江、龙游、兰溪、婺城 5 个县(市、区),至兰溪市的高潮水库,总干渠 82.7 千米。

2. 赵山渡引水工程

赵山渡引水工程位于飞云江干流中下游,瑞安市龙湖镇西北的赵山渡附近,是一项以供水、灌溉为主,结合发电的综合性水利工程。1996 年动工建设,2001 年建成投入运行。该工程基本解决了瑞安市、平阳县、苍南县和温州市等沿海平原的缺水问题。赵山渡水库集雨面积 2302 平方千米,正常蓄水位 22 米,相应库容 2785 万立方米;校核洪水位 23.37 米,相应总库容 3414 万立方米;死水位 21 米,相应库容 2358 万立方米;年供水总量 7.3 亿立方米;电站装机 2×10 兆瓦。

工程由赵山渡引水枢纽和渠系两部分组成。引水枢纽工程一期工程由 7 孔泄洪闸、右岸重力坝、河床式发电厂房和厂闸隔墩等组成;二期工程由右岸 9 孔泄洪闸和左岸重力坝等组成。

3. 舟山市大陆引水工程

舟山市大陆引水一期(应急)工程引水规模 1.0 立方米/秒,多年平均引水天数 250 天,平均取水量 2160 万立方米。于 1999 年 8 月开工建设,2003 年 1 月试通水,2006 年 8 月工程建成通水。该期工程由宁波李溪渡取水泵站、宁波岚山一级加压泵站、舟山马目二级加压泵站以及宁波陆上段、跨海段及舟山陆上段 3 段输水管道构成。

舟山市大陆引水二期工程[①],引水规模 2.8 立方米/秒,多年

---

① 舟山市大陆引水二期工程于 2009 年 6 月 13 日开工建设,2016 年 5 月通过通水、完工验收。

平均引水量 6633 万立方米,由李溪渡二期取水泵站、岚山二期加压泵站和宁波陆上二期输水管道、跨海二期输水管道及黄金湾水库等组成。

4. 浙东引水工程

浙东萧绍甬舟地区位于杭州湾南翼,人口密集,经济发达,但水资源短缺已成为制约该地区经济社会发展的主要因素之一。浙东引水工程是解决浙东地区水资源短缺矛盾的系统水利工程,由富春江引水供萧山、绍兴,曹娥江引水供宁波,大陆引水供舟山,主要由富春江引水枢纽及输水河道、曹娥江大闸枢纽、曹娥江上游钦寸水库、曹娥江以东配套输配水建筑物和河道及舟山大陆引水工程等组成。

5. 楠溪江供水工程

1997 年 1 月,建成楠溪江引水工程,为永嘉县上塘、黄田、瓯北解决缺水问题,也为温州发电厂提供淡水。引水工程枢纽,位于楠溪江下游的右岸渠口乡下城岙村仙清公路外侧,设计引水流量 5.94 立方米/秒,95% 保证率年供水总量 6663 万立方米。引水轴线穿山而过,上起渠口乡下城岙村,下至瓯北镇花岙村,贯穿渠口乡、上塘镇、黄田镇、瓯北镇,工程全长 20.362 千米,分上塘、下塘、洞桥、万寿、化工厂及花岙等 6 个分水口。

楠溪江供水工程[1]引楠溪江水向永嘉县沙头、峙口,乐清市虹柳平原提供城镇生活及工业用水 1.58 亿立方米。楠溪江供水工程由沙头拦河闸及输水系统组成。

---

[1] 楠溪江供水工程于 2007 年 12 月 28 日正式开工,至 2011 年底,主体工程基本完工,2012 年 2 月 2—3 日,浙江省水利厅组织对输水系统进行了通水验收,2013 年 8 月 14 日正式启用运行。

（七）城乡供水用水

1. 水资源分区

浙江省独流入海河流众多，江河源短流急，沿海平原分散，自成体系，区域特点明显，发展需求不同，保供水现状保障水平存在差异，治理任务各有侧重。《浙江省水资源》调查评价范围为浙江省行政区界内国土面积 103785.4 平方千米区域[①]，按流域三级区、省际边界四级区套市级行政区来分。

2. 河湖取水口与地表水水源地

据《浙江省第一次水利普查公报》，2010 年，浙江省共有规模以上（农业取水流量 0.20 立方米/秒以上，其他用途年取水量 15 万立方米以上）河湖取水口 10000 个；有规模以下河湖取水口 48841 个。共有供水人口 1 万人以上或日供水量 1000 立方米以上的地表水水源地 531 处。

3. 地下水取水井及水源地

据《浙江省第一次水利普查公报》，2010 年，浙江省共有规模以上（灌溉用井管内径 200 毫米以上或供水用日取水量 20 立方米以上）机电井 3025 眼，年取水量共 1.35 亿立方米；有规模以下机电井和人力井 236.13 万眼，年取水量共 3.26 亿立方米。共有日取水量 0.5 万～1 万立方米的小型地下水水源地 3 处。

4. 供水用水

浙江省多年平均水资源量 960 亿立方米，不考虑水利工程环境配水能力的情况下，至 2018 年，全省各项水利工程总供水

---

① 该数据为 20 世纪 90 年代末第一次土地调查数据。按历年《浙江统计年鉴》为 10.18 万平方千米；据 2009 年、2019 年第二次、第三次土地调查数据，分别为 10.55 万平方千米和 10.47 万平方千米。

能力 280.67 亿立方米,其中水库工程供水能力 164.53 亿立方米,提引水工程供水能力 116.14 亿立方米。[①]

随着人口的不断增多和社会经济的不断发展,2010 年以前,全省的供水量逐年递增,从 2000 年的 203.27 亿立方米增至 2010 年的 220.08 亿立方米。之后,随着各项节水政策措施的推行,用水量逐年减少,至 2020 年,降至 163.94 亿立方米。

用水结构中,农田灌溉用水占比最高,达 33.91%～55.20%,2015 年之前逐年减少,之后有回升;农牧渔畜用水占比 5.05%～7.20%,2010 年之前逐年递增,之后逐年递减;工业用水占比 21.8%～27.70%,2005 年之前逐年递增,之后逐年递减;居民生活用水占比 9.90%～18.00%,2005 年之前逐年递减,之后逐年递增;城镇公共用水占比 4.00%～10.90%,呈逐年递增态势;生态环境用水 1.90%～6.50%,2010 年之前逐年递减,之后逐年递增。

从流域分区看,太湖水系、钱塘江、浙东沿海诸河,浙南沿海诸河供水量占 99% 以上,鄱阳湖水系、闽东诸河和闽江供水量份额不足 1%。

5. 用水指标

2000 年和 2020 年,城镇居民人均生活用水量分别为 111 立方米和 47.8 立方米,农村居民人均生活用水量分别为 38.3 立方米和 40.2 立方米;农田灌溉亩均用水量分别为 508 立方米和 329 立方米,其中水田亩均灌溉用水量分别为 561 立方米和 391 立方米;工业万元产值用水量分别为 36.5 立方米和

---

① 周芬、魏靖、王贝等:《浙江省区域水资源承载力分析及强载措施研究》,《水文水资源》2020 年第 8 期。

25.4 立方米。用水效率有了明显提升。各流域分区水资源利用率存在较大的差异。

（八）水文与气象观测

1. 观测站网

新中国成立之初的 1949 年底,浙江仅有水文测站 22 个,此后,浙江省积极发展观测站网,至 1956 年底全省各类水文站发展到 256 个。但是当时布站缺乏规划,地区分布、项目配置也不甚合理,1956 年在水利部水文局领导下,浙江全省开展"基本水文站网规划",于 1956 年 8 月完成,上报水利部审批后,从 1957 年开始按规划设站,至 1965 年全省共有各类水文测站 736 个,基本完成了基本站网规划的任务。嗣后又在 1979 年进行一次站网调整规划,要求增设小河站 25 个,雨量站 417 个,并经水利部、国家计划委员会、国家农业委员会批准,但因经费困难,未能按照规划全部实施,至 1984 年全省共有水文站 126 个,水位站 151 个,雨量站 693 个,径流站 4 个,实验站 3 个,共计 977 个,这是浙江省测站总数的高峰时期,1984 年以后因经费困难,站点逐年减少,至 1995 年底,全省共有水文站 116 个,水位站 132 个,径流站 1 个,实验站 3 个,雨量站 645 个,共计 897 个。按观测项目来分,1995 年共有流量项目 122 个,密度为 834 平方公里/站,雨量项目 820 个,密度为 124 平方公里/站,蒸发项目 85 个,密度为 1200 平方公里/站。[①] 至 2018 年,全省已建成水文测站 4533 个。按性质分,国家基本站 709 个,专用站 3824 个;按类型

---

① 浙江省水文志编纂委员会编:《浙江省水文志》,中华书局,2000,第 9—10 页。

分,水文站 254 个,水位站 2359 个(80％为水库水位站),雨量站 1750 个,地下水站 155 个,墒情站 15 个。[①] 水文站网能较好地满足全省防洪抗旱、水资源合理开发利用、水环境监测、水工程规划设计等国民经济和社会发展的需要。

2. 水情预警预报

为了防汛工作的需要,从 1950 年起设立报汛站。当时省级报汛站仅 16 个,此后逐年增加,1985 年最多时为 301 个,1995 年为 284 个。20 世纪 80 年代以前,水文信息均由邮电局传递,暴雨天气常有中断;浙江于 1976 年开始筹建,在浦阳江、东苕溪、西苕溪、太湖运河区、钱塘江中上游共建立无线电通信站 150 个,并设了 3 个中继站,此后宁波、嘉兴、安吉等市、县又建立独立小网。

水文预报是新中国成立后开始的。1953 年首先在浦阳江诸暨站进行洪峰水位预报,此后逐渐扩大到各江河站;20 世纪 60 年代起实施自上而下"一条龙"洪水预报,后又开始全省中小型水库预报及施工预报;70 年代开始中、长期预报,1979 年开始沿海风暴潮预报,至 1995 年全省共有预报站 37 处。[②] 至 2018 年,共有省级预报站 22 个、市县级预报站 33 个;预报站次大幅增加,已达 1200 余站次,其中台风期预报站次占全国 1/3,排名第一。预报精度不断提高,兰溪等流域预报站流量预报误差基本小于 15％,水位预报误差基本小于 0.15 米,达到优良。预

---

① 浙江省水利厅:《浙江水文走前列"五大工程"实施方案》(浙水计〔2019〕7 号文件)。

② 浙江省水文志编纂委员会编:《浙江省水文志》,中华书局,2000,第 12—13 页。

报预见期已提前至 3 天。①

三、矿产资源

(一)能源矿产勘查开采

浙江省能源矿产分为可燃有机矿产(包括煤、石油、天然气等)和放射性铀矿产。陆域少煤、缺油,海域油气前景看好,铀矿具有找矿潜力。

1.煤炭

浙江煤炭资源很少。煤系地层出露于 19 个县,面积 5600平方公里,占全省陆域面积的 5.5%。截至 1990 年底,探明原煤储量为 1.68 亿吨,占全国探明储量的 0.017%,保有储量 1.28亿吨,占全国保有储量的 0.013%。浙江省探明原煤储量的矿区 34 个,划分为 56 个井田。在 34 个原煤矿区中,中型矿区有 3个,即长广煤山矿区、牛头山矿区和独山矿区,其余都是 200 万吨以下至几万吨的小矿区。上二叠统龙潭煤系是浙江的主要含煤地层,分布在浙北的长兴及相邻的安徽广德牛头山一带。此外,尚有下二叠统礼贤煤系分布在浙西的江山、开化、龙游、建德、桐庐一带;下石炭统叶家塘煤系分布在浙西,分常山—杭州、江山—金华两个条带;上三叠统至侏罗统煤系分布在衢州、兰溪、浦江、义乌、丽水、遂昌、松阳、龙泉一带,第三系褐煤分布在新昌、嵊县、天台、宁海、东阳一带;炭沥青煤分布在安吉、淳安一带。

---

① 浙江省水利厅:《浙江水文走前列"五大工程"实施方案》(浙水计〔2019〕7 号文件)。

浙江石煤资源预测储量 94 亿吨,探明储量 16 亿吨。石煤是一种高灰分、高硫分的低热值煤炭,发热量 800～2000 卡/克,有多种伴生元素,其中五氧化二钒达到工业开采品位,有综合利用价值。石煤出露于 17 个县,面积 700 平方公里,主要赋存于寒武统荷塘组地层之中,分布于衢州、金华、杭州、湖州地区。

1957 年,全省原煤产量仅 1360 吨,石煤产量据主产区常山、江山两县统计为 2.8 万吨。1958—1962 年,形成了 39 万吨/年的原煤生产能力。1969 年,全省原煤产量 46.97 万吨,矿井核定生产能力增至 57 万吨/年。1972 年,全省原煤生产矿井达到 34 对,生产能力达 145.7 万吨/年。1970—1972 年,全省石煤平均年产量达到 161 万吨,石煤的使用范围从土法烧制石灰扩展到多种工业炉窑,用于发电、造纸、水泥、砖瓦等 10 多个行业。原煤总产量 1989 年以前年产量均在 140 万吨以上,1990 年降至137 万吨。石煤产量有较大增长,1986 年以后年产量保持在 300万吨以上,1990 年为 318 万吨。在 1991—2014 年,浙江境内未再探出新增煤炭资源,未新建矿井,因资源条件太差或已接近采完,陆续停止生产,煤炭产量逐年减少,直至全部退出煤炭生产。[1]

2. 放射性矿产

浙江省放射性矿产地质勘查始于 20 世纪 50 年代。1956—2010 年,已查明火山岩型铀矿田 1 处、铀矿床 19 处。发现铀矿点 76 个、矿化点 108 个、伽马异常点 207 个,航空伽马总量异常46 个、航空伽马能谱异常 103 个。[2]

① 《浙江煤炭工业志》编纂委员会编:《中国煤炭工业志·浙江煤炭工业志(1991—2014)》,煤炭工业出版社,1999,第 62—108 页。
② 《浙江通志》编纂委员会编:《浙江通志·地质勘查志》,浙江人民出版社,2019,第 85 页。

（二）金属矿产勘查开采

金属矿产分为黑色金属、有色金属、贵金属、"三稀"（稀有金属、稀土金属和分散元素）矿产 4 类。浙江矿产资源特点有：黑色金属矿产缺乏，铁矿规模小、品位低、资源储量有限，钛、钒、锰矿缺乏具工业价值的独立矿床。有色金属矿产具有一定的资源储量，铅、锌矿点多，但富矿少。铜、钼矿后备储量不足，钨、锡、锑矿查明资源储量较少。贵金属矿产的矿点虽多，但仅有 1 处大型金矿、4 处中型银矿，多属共生矿。稀土金属矿产以风化壳类为主，有一定的找矿前景。[①]

20 世纪 50 年代至 2010 年，浙江经勘查已查明有资源储量的金属矿产 24 种。其中，金矿、铝矿开采在国内曾有一定地位，对铁矿、铜矿、铅锌矿、银矿等均投入相当的勘查工作。查明遂昌银坑山金银矿、黄岩五部铅锌矿、余杭闲林埠钼铁矿、绍兴漓渚铁矿、龙泉乌岙铅锌多金属矿、黄岩上垟铅锌矿、诸暨七湾铅锌矿、绍兴西裘铜矿、建德岭后铜矿、天台大岭口银铅锌矿、青田石平川钼矿等一批大中型金属矿床矿。

1.黑色金属

黑色金属矿产有铁、钛、钒、锰 4 种，其中铁、钛、钒已查明部分储量。铁矿有 3 处中型矿产地，多为贫矿。钒、钛尚未发现独立矿床，均与其他矿产伴生或共生。锰矿有不同成因类型的矿点多个，但规模小、品位低、缺乏工业价值。

新中国成立后，浙江的冶金工业逐步发展。20 世纪 50 年代

---

① 《浙江通志》编纂委员会编：《浙江通志·地质勘查志》，浙江人民出版社，2019，第 86 页。

中后期,建成漓渚铁矿、杭州钢铁厂、绍兴钢铁厂等企业。

2.有色金属

浙江有色金属矿产有铜、铅、锌、镍、钴、钼、钨、锡、铋、汞、锑,其中铜、铅、锌矿多为共、伴生矿床,具有一定的规模,分布于全省;钼矿分布较集中,矿石品位较高;钨、锡、锑、钴、铋、汞均为小型矿床或矿点;镍为伴生矿。浙江有色金属矿产的特点是:大中型矿床少,小型矿床多;富矿少,贫矿多;单矿种矿床少,多矿种矿床多,且开采利用的多。

(1)铜矿

全省铜矿地质勘查始于 1958 年。至 2010 年,全省勘查铜矿区 34 个,其中,中型铜矿床有绍兴西裘、建德岭后 2 处。小型矿床有诸暨铜岩山、淳安潘家、文成大埠培、松阳板桥以及平阳怀溪等处,约 30 处均为矿点。

(2)铅锌矿

铅锌矿是浙江省资源储量比较丰富的矿产。但大型矿床少,铅、锌品位较低,矿石组合复杂。因常与铜、银以及分散元素共、伴生,故矿区名称常以"铅锌多金属矿"冠之。资源勘查程度较高,已查明黄岩五部铅锌矿为大型矿床,诸暨七湾、黄岩上垟、龙泉乌岙、龙泉南弄、遂昌银坑山等处为中型矿床。[①]

(3)钼矿

浙江省钼矿成因类型有热液脉型、斑岩型、砂卡岩型、海相沉积型等。其中,以热液脉型钼矿为主,其次为斑岩型钼矿。主要分布在浙东南青田、莲都、永嘉、景宁以及绍兴、开化等地。

---

① 《浙江通志》编纂委员会编:《浙江通志·地质勘查志》,浙江人民出版社,2019,第 93—96 页。

3. 贵金属

浙江省贵金属有金、银两种。金矿以岩金为主,其次为伴生金矿,砂金仅1处。浙江省遂昌金矿位于濂竹乡治岭头。银矿以铅锌矿、金矿中的共生银为主,独立银矿少。

(三)非金属矿产勘查开采

浙江省非金属矿产资源丰富,包括矿物类、岩石(砂、黏土)类和宝玉石类。发现矿种60余种,其中约占2/3矿种的资源储量已查明。萤石、明矾石、叶蜡石储量大,质量较好,位居全国矿产储量前列;硅藻土、石灰岩、白云岩、大理岩、花岗岩等岩石类矿产资源丰富;钠基膨润土、沸石、伊利石属国内首次发现,并率先投入勘查。宝玉石类矿产资源相对较少,对原生金刚石勘查投入较多工作,尚未有突破。

1. 矿物类

浙江省的矿物类非金属矿产主要有萤石、明矾石、叶蜡石、伊利石、硫铁矿、磷矿、硼矿、沸石、重晶石、硅灰石、透辉石、钾(钠)长石、膏盐等。其中,萤石、明矾石、叶蜡石等矿产储量名列国内前茅。

(1)萤石

中国萤石矿储量居世界之冠,主要分布于东南沿海地区的浙江、福建及江西,其次分布于湖南、湖北、河南和内蒙古、吉林等地。其中,浙江省的萤石储量位居全国第一。

浙江省探明资源储量矿区68个,矿石量6736.2万吨,矿物量为3692万吨。单一矿资源储量占全国的1/2,居第一位。浙江萤石尤以武义著称,武义萤石矿田以武义县城为中心,北东、南西长宽各30公里,面积约900平方公里,共有杨家、后树及余山头等

295

大、中型萤石矿床 20 余处,小型矿床 40 余处及矿点 140 个①,2020
年底保有萤石资源量 5754 万吨,主要分布在武义和宣平断陷盆
地内部及其周边,矿床以北东向断裂构造控制为主,北西向断裂
构造控制为次。据《浙江省矿产资源总体规划(2021—2025
年)》,全省有武义谢坑、武义鸡舍湾、杭州临安岛石、泰顺前坪
仔、诸暨璜山、金华金东焦岩、兰溪岭坑山、开化村头、龙泉八都、
缙云三溪—大源、仙居大战等萤石矿重点开采区。

(2)明矾石

明矾石是浙江省优势矿种之一,2020 年资源保有量 16820
万吨,居全国之首。明矾石分为钾明矾石和钠明矾石两类,矿石
中氧化钾、氧化钠含量达 6%～8%。因此,明矾石也是综合生产
钾肥、氧化铝和硫酸的矿物原料,主要产于苍南、平阳、瑞安 3 县
(市)以及萧山、鄞州等地。

(3)叶蜡石

浙江省叶蜡石资源丰富,至 2020 年保有资源储量 4567 万
吨,主要分布在浙东南火山地热区。已查明资源储量矿产地 12
处,其中青田县山口、岭头和泰顺县龟湖 3 处为大型矿产地,属
火山热液及火山沉积变质型矿床。至 2020 年,青田县和泰顺县
保有叶蜡石资源量分别为 1211 万吨、1870 万吨。

2. 岩石、砂、黏土类

浙江省岩石类矿产主要有:珍珠岩、石灰岩、白云岩、大理
岩、石英岩、板岩、页岩以及花岗岩、辉绿岩、玄武岩等,以及用于
建筑、饰面用的板岩、安山岩、闪长岩等。砂类矿产主要为天然

---

① 王海宝、赵少华:《浙江萤石矿床的特征及开发利用对策》,《有色金属文摘》
2015 年第 4 期。

砂,包括河砂和海砂两类。黏土类非金属矿产种类繁多、应用广泛,主要有膨润土、高岭土、地开石、硅藻土、伊利石、陶瓷(石)土等。

(1)珍珠岩

珍珠岩是火山喷发形成的酸性玻璃质熔岩。经高温焰烧后的膨胀倍数和产品容量决定其工业价值。珍珠岩资源主要分布在浙东南一带,包括天台九里坪珍珠岩矿、缙云天井山珍珠岩矿、象山县高塘珍珠岩矿等。主要用于保温材料、轻质填料。[①]

(2)石灰岩

浙江省石灰岩资源丰富。主要分布在浙西北地区,成矿时代从震旦纪至早中三叠世,共 11 个含矿层位。以中、上石炭统黄龙组和船山组为主要含矿层位,具有矿床规模大,矿石质量好的特点;其次为上奥陶统三衢山组,中下三叠统青龙群;再次为中寒武统杨柳岗组,上寒武统西阳山组和下二叠统栖霞组。浙东南地区石灰岩资源分布较少。2015 年,全省水泥用灰岩保有资源储量 35.1 亿吨,熔剂用灰岩保有资源储量 1.5 亿吨。

改革开放以来,社会经济快速发展,21 世纪初,浙江全省的石灰岩矿山曾增至 600 多处。为合理利用与有效保护石灰岩资源,进一步规范开发秩序,促进矿山布局合理、结构优化,提高资源利用效率,保障安全生产,保护环境,2007 年颁布了《浙江省石灰岩开采准入条件(试行)》(浙土资发〔2007〕40 号)。依托资源条件和加工基础,建成六大石灰石开采加工基地,满足浙江省及周边地区水泥、钙粉、石灰等需求。①长兴基地:以长兴为中心,

---

① 《浙江通志》编纂委员会编:《浙江通志·地质勘查志》,浙江人民出版社,2019,第 125—126 页。

包括湖州吴兴区、安吉等地,重点发展新型干法水泥和轻钙粉产品。②建德基地:以建德石马头、洞山为核心,重点发展新型干法水泥和轻钙粉产品。③金华基地:以金华市区、兰溪为中心,重点发展新型干法水泥。④富阳基地:以富阳为中心,包括桐庐等地,以富阳大山顶、渌渚为核心,重点发展新型干法水泥、脱硫用石灰石和轻钙粉产品。⑤衢州基地:包括常山、衢江、江山、龙游,以常山辉埠、衢江上方、江山须江为核心,重点发展新型干法水泥、轻钙系列产品和石灰。⑥诸暨基地:以诸暨北部为核心,从富阳调入高钙石灰石搭配当地低钙石灰石,发展重点新型干法水泥。

同时,浙江石灰石的应用领域不断延伸。造纸、橡塑、化学建材等行业对石灰岩和纯白大理岩(方解石)需求大增,其年消耗量约 200 万吨。①

(3)石英岩(脉石英、石英岩、砂岩)

浙江省查明石英岩类矿床、矿点 20 余处,主要分布在杭州、湖州等地,估算储量超亿吨。主要用作玻璃及水泥配料。玻璃用石英砂岩矿有杭州护持山石英砂岩矿、吴兴城皇山石英砂岩矿、湖州市郊龙溪乡照山石英砂岩矿、长兴范湾石英砂岩矿、萧山石岩山石英砂岩矿、安吉吟诗村石英砂岩矿、平阳渔塘区石英岩矿、宁波龙王堂石英岩矿、云和岗头庵石英岩矿、长兴管埭石英岩矿等。玻璃用脉石英矿有杭州超山脉石英矿、磐安黄林坑脉石英矿、安吉章村脉石英矿等。水泥配料用砂岩矿有江山水泥厂砂岩矿、江山清湖连头山砂岩矿、杭州转塘泥质长石砂岩

① 袁慰顺、朱生保、林鸿福:《浙江优势非金属矿产资源的开发利用研究》,载浙江省科学技术协会《浙江省科协学术研究报告论文集》,2004,内部资料,第 1—18 页。

矿、长兴慈岗山砂岩矿等。[①]

（4）石材

浙江 70％的地区属山地丘陵，岩浆岩、沉积岩、变质岩遍布各地，天然花岗岩、大理岩、板岩、砂岩等，为重要的石材资源，且质地优良。至 2003 年，已查明石材矿山 36 座，储量近 10 亿立方米，品种 80 余个，其中有的被评为"中国名特石材品种"。[②]

进入 21 世纪，随着对生态环保日益重视，浙江各地对一批"低、小、散"和污染严重的石材企业进行整治，关停并转，废弃矿山生态修复，实现产业迭代升级。

（5）膨润土

膨润土是以蒙脱石为主要矿物的黏土岩。在浙江省北部地区中生代沉积火山岩系盆地内发现多处膨润土矿床，资源远景较好。临安平山矿区属大型矿床，1965 年 3 月，平山矿区投产，至 20 世纪 90 年代，因城区建设范围扩展，矿区面积缩小，可采量减少。余杭仇山、安吉红庙等为中型矿床。矿石类型分为钠基膨润土和钙基膨润土两类。按用途分为铸造用膨润土（占48％）、冶金球团黏合剂膨润土（占 36％）、油脂脱色膨润土（占4％）、未划分用途（占 12％），以及开发的纳米级高纯度有机膨润土等。至 2015 年，膨润土保有资源储量 12818 万吨。

（6）硅藻土

浙江省内硅藻土资源丰富，主要集中在嵊县（今嵊州市）、新昌县境内。可用作保湿材料和过滤吸附材料。①嵊县硅藻土矿：分布于普义、浦桥一带。据 1988 年提交的《浙江省嵊县硅藻

---

① 《浙江通志》编纂委员会编：《浙江通志·地质勘查志》，浙江人民出版社，2019，第 131—132 页。

② 徐苗铨：《浙江石材大有可为》，《石材》2004 年 4 期。

土矿区普查地质报告》,硅藻土含矿地层处于新近系嵊县组玄武岩间的夹层中,分上、下两层,矿石矿物以直链藻为主,含量50%左右。硅藻土保有储量4286万吨,远景储量5亿多吨。②塘头硅藻土矿:E级矿石储量1090万吨。矿石的白度指标不高,适用于塑料管材的配料等。③崇仁—广利一带硅藻土矿:硅藻土呈白色、浅灰白色(白土)和灰蓝色、棕褐色(蓝土)两种。硅藻土中硅藻含量60%～90%。估算资源量:露采3000万吨、坑采7660万吨,推断马家坑矿段优质硅藻土资源量150万吨。

(7)陶土

浙江日用陶器主要原料,属于自然界中的天然黏土,也叫陶土。细陶和精陶还要掺用石英和长石等。这些原料在全省各地都有,贮藏量丰富。

日用陶器因坯料和釉料不同,烧成后质地也有所区别。按质地不同,主要分为普陶(粗陶)、细陶、精陶、特种陶、紫砂陶等类。[①]

3.宝玉石

浙江省宝玉石类矿产的地质勘查工作始于20世纪50年代末。1959—2006年,以宝玉石矿点、情报点踏勘检查为主,已知宝玉石矿点40余处。除杭灰装饰大理岩、青田石、鸡血石有规模开采外,其余矿种缺乏开采价值。

(四)水气矿产开发利用

水气矿产主要有地热水和(天然)矿泉水两类。[②]

---

① 浙江省轻工业志编纂委员会编:《浙江省轻工业志》,中华书局,2000,第138—142页。

② 《浙江通志》编纂委员会编:《浙江通志·地质勘查志》,浙江人民出版社,2019,第146页。

　　浙江省地热地质工作始于 20 世纪 50 年代末至 60 年代初。地热水(异常)点大多是在水文地质普查、矿产勘探、采矿、地下水动态监测中发现。其中泰顺承天、宁海深圳、武义塔山、武义溪里、临安湍口温泉得到开发利用,均取得较好的经济、社会、环境效益。2005—2010 年,嵊州崇仁、嘉善惠民、金华汤溪、嘉兴运河等地热资源勘查工作取得重要进展和重大突破。全省已查明中低温地下热水 35 处,水质较好,适用于医疗养生。

　　浙江省饮用天然矿泉水资源丰富,开发利用起步较早。1987 年,青田青鹤泉、杭州市转塘白沙山、武义百花山及长兴大唐贡泉成为浙江省第一批通过技术鉴定的饮用天然矿泉水。至 2010 年 5 月,全省饮用天然矿泉水产地 42 处,年开采量约为 25 万立方米。

四、农作物

　　根据浙江省自然环境条件和农作物的适应性,全省划分为 10 个种植业区:杭嘉湖平原粮、桑、油、菜区,钱塘江下游和杭州湾两岸棉、麻、桑、菜区,宁绍平原粮、油区,浙东沿海港湾平原丘陵粮、果、棉、糖区,浙南沿海平原粮、橘、糖区,浙西山地丘陵茶、粮、果、桑区,金衢低丘盆地粮、棉、油、果、茶区,浙东山丘盆地粮、茶、桑、果区,浙南山地粮、茶、果、杂区,舟山岛屿丘陵粮、棉、果区。[①]

(一)粮食作物

1.稻作区划

根据现有稻作种植制度和品种类型分布,结合热量、水分、

---

　　①　浙江省农业志编纂委员会编:《浙江省农业志》,中华书局,2004,第 281—283 页。

地形以及社会经济条件,全省可划分为 5 个稻作区:浙北平原以粳型晚稻为主的连作稻区;浙东、浙南沿海平原以籼型晚稻为主的连作稻区;金衢盆地以籼型晚稻为主的连作稻区及旱粮区;浙西、浙东、浙南丘陵山地水稻区;海岛连作稻区。

2. 水稻品种更替

新中国成立后,水稻品种经历了从农家品种到高秆改良品种、普及矮秆品种、推广杂交水稻优良组合、选用和推广优质稻品种等阶段。从 20 世纪 50 年代至 80 年代中期,各地水稻品种的选用一直以产量为主,而在早稻品种的选用上更为突出。但推广的早稻品种,米质适口性较差,随着粮食供需矛盾缓解,早稻谷大量压库。为了改进稻米品质,80 年代中期,政府提出大力压缩劣质早籼品种,扩大中质品种,积极开发优质米的选育和加快优质米品种审定的要求,逐步实现早籼品种以良代劣、以优代良的目标,水稻生产由以产量为主转移到质量、产量并重。育种单位先后育成一批优质稻品种,在生产上试验、示范和推广。

3. 麦类

浙江省大麦种植面积是从南到北、从西到东逐渐增加的。杭嘉湖、宁绍和温黄 3 个平原水网地区以及舟山海岛等地是浙江大麦的主产区。大麦品种资源丰富,有皮大麦和裸大麦两大类型,还有三叉大麦(又名僧帽大麦),并有二棱、四棱、六棱和早、中、迟熟之分。

小麦适应性强,分布于全省各地,平原、山区、丘陵,水田、旱地、低洼盐碱地,均有种植。20 世纪 50 年代以来,随着育种工作不断取得新成就,浙江小麦生产经历多次品种大更换,早熟、耐病、丰产、适应性广的浙麦 1 号、浙麦 2 号迅速推广应用,改变了小麦品种历来以迟熟、秆高为主和品种多、乱、杂的局面,形成以早熟品种为主,中、迟熟品种合理搭配的适合浙江三熟制发展需求的布局。

4. 玉米

玉米种植主要分布在浙中、浙西丘陵山区及河谷平原。金华、衢州、杭州、丽水、台州等地种植面积较多。栽培品种,按生态环境分,有山玉米、地玉米、田玉米等类型;按种植季节分,有春玉米、夏玉米、秋玉米等类型;按品种籽粒外形和内质分,有硬粒型、马齿型、半马齿型和半硬粒型 4 种。硬粒型玉米适应性强,单株产量较低,但较稳定,如磐安黄子、满蒲金、苏玉 1 号、掖单 12 等;马齿型玉米植株高大,对肥、水条件要求较高,丰产性好,籽粒品质较差,适应能力也不强,如旅曲、丹玉 6 号等;半马齿型是由硬粒型与马齿型杂交产生的,如浙单 1 号、虎单 5 号等;半硬粒型玉米产量较高,品质较好,如半黄等。随着人们生活水平的提高,优质新品种不断引进。20 世纪 80 年代以来,在城镇附近兴起种植鲜食玉米和高赖氨酸玉米、糯型(又称蜡质型)玉米、果型甜玉米、菜型笋玉米等。

5. 薯类

甘薯是高产旱粮作物,适应性广,全省各地都有种植。按自然生态地区划分,甘薯种植集中分布在山地(以浙南山地为主,占 60%~70%),低丘红壤地区(包括金、衢地区和浙西及西北的长兴、安吉片,占 20%~30%),以及浙东南沿海涂地(温、台地区,占 5%~10%)。

马铃薯适应性广,粮菜兼用,各地均有种植,不少地方当作蔬菜。生育期短、产量高,在春、秋两季种植。

6. 豆类

豆类在浙江粮食作物中的地位仅次于禾谷类作物,种类繁多,常见的有大豆、蚕豆、豌豆、赤豆和绿豆等。

7. 杂粮

浙江小杂粮种类多,主要有禾本科的高粱、粟、黍(稷)、薏苡等,蓼科的荞麦,美人蕉科的蕉藕等。种植面积不大,多为零星分布。随着小杂粮成为时尚健康食物,需求量持续增加。

(二)蔬菜与食用菌

1. 蔬菜生产及产区分布

新中国成立后,大城市郊区蔬菜种植、近郊蔬菜生产纳入计划管理,浙江蔬菜有了新的发展。改革开放后,商品蔬菜生产得到迅速发展,20 世纪 80—90 年代,播种面积逐年波动递增;21世纪以来,年播种面积稳定在 60 万~70 万公顷。年产量变化趋势也相似。

1993 年,全省蔬菜播种面积 28.34 万公顷,蔬菜及食用菌产量 771.46 万吨。年产蔬菜 10 万吨以上的有 27 个县(市、区),总产量占全省蔬菜总产量的 70.7%。其中年产蔬菜 20 万~50万吨的有余姚、慈溪、萧山、诸暨、桐乡、余杭、温岭及杭州市江干区等 8 个县(市、区);年产蔬菜 10 万~20 万吨的有临海、上虞、海宁、绍兴、瑞安、湖州市区、奉化、义乌、平湖、鄞县、黄岩、长兴、兰溪、江山、嵊县、乐清、平阳、桐庐、苍南等 19 个县(市、区)。年产果用瓜万吨以上的有 37 个县(市、区),其中年产 5 万~12 万吨的有慈溪、嘉善、长兴、鄞县、萧山、平湖等 6 个,占全省果用瓜总产量的 38.3%。①

---

① 浙江省农业志编纂委员会编:《浙江省农业志》,中华书局,2004,第 892—897 页。

2022 年,全省蔬菜播种面积 67.08 万公顷,蔬菜及食用菌产量 1976.66 万吨。从设区市看,杭州、宁波、嘉兴、台州、温州5 个地区的蔬菜播种面积均超 6.67 万公顷,占全省蔬菜播种总面积的 60％以上。

2. 蔬菜种类

浙江蔬菜种类繁多,品种资源丰富,有 10 余类 80 余种 500多个品种。①根菜类:常见的有萝卜、胡萝卜、芜菁、芜菁甘蓝等。②白菜类:常见的有大白菜、普通白菜、塌菜等。③甘蓝类:常见的有结球甘蓝(包心菜)、花椰菜等。④芥菜类:分根芥、茎芥、叶芥和薹芥等 4 类。⑤茄果类:常见的有番茄、茄子(分长茄和短茄两大类)、辣椒(分长角椒类、圆锥椒类、灯笼椒类)等。⑥豆类:常见的有菜豆、豇豆、菜用大豆、豌豆、蚕豆、扁豆等。⑦瓜类:常见的有黄瓜、冬瓜、南瓜、美洲南瓜(西葫芦)、西瓜、甜瓜、普通甜瓜、越瓜、菜瓜、丝瓜、苦瓜、瓠瓜、佛手瓜等。⑧葱蒜类:常见的有洋葱、大蒜、葱、韭菜、薤、韭葱等。⑨绿叶菜类:常见的有菠菜、茎用莴苣、散叶莴苣、芹菜、蕹菜、叶用莙荙菜、苋菜、落葵、茼蒿、芫荽、冬寒菜、苦荬菜、紫苏、薄荷、凤仙花等。⑩薯芋类:常见的有马铃薯、姜、芋(分多子芋、魁芋和多头芋等)、山药、豆薯、菊芋、草石蚕等。⑪水生蔬菜类:常见的有莲藕、茭白、慈菇、水芹菜、荸荠、菱、莼菜等。⑫多年生蔬菜类:常见的有竹笋、黄花菜、芦笋、百合等。⑬野生蔬菜类:常见的有白花败酱、马兰、荠、马齿苋、蕨、枸杞、香椿、白花重瓣木槿、萱草、薤白、羊乳、大叶蓬蒿、小叶蓬蒿、糯米团等。①

① 《浙江省农业志》编纂委员会编:《浙江省农业志》,中华书局,2004,第 898—919 页。

3.食用菌

浙江省是全国食用菌的主产区。20 世纪 50 年代后,庆元县香菇生产逐步得到恢复与发展。70 年代,为保护森林资源,限制香菇生产,导致香菇生产跌入低谷,龙泉、庆元、景宁 3 个县的香菇产量跌至历史最低水平。80 年代以来,浙江的食用菌生产进入大发展时期。[1] 已商业化规模栽培的品种主要有香菇、黑木耳、金针菇、双孢蘑菇等常规品种,以及秀珍菇、海鲜菇、灰树花、灵芝、猴头菇、杏鲍菇、羊肚菌、大球盖菇、桑黄等。2015—2020年,浙江省食用菌年均总产量为 78.1 万吨,变幅在 72.9 万~82.6 万吨。主产区香菇(丽水市、金华市)、黑木耳(丽水市)、金针菇(衢州市、金华市金东区)、杏鲍菇(宁波市奉化区、丽水市莲都区和淳安县)、猴头菇(常山县)、灰树花(庆元县)生产规模分别占全省的 92.8%、90%、97.3%、91.5%、95.9%和 96.4%。[2]

(三)水果干果

全省常绿果树主要有柑橘、杨梅、枇杷以及香榧等树种;落叶果树主要有桃、梨、梅、李、枣、柿、葡萄、猕猴桃、杏、樱桃、石榴、无花果,以及山核桃、板栗、银杏等树种;还有草本水果草莓。

20 世纪 50 年代初期和中期,各地果树生产得到恢复性发展。1957 年,全省果树栽培面积达 23.21 万亩(1.55 万公顷),水果总产量 9.37 万吨。1958 年后,由于"大跃进""共产风"的影响,生产上出现高指标、瞎指挥、浮夸风,果树生产严重受挫。

① 浙江省农业志编纂委员会编:《浙江省农业志》,中华书局,2004,第 939—940 页。
② 陆中华:《浙江省食用菌产业生产现状与发展思考》,《中国食用菌》2023 年第 4 期。

1964 年,水果生产开始复苏,1965 年,全省果树栽培面积达 31.31 万亩(2.09 万公顷),总产量 11.32 万吨。但在"文革"前期,水果生产一度下滑,至 70 年代初才有所好转。1976 年,全省果树栽培面积 66.99 万亩(4.41 万公顷),总产量 12.3 万吨。农村实行家庭联产承包责任制后,极大地调动了农民生产积极性,积极开展多种经营,利用荒山、丘陵、海涂以及宅旁隙地发展水果生产,逐步形成集中成片的生产基地。1978—2008 年,水果年产量波动递增。2008—2022 年,水果年产量稳定在 700 吨左右,其中,柑橘产量约占水果总产量的 25%。

　　浙江名、特、优果树种类丰富,黄岩、临海蜜橘,衢州椪柑,宁波金柑,玉环柚,苍南四季抛,常山胡柚,余姚、慈溪杨梅,黄岩、塘栖枇杷,奉化玉露桃,上虞、浦江葡萄,义乌青枣,萧山青梅,昌化山核桃,诸暨香榧等形成相对集中的产区,果园栽培管理水平较高,因而单位面积产量和果品质量也较高。[①]

　　(四)油料

　　油菜籽、芝麻、花生仁和油茶籽、棉籽,为浙江近现代人们的主要食用植物油原料,其中以油菜籽为主,其油脂产量占全省食用植物油的 80% 以上。

　　1949 年,全省食用植物油产量 3.51 万吨,人均 1.95 公斤,自给不足,仰赖省外输入补充。1954 年,各级人民政府加强对油料生产的领导,对食用油实行统一收购、统一经营。统购的品种确定为油菜籽、棉籽、油茶籽 3 种,统购任务层层分配。同时,对

---

　　①　浙江省农业志编纂委员会编:《浙江省农业志》,中华书局,2004,第 834—835 页。

城镇人口用油实行定量供应,对工商业、部队、其他用油等实行计划供应。从而促进食用油料生产逐步发展,1957 年食油总产量从 1953 年的 38680 吨增至 43945 吨,增长 13.6%,收购量从 18595 吨增至 41415 吨,增长 122.7%,购销差额从逆差 2635 吨转为顺差 4995 吨,保证了各方面对食油的基本需要。1965 年,全省食用植物油总产量达 57575 吨,比 1961 年增加了 1.54 倍,实现购销平衡。此后,由于"文革"影响,生产下降,食油又供不应求。1976 年,全省缺油县(市)增加到 57 个,净缺口油 700 万公斤。[1] 1977 年,油菜籽生产得到恢复和发展,从 1978 年起,20 世纪 80—90 年代,油料产量逐年波动增加,至 2000 年,达 58 万吨,全省食用油供应状况有较大改善。2001 年中国加入世贸组织之后,随着进口油料和进口食用油的增多,油料生产逐年减少,2019—2022 年,年产量稳定在 32 万吨左右。

(五)花卉

浙江花卉生产有得天独厚的自然环境,资源丰富、品种多、分布广,素有"东南植物宝库"和"花木仓库"的美名。全省共有花卉植物 1230 种,分属 164 个科,430 个属,栽培品种达 998 种。[2]

20 世纪 80 年代以来的不断调整发展,杭州、嘉兴、宁波、绍兴和金华已成为全省花卉的五大主要产区,其种植面积和销售收入均占全省的 80%。同时,也涌现出了萧山"花木之乡"、海宁"鲜切花之乡"、北仑"杜鹃花之乡"、绍兴"兰花之乡"、金华"茶花

---

[1] 浙江省农业志编纂委员会编:《浙江省农业志》,中华书局,2004,第 771—781 页。

[2] 同上书,第 975—1002 页。

之乡"等一批全国知名的花卉特色之乡。[①]

（六）茶

1950年,浙江省人民政府号召茶农迅速恢复发展茶叶生产,改制红茶,组织出口。1957年,全省茶叶产量达2.33万吨,接近抗日战争前最高年产量2.5万吨的历史水平。1958—1962年,由于"大跃进""共产风"的影响,茶叶生产受到严重破坏,产量急剧下降。20世纪60年代中期开始有所恢复,年产量达到1.54万吨;70年代茶叶生产持续上升。1972年,贯彻全国茶叶生产、收购会议"大力发展茶叶生产"的要求,浙江省规划建立年产茶叶2500吨基地县22个。至1978年,全省茶园面积239.85万亩、产量5.87万吨,分别比1949年增长7倍、7.9倍。改革开放后,茶叶生产持续发展,1980年达到7.54万吨,1981年继续上升到8.93万吨,1982年为10.71万吨。但由于市场茶叶销路不畅,茶叶生产大起大落。于是,浙江省农业厅及时提出"茶叶生产要多茶类、多渠道、多口岸"的战略方针和"开发名优茶,调整茶类结构,由产量型向质量和效益型转变"等多项措施,稳定了茶叶生产的发展。1994年,大宗茶大量积压,再次出现"卖茶难",全省茶园面积下降至190.2万亩,产量徘徊在11万吨。21世纪以来,随着中国加入世界贸易组织,茶园面积和茶叶产量逐年递增。2022年,全省茶园面积20.87万公顷,茶叶总产量18.12万吨,均名列全国前茅。单位面积产出稳居全国首位:采摘茶园亩产值平均超7550元,并涌现了松阳、安吉等一批亩产

---

①　夏旦丹:《浙江花卉业发展现状、问题和对策》,《浙江农业科学》2014年第1期。

值超万元的高效示范县和超 2 万元的示范片。

1. 产区分布

除南湖、秀洲、嘉善、平湖、海宁和桐乡等地处嘉兴平原的县（区、市）外，茶叶产地几乎遍及全省。根据自然条件、气候、土壤、山脉、生产布局及行政区域，大致分为以下 4 个产茶区。①

浙西北茶区：主要分布在天目山脉及其支脉、山地丘陵地区的淳安、建德、桐庐、富阳、临安、余杭、萧山、杭州市西湖区、开化、安吉、长兴、湖州市郊、德清和海盐等县（市、区）。生产的茶类有遂炒、杭炒、烘青、龙井、旗枪、大方、煎茶、红茶等，是浙江省主要外销茶基地之一，又是龙井、径山茶、紫笋茶、白片、千岛玉叶等名茶的产区。茶区北部茶树易受冻害。

浙东南茶区：主要分布在会稽山、四明山、天台山、括苍山及其丘陵山地的嵊州、诸暨、绍兴、越城、新昌、上虞、天台、临海、黄岩、仙居、三门、温岭、象山、宁海、奉化、鄞州、余姚、慈溪、普陀和定海。生产的茶类有珠茶、杭炒、越红、烘青等，是浙江省外销珠茶基地之一，又是天台华顶云雾、仙居碧青、普陀佛茶、泉岗辉白、日铸茶、蟠毫、西施银芽等名茶产地。四明山、会稽山、天台山等高山茶区容易遭受冻害。

浙南茶区：主要分布在浙闽边境的洞宫山脉及南、北雁荡山区的泰顺、平阳、苍南、瑞安、乐清、瓯海、文成、永嘉、龙泉、丽水、遂昌、松阳、云和、景宁、庆元、缙云、青田等县（市、区）。生产的茶类有温炒、烘青以及遂昌松阳银猴、景宁惠明茶、泰顺菇寮白毫、泰顺三杯香、雁荡毛峰等。该区地处浙南，气候温暖，茶叶

---

① 浙江省农业志编纂委员会编：《浙江省农业志》，中华书局，2004，第 711—712 页。

开采早,上市也早,有瑞安清明早、温州黄叶早、永嘉乌牛早等早茶品种。

金衢茶区:分布在东阳、磐安、义乌、浦江、金华、婺城、武义、永康、兰溪、衢江、柯城、江山、常山和龙游等县(市、区)。生产的茶类有茉莉花茶、遂炒、杭炒、珠茶以及双龙银针、江山绿牡丹、开化龙顶、龙游方山茶、常山银毫、衢江春露、东阳东白、兰溪毛峰等。

2.名优茶

名优茶是浙江茶叶中的一颗璀璨明珠,其壮大促成了茶产业从数量型转向质量效益。1990年,全省有县级以上名茶108种,生产面积34.9万亩,产量4286吨,产值1.05亿元,名优茶产值首次超亿元。至2000年,名优茶产量、产值达2.8万吨和17.4亿元,分别占全省总量的19.6%和61.8%,确立了名优茶在浙江茶叶经济中的优势地位。2018年,全省名优茶产量、产值分别达到8.9万吨和181.6亿元,占全省总量的47.8%和87.8%。地理标志产品龙井茶,法定产区涉及杭州、绍兴、金华和台州的18个县(市、区),2018年生产面积110万亩,产量2.2万吨、产值43.5亿元,分别占全省茶叶总产量、总产值的11.8%和21.0%。[①]

(七)药材

浙江中药材资源丰富,是全国道地中药材主产区之一。全省共有中药材资源2369种,其中植物药1785种,动物药162种,蕴藏量100多万吨,其中浙贝母占全国总量的90%,铁皮石斛占70%以上,杭白菊占近50%,元胡、白术、玄参、厚朴占30%

---

① 金晶、陆德彪:《浙江茶叶产业发展七十年回顾》,《茶叶》2019年第3期。

以上。拥有我国唯一以药用植物资源为主要保护对象的大盘山国家级自然保护区,磐安、桐乡、海曙、龙泉等多个中药材产区获得"中国药材之乡""中国杭白菊之乡""中国浙贝之乡""中华灵芝第一乡"等称号。[①]

至 2021 年,浙江省基本形成了以"老浙八味"(白术、白芍、浙贝母、杭白菊、延胡索、玄参、笕麦冬、温郁金)和"新浙八味"(乌药、前胡、灵芝、西红花、衢枳壳、三叶青、覆盆子、铁皮石斛)为主的传统道地药材和特色药材两大优势产业区,主要分布在磐安、东阳、武义、淳安、天台、龙泉、乐清、瑞安、江山、开化等 43 个县(市、区)的山区或半山区,种植面积约占全省总面积的 90%。全省有近 1.33 万公顷中药材基地实行粮—药轮作(套种)和林—药套(间)种,既稳定了粮食生产,又增加了种植效益。中药材生产正由传统的单家独户生产向规模化、合作化产业订单式方向发展。[②]

(八)纺织纤维

1.蚕桑丝绸

从 1949 年至 2022 年,浙江蚕桑丝绸业经历了从百废待兴到恢复发展阶段(1949—1977)、从自营出口到体制变革发展阶段(1978—2000)、从加入世贸到结构调整发展阶段(2001—2010)和从要素制约到集约发展阶段(2011—2022)等 4 个发展阶段。[③]

---

① 《浙江省人民政府办公厅转发省经信委等 11 部门关于浙江省中药材保护和发展规划(2015—2020 年)的通知》(浙政办发〔2015〕117 号)。
② 何伯伟、徐丹彬、姜娟萍等:《浙江省中药材产业向高质量发展的措施及建议》,《浙江农业科学》2019 年第 12 期。
③ 李琴生:《1949—2019 年浙江蚕桑丝绸产业发展历程及时代特征》,《丝绸》2019 年第 4 期。

进入 21 世纪,浙江丝绸深加工产品及制成品的比重不断提高。丝绸产品已在传统的生丝、坯绸、服装、丝巾、领带的基础上,扩展到丝毯、蚕丝被、文化用品等领域。

随着沿海地区工业化、信息化、城镇化发展步伐,土地资源紧缺、劳动力成本上升,蚕桑丝绸产业结构调整加快,蚕桑和茧丝等原料性产品生产持续向中西部地区转移,但丝绸服装制成品等深加工产品占比增加,尤其是蚕丝被、丝巾、真丝手袋等丝绸家纺产品和文化创意产品得到迅速发展。

浙江丝绸企业响应"东桑西移"号召和实施"走出去"战略,在全国的四川、云南、广西等省区,在国外的越南、缅甸、柬埔寨等国家建立茧丝绸产业基地和拓展海外市场,浙江蚕桑丝绸产业的全球化布局更加活跃,产业规模和市场份额名列前茅,研发创新能力、产品附加值和市场竞争力显著提升。2018 年,浙江省蚕茧发种量 41.36 万张,蚕茧生产量 2.05 万吨(41 万担),生丝产量 6326 吨(含绢丝),真丝绸缎 15721 万米,蚕丝被 206 万条,丝绸服装及制品 2 亿件/条(含领带、丝巾、文化产品等),全省真丝绸商品出口 8.15 亿美元。至 2022 年,浙江省桑园面积为 34.2 万亩,蚕茧产量 16911 吨。

2.棉花

全省主要有钱塘江口及杭州湾两岸、东部沿海和金衢河谷等三大棉区。

新中国成立后,棉花作为事关国计民生的重要物资,中央和地方人民政府对发展棉花生产极为重视,采取一系列的经济政策和物质扶持,加强棉田基础建设,改革栽培技术,使浙江棉花生产获得较快发展。20 世纪 50 年代平均每年植棉 114.84 万亩,亩产皮棉 25.6 公斤,总产量 2.94 万吨,种植面积与 1949 年相当,而亩产量和总产量分别比 1949 年提高 326.6%、332.4%;60 年代平均每年植棉 144.1 万亩,亩产皮棉 49.55 公斤,总产量 7.14 万吨,比 50 年代分别增长 25.5%、93.6% 和 142.9%;1964 年开始,全省平均亩产皮棉连续 7 年名列全国前茅;70 年代平均每年植棉 134.28 万亩、亩产皮棉 45.66 公斤,总产量 6.13 万吨,与 60 年代基本持平;80 年代平均每年植棉 135.89 万亩,亩产皮棉 57.76 公斤,总产量 7.83 万吨,与 70 年代相比,植棉面积基本稳定,而亩产量和总产量又上新台阶,尤其是 1984 年,种植面积 157.2 万亩,平均亩产皮棉 85 公斤,总产量 13.29 万吨,亩产量、总产量均创历史最高水平。[①]

从新中国成立之初至 20 世纪 90 年代,浙江的棉花生产起起落落,波动较大。1990—1998 年,棉花收购价格提高,与粮、油、肥、农药挂钩,促进了棉田面积扩大和棉花产量提高。1999 年后,受国际国内棉花进出口格局变化及种植业结构调整的影响,浙江的棉花种植面积和产量逐年减少,至 2022 年,年产量降至 0.48 万吨。

3. 麻类作物

浙江栽培的麻类作物主要有 3 种,即黄红麻、苎麻和大麻。苎麻的种植历史最早,大麻次之,黄红麻较迟;种植面积黄红麻最大,且产量最高,苎麻次之,大麻很少。

(1)黄红麻

产区集中在钱塘江两岸的萧山、余杭、海宁、桐乡、吴兴、绍兴、奉化、上虞、平阳、瑞安、永嘉、瓯海等县(区)。麻区在不同地域、不同时期采用不同的耕作制度,有粮麻间套两熟制,稻麻轮

---

① 浙江省农业志编纂委员会编:《浙江省农业志》,中华书局,2004,第 728 页。

作制,稻麻、麻稻、麻麻连作制和粮、麻、菜间套作多熟制等。黄红麻销售对象和用途主要是麻纺工业,其次是农渔业生产、市场民用、造纸工业、二轻工业、外贸麻制品用麻,一般麻纺用麻占省内销售量的70%,外销出口比重不大。[①] 1985 年种植面积 57.2 万亩,总产量达 25 万吨,创历史最高纪录。20 世纪 80 年代后期,由于种麻的效益较低,黄红麻的种植面积逐年减少。

(2)苎麻

1949 年种植面积仅 0.3 万亩,平均亩产 83 公斤,总产量 250 吨。1954 年达到 4.2 万亩,平均亩产 56 公斤,总产量 2350 吨。1960 年后,由于渔业用麻为尼龙所替代,总产量在 1000 吨左右徘徊。80 年代中期以后,因苎麻脱胶技术的进步和纺织工业的发展,一度出现"苎麻热"。1987 年种植面积猛增到 5 万亩,平均亩产 68 公斤,总产量 8122 吨,种植面积比 1985 年扩大 12 倍多,亩产量提高 41.7%,总产量增加近 8 倍。但由于发展过猛,产品供大于求,麻价暴跌,普遍出现毁麻种粮。至 1993 年,全省苎麻种植面积减少到 2850 亩,总产量 270 吨,只占 1954 年的 11.3%。苎麻的重点产区集中在天台、临海、象山、嵊县、建德、丽水、诸暨、缙云、新昌等县(市、区),次产区为镇海、奉化、武义、遂昌、青田、东阳、松阳等县(市、区),其他各县种植分散,多为自给性生产。

(3)大麻

20 世纪 50 年代后,大麻产区以嘉兴、桐乡两县为主,产量占全省的 70%左右,品质也较好。吴兴、萧山、绍兴及杭州市郊的

---

① 浙江省农业志编纂委员会编:《浙江省农业志》,中华书局,2004,第 753—766 页。

笕桥也有生产,但品质较差、产量不多。大麻主要用于造纸工业原料,也有用于修补农船的。1954 年种植面积最多,计 2.6 万亩,总产量 1850 吨。大麻对种植条件要求较高,生长期长,收剥季节迟,影响后熟稻生产,且产量低,价格不高,致使种植面积逐年减少,至 1993 年,全省总产量仅 2 吨。[①]

五、畜禽、水产及蜜蜂

(一)畜禽

浙江畜牧业历史悠久,畜禽品种资源丰富。主要有金华猪、嘉兴猪、嵊县花猪、虹桥猪、兰溪花猪、龙游乌猪、江山乌猪、仙居花猪、碧湖猪、淳安花猪、北港猪、雅阳猪、岔路猪、潘郎猪、巾白猪、温白猪、温州水牛、温岭高峰牛、舟山黄牛、黑白花奶牛、湖羊、山羊、浙江长毛兔、萧山鸡、仙居鸡、白羽乌骨鸡、白银耳鸡、灵昆鸡、舟山火鸡、绍鸭、番鸭、媒头鸭、浙东白鹅、永康灰鹅等。

1978 年前,浙江的畜牧业发展缓慢。随着改革开放政策的实施,全省畜牧业生产逐步呈现出全新的面貌。各地坚决贯彻执行"以养猪为中心,全面发展畜牧业"的方针。重申畜禽生产实行"户养为主",取消限制社员饲养畜禽的种种禁令。从 1982 年开始,全省建立生猪生产稳定基金,用于扶持农民发展公猪、母猪生产和加快仔猪补栏,以促进生猪生产的稳定发展。从 1984 年开始,饲养业的规模经济兴起,逐步建立起若干商品畜禽基地。良种繁育与推广、饲料生产与加工、畜禽防疫灭病及配套服务网络等体系逐步完善和发展。20 世纪 80 年代中期至 90 年

---

① 浙江省农业志编纂委员会编:《浙江省农业志》,中华书局,2004,第 770 页。

代末,猪肉产量稳定在 75 万～80 万吨。随着农业机械化的发展,耕牛需求逐年减少,耕牛养殖相应减少,牛的存栏数量从 1978 年的 82.6 万头下降至 2000 年的 38.95 万头。

2001—2012 年,随着城市化、工业化快速发展,以散养为主体的传统畜牧业规模迅速下降,畜牧养殖标准化、设施化、生态化建设不断加强。规模化方面,生猪、奶牛、家禽规模化养殖分别达到80.0%、95.4%和 88.0%,其中生猪规模化程度高于全国平均水平 20 多个百分点。科技应用方面,种业发展喜人,年可提供优质种猪 15 万多头、种禽 1 亿多只、种兔 100 万只、种羊 1 万只,绍鸭、长毛兔生产性能继续保持全国领先;生猪出栏率达到 162%,比全国平均水平高 30 个百分点;维生素类饲料添加剂产品年产量超 10 万吨,产品生产技术和产量居全国领先水平。生态化方面,全面完成存栏生猪 100 头以上、奶牛 10 头以上的 14275 个规模养殖场户的治理,规模化畜禽养殖场排泄物资源化利用率从 2005 年的 73%提升至 95%。另外,建立了重大动物疫病防控责任体系。[①]

2013—2022 年,为加强畜禽养殖污染防治,落实《浙江省人民政府关于加快畜牧业转型升级的意见》(浙政发〔2013〕39 号),全省各地纷纷划定畜禽禁养区、限养区。调减嘉兴、衢州等养殖过载区域的生猪总量,依法限期拆除影响环境的"低小散乱"养殖场(棚),保留并生态化改造非禁养区规模养殖场;宁波、温州、台州、丽水等一些丘陵山地资源丰富、自给率较低的宜养区域,加快建设一批畜禽排泄物得到充分利用、规模适度的生态养殖场;杭州、湖州、绍兴、金华、舟山在稳定养殖规模基础上,完善资源化

---

① 张火法:《浙江加快现代畜牧业发展》,《中国畜牧业》2012 年第 6 期。

利用设施,全面提升产业层次。2020 年,全省生猪存栏 627.58 万头、家禽出栏 2.10 亿只、奶牛存栏 4.04 万头,肉、蛋、奶产量分别为 89.52 万吨、33.17 万吨、18.33 万吨。

（二）淡水渔业

浙江内陆江河、塘荡、山塘、水库各类水域齐全,定居性、溯河性、降河性以及河口性水生动物种类繁多,获天时地理之利,一年水、热、光的分配与鱼类的繁殖、生长基本同步。浙北平原泥沙在滨海和湖沼环境中堆积而成,地势平坦,湖泊众多,水网密布,是主要的淡水鱼产区。杭嘉湖地区也是我国淡水鱼生产的三大养鱼中心之一。[①]

1. 水面资源

据《浙江省第三次全国国土调查主要数据公报》,全省水域面积为 67.78 万公顷。其中,河流水面 30.35 万公顷,湖泊水面 0.82 万公顷,水库水面 13.41 万公顷,坑塘水面 21.36 万公顷,沟渠水面 1.84 万公顷。2022 年,全省淡水养殖面积 16.71 万公顷,其中,池塘 9.17 万公顷、湖泊 0.24 万公顷、水库 6.44 万公顷、河沟 0.62 万公顷、稻田 5.84 万公顷、其他 0.24 万公顷。

2. 鱼类资源

全省各类水域共采集到鱼类 235 种,隶属 14 目 419 科,其中鲤科鱼类 93 种,占 39.6%。235 种鱼类中,纯淡水鱼 163 种（包括引进的 11 种）,过河口性洄游鱼类 28 种,浅海河口性鱼类 44 种。纯淡水鱼类中,经济价值较高的近 50 种,其中鲢、鳙、青、

---

① 浙江省水产志编纂委员会编:《浙江省水产志》,中华书局,1999,第 33—103 页。

草、鲤、鲫、三角鲂、团头鲂、密鲴、圆吻鲴等为淡水主要养殖鱼类。浅海河口性鱼类中可供淡水养殖的有鲻鱼、梭鱼等。过河口性洄游鱼类中的鲥鱼、香鱼、刀鲚、河鳗、鲈鱼和淡水鱼类中的鳜、四鳃鲈、乌鳢等都是浙江名贵鱼类。其中河鳗、鳜、乌鳢已作为养殖对象。从外地引进养殖的鱼类有罗非鱼、白鲫、银鲫、异育银鲫、革胡子鲶、淡水白鲳等。其他淡水生物资源中,具有重要经济价值的有中华绒螯蟹、鳖、青虾、三角帆蚌、褶纹冠蚌等。其中三角帆蚌是育珠的主要蚌种;青虾肉质鲜美,生长快,繁殖力强,除作为兼养、兼捕对象外,现已发展专塘养殖;此外还有瓯江大虾(海南沼虾),居于瓯江中上游,个大味美,生长快,也可作为养殖对象。

3. 水域自然鱼产力

根据对浙江各类型水域饵料生物种类和生物量的调查结果,以及可作为鱼类饵料的有机碎屑、细菌等对水域鱼类自然生产力的分析,按理论统计值为70%的测算结果,除池塘、山塘外,平均亩产分别为:外荡 20.5～146.5 公斤,温台平原外荡最高,杭嘉湖平原外荡次之,宁绍平原外荡最低;水库 15～45 公斤,贫营养型水库最低,富营养型水库最高,大致可分为 4 种类型:类型一自然鱼产力 45 公斤,面积占 15%;类型二自然鱼产力 30 公斤,面积占 5%;类型三自然鱼产力 15 公斤,面积占 35%;类型四为大型水库,自然鱼产力约为 7.5 公斤,面积占 45%。

新中国成立后,淡水渔业获得了新生。其发展过程可分为 3 个阶段。[①]

---

① 浙江省水产志编纂委员会编:《浙江省水产志》,中华书局,1999,第 293—299 页。

(1)恢复发展阶段(1949—1957年)

新中国成立初期,进行了民主改革,渔农民分到了鱼塘(荡),调动了养鱼积极性。1951年4月,在德清县成立西苧漾示范养鱼场;同年10月,建立浙江省水产养殖公司,以推动淡水养鱼。1952年,组织嘉兴、金华、杭州等群众赴长江中下游一带采购鱼苗,组织互助组,发展养鱼生产。至1956年,随着农业合作化的发展,全省淡水渔业实现了合作化,为贯彻养鱼的增产技术措施创造了有利条件。各地结合农田积肥,进行清整鱼塘,推广适当混养密养,扩大饲料来源,进行合理投饲,并开展了鱼病防治工作等,养殖生产迅速发展。至1957年,全省淡水养鱼面积达到83.95万亩,淡水水产品产量6.07万吨,比1949年增产5.77万吨,年平均递增率为45.63%。

(2)徘徊阶段(1958—1978年)

1958年后,以"高指标、瞎指挥、浮夸风"为主要标志的"左"倾错误,殃及渔业生产。开始是大刮平调风,大办渔场,接着又下放和解散渔场,填塘种粮,围湖造田,1961—1963年,全省外荡养鱼面积减少48.87万亩,池塘养鱼面积减少3.67万亩。1962年,淡水养鱼产量仅3.86万吨。在1963年后的国民经济调整期间,渔业生产有了回升,新安江、青山、四明湖、长潭、横锦、东风、对河口、金兰荡和通济桥等大中型水库又相继建成投入生产,"四大家鱼"人工繁殖逐步普及,科学养鱼经验和技术革新成果进一步推广,使养鱼面积和产量有所回升。1966年,淡水鱼产量为4.71万吨。但是就在这一年,"文革"开始了,淡水渔业深受其害,当时把家庭养鱼致富作为资本主义批判,填塘、围荡种粮盛行,在经济政策上背离价值规律,实行低价收购,使养鱼生产长期处于亏本经营之中,严重压抑了农(渔)民的养鱼积极性。

据 1978 年统计,池塘养鱼面积 14.24 万亩,比 1957 年减少 20.39 万亩,淡水鱼产量 5.83 万吨,仍未恢复到 1957 年水平。

(3)持续稳定发展阶段(1979 年至今)

改革开放以来,渔农民生产积极性空前提高。淡水渔业以渔为主、捕养结合,多种经营,全面发展,建成了一大批商品鱼基地。鱼苗培育及池塘、外荡、山塘小水库养鱼高产养殖技术不断迭代升级,品种结构不断优化,淡水产品产量逐年波动递增。2022 年,全省淡水产品产量 146.31 万吨,其中淡水养殖产品产量 130.70 万吨,有力地保障了城乡居民的淡水产品供应。

(三)蜜蜂

新中国成立后,浙江养蜂业发展较快。1959 年全省养蜂 18.8 万群。桐庐县养蜂能手江小毛首创全国蜜、蜡、蜂 3 项高产纪录,获"浙江省劳动模范"称号。1971 年,他首创开巢门长途运蜂技术。1979 年 12 月,桐庐县洋洲人民公社蜂业生产取得显著成绩,被评为全国农业先进单位,得到国务院颁发的嘉奖令。同时,江小毛再次被评为浙江省劳动模范。是年,全省养蜂量上升到 53.9 万群。1987 年发展到 112.8 万群,年产蜂蜜 7.2 万吨,蜂王浆 600 吨,蜂花粉 1000 吨,蜂蜡 500 吨;在收购的 1159.9 吨蜂蜜中,出口的有 306 吨。1989 年,浙江蜂业生产出现第二个高峰,全省饲养蜜蜂 132 万群(养蜂在 1~3 万群的县、市有 17 个,3 万群以上的县、市有 11 个),从事养蜂生产的专业人员 5 万多人,生产蜂蜜 7.2 万吨,蜂王浆 100 多吨。1991 年全省蜂业经营服务单位 1130 多个,年经营蜂蜜 5000 多吨,蜂王浆 400 多吨,蜂花粉 700 多吨,蜂蜡 1000 多吨。全省蜂群数量占全国蜂群数的 1/6,蜂蜜产量占全国产量的 1/3,蜂王浆产量约占全国产量的 2/3。①

2002 年,浙江省饲养蜜蜂 107 万群,约占全国蜂群总量的 1/6,生产蜂蜜 6.97 万吨,蜂王浆 1645 吨,分别占全国蜂蜜产量的 1/3 和蜂王浆产量的 1/2 以上,出口蜂王浆 900 多吨,占全国年出口量的 70%,蜂蜜出口量也占全国的 10% 左右。无论是蜜蜂饲养量还是蜂产品产量均列全国首位。②

2010—2014 年,浙江养蜂业稳定发展,蜜蜂饲养量稳定在 110 万群。2015 年,浙江省出台了"蜜蜂产业提升发展三年行动计划"(简称"行动计划"),蜂业尤其是中蜂产业快速发展。2018 年,全省饲养蜜蜂 143.65 万群,养殖户 3.26 万户,其中中蜂饲养量 43.28 万群,比"行动计划"实施前分别增加 30%、93% 和 312%。蜂蜜年产量维持在 8～9 万吨。

全省蜂业区域布局集中,2010—2018 年意蜂主要分布在江山、兰溪、慈溪、桐庐等县市,2018 年 4 个养蜂重点县(市)意蜂饲养量 47.37 万群,占全省意蜂饲养量的 47.2%,占全省蜜蜂饲养量的 32.98%,生产蜂蜜 3.18 万吨,占全省蜂蜜生产量的 38.88%。2010—2014 年,全省中蜂在 10 万群以下,且分布分散。2015 年后,中蜂发展迅速,主产县(市)主要有永嘉县、开化县、遂昌县、龙泉市、淳安县,2018 年底这 5 个县(市)的中蜂饲养量达 14.54 万群,占全省中蜂存栏的 33.6%。③ 桐庐县被评为"中国蜂产品之乡",江山市、丽水市被评为"中国蜜蜂之乡",开

① 浙江省农业志编纂委员会编:《浙江省农业志》,中华书局,2004,第 1063—1064 页。
② 陈润龙、徐惠琴:《浙江蜂业产业化初具雏形》,《蜜蜂杂志》2003 年第 9 期。
③ 施金虎、杨金勇、李奎等:《浙江省蜂产业发展情况分析与建议》,《中国蜂业》2019 年第 12 期。

化县被评为"中华蜜蜂之乡"。

六、林木资源

(一)森林资源变化

新中国成立以后,开展了大规模植树造林和封山育林,尤其是1971年以后的林业基地建设,成绩突出。但20世纪70年代以前山林政策不稳,尤其是1958—1962年的"大跃进"和"三年困难时期",乱砍滥伐与毁林垦殖十分严重。20世纪80年代以后,随着护管措施的加强和绿化步伐的加快,全省森林覆盖率和林木蓄积量双增长。进入21世纪,随着生态文明建设的不断推进,"绿水青山就是金山银山"的理念日益深入人心,林地面积和森林覆盖率趋于稳定,活立木蓄积和毛竹株数稳步增加,森林资源质量逐年提高,浙江森林正由"数量持续增加"向"数量增加、质量提高与结构改善并进"的方向发展,森林生态系统服务功能持续提升。

至2019年底,全省森林覆盖率达61.15%,活立木蓄积量4.01亿立方米,其中森林蓄积3.61亿立方米,毛竹总株数32.36亿株,全省森林植被总碳储量28070.43万吨。

森林资源结构如下。森林林种结构——防护林面积259.97万公顷,蓄积18631.25万立方米;特用林面积20.08万公顷,蓄积1870.21万立方米;用材林面积235.41万公顷,蓄积15057.27万立方米;经济林面积92.42万公顷,蓄积528.28万立方米。乔木林龄组结构——幼龄林面积174.08万公顷;中龄林面积120.42万公顷;近熟林面积61.78万公顷;成、过熟林面积75.87万公顷。以幼龄林和中龄林为主。乔木林树种类型结构——针叶林面积 142.26 万公顷;阔叶林面积 215.97 万公顷;针阔叶混交林面积 73.92 万公顷。阔叶林面积大于针叶林面积,并呈逐年增长态势。

(二)森林资源区域分布

浙江森林资源分布的总体特征是西南部山区的森林资源多,北部平原和东南沿海地区的森林资源少。太湖以南杭州湾两岸的浙北平原区,地势低平,水网密布,耕地、园地、水域及水利设施用地、城镇村及工矿用地、交通运输用地占比高,森林资源较少;林地面积占全省的 5.5%~8.5%,森林覆盖率 31.8%~32.6%,活立木总蓄积占全省的 6.4%~9.0%。浙西北中低山区是浙江省竹木重点产区,山地广阔,人口密度较低;林地面积占全省的 21.1%~24.1%,森林覆盖率 68.7%~73.3%,活立木总蓄积占全省的 19.3%~25.5%。浙中丘陵盆地区是主要商品粮基地,经营内容较多,经济较发达;林地面积占全省的 17.5%~20.9%,森林覆盖率 58.9%~62.4%,活立木总蓄积占全省的 17.5%~22.4%。浙南中山区山地广阔,是浙江森林资源最多和商品材生产量最大的林区;林地面积占全省的 33.6%~40.7%,森林覆盖率 71.0%~76.7%,活立木总蓄积量占全省的 32.9%~40.0%。浙东南沿海区经济发达,依山面海,海岸线长而曲折,港湾和岛屿众多;林地面积占全省的 11.7%~15.4%,森林覆盖率 47.6%~53.4%,活立木总蓄积占全省的 12.4%~15.2%。

(三)资源开发利用

新中国成立,浙江林业进入了一个新的历史纪元。这一时期,国家对林业采取鼓励生产的政策,林业发展偏重开源、节流,更多更快地生产木材产品,以更多更好地为工业发展作贡献。林业生产主要体现在营林和采伐上,大量天然林被开采,森林破坏严重,浙江由出材省逐渐变为进材省。据不完全统计,1953—1960 年浙江平均每年上调中央 30 万立方米,1961—1964 年下降为 10 万立方米,其后又降为平均每年 5 万立方米,1968 年开始停止上调中央,1970 年后开始要求从中央调入。①

　　1978 年以中共十一届三中全会的胜利召开为标志,浙江林业拨乱反正,进入了全面发展的新阶段,浙江林业的产业化优势这时也开始体现。1986 年以前,浙江省经济林树种以"三籽"(油茶、油桐、乌桕)为主,约占经济林总面积的 50%。1986 年以后,茶叶、油茶、柑橘、杨梅、板栗、山核桃、香榧、蚕桑等名特优经济林面积迅速扩大。同时,不断拓宽林产工业的产业领域。从单纯的木材加工、造纸等发展到以纤维板、胶合板、刨花板为主的人造板工业,以松香、活性炭、松节油、栲胶、糠醛为主的林产化工工业,形成了木材加工和木材综合利用为主的林产工业结构体系。20 世纪 80 年代后,大力发展竹子加工业,应用现代科学技术和先进工艺设备,提高产品的附加值。竹质人造板、竹工艺品、竹笋等产业发展迅速,成为一些山区的经济支柱。此外,森林旅游业作为林业第三产业的突破口,迅速发展。

　　1992 年联合国环境与发展大会以来,世界各国对森林的认识空前提高,浙江省制定了《浙江省林业"十五"计划和 2010 年规划纲要》,提出了浙江省林业现代化的总体目标,浙江林业进

---

　　①　唐志、张新华、郑四渭等:《浙江林业发展历程分析》,《林业经济问题》2003年第 6 期。

入了林业现代化建设的新阶段。[①] 进入 21 世纪,在"绿水青山就是金山银山"理念的指导下,林业生态化建设、数字化管理成效斐然。

七、海洋资源

(一)盐业

新中国成立后,浙江盐业发展经历了不同的发展阶段,盐田面积和产量也随之变化。

新中国成立初期,浙江盐业曾因限产、废场、坍江等导致产区缩小。1950 年,盐产大于销,浙江省实行限板限产、废场转业政策,同时开展土地改革,无地少地的贫雇盐民分得盐业生产资料后,生产积极性大为提高。

20 世纪 50 年代末至 60 年代,实施盐田技术改造,改沿用的刮泥淋卤、晒灰淋卤为滩晒生产。至 20 世纪 70 年代初期,基本完成改滩工作,这是浙江盐业史上继清末民初改煎盐为晒盐后的又一次制盐技术上的重大突破。

20 世纪 60 年代起,民办公助新建、扩建集体盐场,至 70 年代,规模与产量达到顶峰。舟山发展最快,其次为台州和宁波。1966 年起,受"文革"影响,盐业管理瘫痪,但盐民生产积极性未受挫,再加上新建盐场的陆续投产,1966－1970 年,全省年均产盐量超 40 万吨,20 世纪 70 年代年均产量达到 50 万吨,尤其是1971 年和 1979 年,分别达到 69.15 万吨和 77.08 万吨。

---

① 唐志、张新华、郑四渭等:《浙江林业发展历程分析》,《林业经济问题》2003年第 6 期。

　　改革的春风为浙江盐业注入新的发展活力,浙江盐业步入了跨越式发展的新阶段。20世纪80年代初,盐区建立以滩组为单位的联产承包责任制。1983年,岱山进行盐业体制改革试点,组建联营的双峰联办盐场,盐田所有权属村、经营权归场,自主经营、自负盈亏。该经验在全省迅速推广。自1984年起,各种形式的专业盐场很快推广普及,包括乡乡、乡村联办盐场,乡办、村办盐场。集体盐场的建立,稳定、完善了联产承包责任制,加大了盐业投入,提升了盐业生产管理水平,推进了盐业技术进步。至1992年底,全省建成标准盐场25个,盐田生产面积2250公顷。1994年,浙江省原盐产量达77万吨,创历史新高;产盐区库存超过100万吨,原盐大量积压。

　　从1995年底起,实现全省食盐全部供应小包装加碘盐。经过调整完善,至2010年底,全省建立了以5个国家食盐定点企业为集中分装中心、76个食盐批发企业为配送中心、12万个以上零售店为销售网点的食盐配送网络,碘盐覆盖率97.32%,人群尿碘中位数182.10微克/升,8～10岁儿童甲状腺肿大率下降至4.00%,居民碘营养水平适宜,食盐加碘消除碘缺乏病工作取得显著成效。

　　随着浙江经济社会发展,由于浙江海盐生产成本高、效率低、劳动量大,全省盐业产业结构调整步伐加快。1995年,全省控产压田,盐田面积大幅缩减。2005年,全省原盐产能仅为10年前的一半左右。至2010年底,盐田面积2703公顷,产盐能力仅13万吨左右,当年原盐产量为10.59万吨。但各类盐产品需求量显著增加,2010年全省盐销量114.53万吨。浙江省从食盐主产区向食盐主销区转型。[①]

(二)海洋渔业

浙江省位于我国东南部。地处中纬度季风气候区,背山面海,四季分明。沿海水深 200 米以内大陆架渔场面积广阔,海岸线长而曲折,优良港湾众多,岛屿星罗棋布。沿岸、近海海域受多种水系交汇影响,营养充足,饵料生物丰富,是我国初级生产力最高的海域。水产资源品种多、数量大,海洋捕捞业和海水养殖业比较发达,尤其舟山渔场是海产经济鱼类最集中的产区,被誉为祖国的鱼仓。

1. 海洋捕捞

浙江海区是多种海洋生物资源的共栖区,也是经济渔业资源分布较多的海区,可供捕捞利用的海洋渔业资源包括鱼类、虾蟹类、头足类和大型水母的海蜇等。许多已被渔业生产利用,其中资源量较大、具有重要经济地位的品种约有 40～50 种。

新中国成立后,海洋捕捞业迅速发展,渔业资源得到充分利用,渔业资源的品种结构和资源水平发生很大的变化。

从渔船发展的角度看,主要分为 3 个发展阶段:第一阶段是20 世纪 50 年代至 60 年代中期,海洋捕捞以传统的木帆船为主,木帆船数量达到 2.5 万～2.8 万艘,折合功率为 10×10^4 千瓦左右,机动渔船从无到有且发展速度很快。第二阶段是 20 世纪 60年代中期至 80 年代中期,机动渔船全面发展,木帆船逐渐萎缩,至 80 年代中期木帆船折合功率已降至 1×10^4 千瓦。第三阶段是 80 年代中期以后,渔船向大型化、钢质化发展,浙江省的钢质

---

① 周洪福:《浙江盐业发展历程述略》,《中国盐业》2017 年第 22 期。

渔轮数 1986 年为 400 多艘,总功率 12.5×10^4 千瓦,至 2016 年已达到 27116 艘,总功率约 300 万千瓦。

随着捕捞渔船机械化、大型化、钢质化,捕捞海域逐渐向外海扩展。随着渔场外移,捕捞作业结构也随之发生变化,至 2010年底,拖网作业和拖虾作业两者的渔获量已占总渔量的 60％以上。相应地,外海渔场的捕捞产量也逐年增长,1989 年占总捕捞量的 33％,1994 年上升到 57％,2002 年达到 75.8％。

20 世纪 50—60 年代,捕捞强度不大,海域渔业自然资源丰富,大黄鱼、小黄鱼、带鱼和曼氏无针乌贼四大渔产,占海洋捕捞总渔获量的 50％～60％。随着捕捞强度逐年加大,70 年代中期开始资源出现衰退,尤其是大黄鱼、小黄鱼、乌贼等资源数量直线下降,至 80 年代前 5 年下降至 39％,后 5 年下降到 25％。大黄鱼、小黄鱼、乌贼等渔场消失,鱼汛消亡。带鱼资源虽然还能维持较高的产量,但捕捞群体低龄化、小型化严重,也出现了资源衰退的迹象。因四大渔产资源的衰退,自 80 年代以来,虾蟹类、鲐鲣鱼类、头足类、带鱼和马面鲀逐渐成为海洋捕捞的主体,占海洋捕捞总量的 60％～65％。

2.海水养殖

浙江海水养殖资源丰富。据 20 世纪 80 年代调查,全省可供养殖的潮间带滩涂约 85.3 万亩,实际可放养 55 万亩,已利用 41.2 万亩;可供养殖的浅海约 60.4 万亩,实际可放养 30 万亩,已利用 3.2 万亩;此外,还有可供挖塘养殖鱼、虾等的已围海涂数十万亩,已利用 16 万余亩。[①] 经近 40 年发展,至 2019 年,海水养殖面积达 123.03 万亩,其中滩涂养殖约 50 万亩;养殖方式

---

① 浙江省水产志编纂委员会编:《浙江省水产志》,中华书局,1999,第 245 页。

有池塘、筏式、吊笼、底播、普通网箱、深水网箱、工厂化养殖等；海水集约养殖规模达 6802807 立方米,其中海水深水网箱养殖规模 4569142 立方米,海水工厂化养殖规模 2233665 立方米。养殖品种 20 世纪 50 年代局限于蛏、蚶、蛎三大滩涂贝类,60—70 年代扩展到紫菜、对虾、紫贻贝、日本真牡蛎、海湾扇贝等,80—90 年代虾鱼贝藻养殖全面发展,21 世纪以来,养殖品种进一步丰富。

(三)港口岸线

浙江海岸线曲折迂回,多港湾、河口和岬角。因处于强潮区,故拥有较长的深水岸线。浙江近海岛屿林立,形成天然屏障,据调查,截至 2010 年底,浙江省海岸线总长度为 6714.66 千米,位居全国各省之首。其中,大陆岸线为 2217.96 千米,列全国第四;海岛岸线为 4496.70 千米,列全国首位;海岸线中的深水岸线近 500 千米,已开发近 30%,未利用深水岸线尚存 356 千米。①

新中国成立之初,浙江省沿海港口没有深水泊位,设施破旧,沿海港口只有 20 个小码头。宁波、温州、海门三港的货物吞吐量只有 30 万吨。20 世纪 70 年代以前港口建设未能处于优先地位,以致成为国民经济中十分薄弱的环节。1978 年改革开放以后,浙江省掀起建设新港和老码头技术改造的热潮,始有万吨级泊位。为适应经济发展和进出口贸易的需要,加强主枢纽港的大型化、专业化码头建设,并提高港口设施的现代化、自动化

---

① 《浙江通志》编纂委员会编:《浙江通志·自然环境志》,浙江人民出版社,2019,第 575 页。

程度,宁波、温州、舟山、海门、乍浦五大主要沿海港口初步形成功能互补的港口群。2000 年,浙江省基本形成以宁波舟山港域为中心,温州、海门、乍浦港为骨干,中小港口为基础的沿海港口群。2000 年后,全省主要沿海港口的总体规划相继实施,港口建设更规范,布局更合理。2007 年,浙江省提出"港航强省"战略,宁波舟山港一体化建设进程加快推进,形成以宁波舟山港为核心,浙北、温台港口为两翼的沿海港口群。2008 年 11 月,虾峙门人工深水航槽启用,30 万吨级超大型船舶可满载进出港。浙江沿海港口逐渐实现自小到大、由大到强,宁波舟山港迈入世界大港行列。

2020 年,全省沿海港口泊位 1149 个,其中宁波舟山港 699 个、台州港 197 个、温州港 202 个[①]、嘉兴港 51 个;万吨级以上泊位 264 个,其中宁波舟山港 196 个、台州港 11 个、温州港 20 个、嘉兴港 37 个。沿海港口货物吞吐量 14.14 亿吨,其中宁波舟山港货物吞吐量 11.7 亿吨,连续 12 年居全球第一;集装箱吞吐量 2872 万标箱,连续 3 年居全球第三。[②]

（四）海洋油气资源

浙江海域东海油气资源丰富,主要分布于陆架盆地东部的西湖和基隆凹陷。东海各构造单元油气总推测资源量为 9.27×10^9 吨。1974 年起,浙江省配合国家海上油气勘探部门对东海进行多轮油气资源评价工作,初步掌握东海油气资源规模及其区域分布,指出一批油气富集带,并发现一批油气和含油气构

---

①　国家统计局:《中国统计年鉴 2021》,中国统计出版社,2021,第 550 页。

②　浙江省统计局:《2020 年浙江省国民经济和社会发展统计公报》,《浙江日报》2021 年 2 月 28 日第 3 版。

造。总体上,东海海域石油资源占全国海域的比重较小。在天
然气方面,东海海域的远景资源量占全国海域总量的 52.86%,
地质资源量占 24.63%,可采资源量占 62.13%。[①]

(五)海洋清洁能源

海洋清洁能源主要指海洋可再生能源,即潮汐能和潮流能、
波浪能、海流能、海水温差能及盐差能。广义的还包括海洋风
能、海洋太阳能和海洋生物质能。海洋能具有蕴藏量大、可再
生、不需燃料、无污染、可以综合利用等一系列优点,是具有广阔
发展前景的新能源。浙江省海洋清洁能源比较丰富,海洋清洁
能源利用也已取得进展,主要包括在沿海地区建立核电站、潮汐
和潮流电站、沿海和海岛风电利用、太阳能与生物能源等。1985
年 3 月,中国自行设计的第一座 30 万千瓦级压水堆核电站在海
盐县的秦山开工建设,开创了中国核电建设和核工业发展的新
纪元。至 2010 年,全省已建成秦山核电一期、二期、三期及三门
核电站,核电站发电装机容量 367 万千瓦,年发电量 257 亿千瓦
时。陆续试建了温岭沙山、温岭江厦、象山南岛鹤浦、玉环毛延
岛海山等小型潮汐电站,以及舟山、岱山潮流能发电试验站。先
后成功研制 13 种不同规格的风力发电机,在省内各海岛进行试
验,并选取其中一些较为成熟的风力发电机进行扩大试点。试
点的风力发电机大致有 3 种形式:容量在 10 千瓦以下的小型风
力发电机,配备蓄电池作为海岛居民生活用电;容量在几十千瓦
的中型风力发电机与地方电网并网运行,作为补充电源;中型风

---

① 《浙江通志》编纂委员会:《浙江通志·海洋经济专志》,浙江科学技术出版
社,2021,第 47—48 页。

力发电机与容量相近的柴油机并列运行,即为风柴供电系统,以节约发电燃料。至 2010 年,全省风电发电装机容量达 25 万千瓦,发电量 4.70 亿千瓦时。①

（六）海水淡化和海水综合利用

浙江省海水淡化关键技术水平走在全国前列,至 2010 年末,全省共建立海水淡化工程项目 22 个,总产水能力达到 11.02 万吨/日,位居全国第二。海水综合利用途径包括:通过各种脱盐的方法和技术,从海水中提取大量淡水以供饮用;直接应用海水做工业冷却用水,生活杂用水;利用海水中含有的大量化学元素,获取食盐、溴、钾和镁等。②

（七）海洋生物医药与生物制品

人类利用海洋生物作为药物的历史悠久。在中国的医学著作《黄帝内经》《神农本草经》《本草纲目》中都有海洋药用生物的记载。20 世纪中叶,由于分离纯化技术、分析检测技术、电子计算机以及各种精密仪器的发展与应用,学者们已从海洋生物中获取大量的具有显著医药功能、结构清楚的有机化合物,海洋药物的研究从广度与深度上均进入一个崭新的阶段。改革开放以来,浙江在海洋生物医药与生物制品方面成果丰硕。2010 年,浙江省海洋生物医药业总产值达 12.42 亿元。

---

① 《浙江通志》编纂委员会编:《浙江通志·海洋经济专志》,浙江科学技术出版社,2021,第 274—283 页。
② 同上书,第 284 页。

主要参考文献

苍南县地方志编纂委员会编:《苍南县志》,浙江人民出版社 1997 年版。

曹峻:《马桥文化再认识》,《考古》2010 年第 11 期。

陈柏泉:《宋代铜镜简论》,《江西历史文物》1983 年第 3 期。

陈重明、陈迎晖:《烟草的历史》,《中国野生植物资源》2001 年第 5 期。

陈梦雷编,蒋廷锡校订:《古今图书集成》,中华书局、巴蜀书社 1986 年版。

陈桥驿、吕以春、乐祖谋:《论历史时期宁绍平原的湖泊演变》,《地理研究》1984 年第 8 期。

陈润龙、徐惠琴:《浙江蜂业产业化初具雏形》,《蜜蜂杂志》2003 年第 9 期。

陈剩勇:《浙江通史·明代卷》,浙江人民出版社 2005 年版。

陈学文:《明清社会经济史研究》,台北稻禾出版社 1991 年版。

陈旭东、田芳毓、陈思颖等:《1929－1930 年中国极端冷冬事件的重建》,《古地理学报》2021 年第 5 期。

陈仁玉撰:《菌谱》,民国十六年至民国十九年武进陶氏景宋咸淳百川学海本。

程世华:《良渚人饮食之蠡测》,《农业考古》2005 年第 1 期。

慈溪市地方志办公室编:《慈溪史脉》,浙江古籍出版社 2010 年版。

崔志金:《8000 年前,向海而生的井头山人》,《中国海事》2020 年第 12 期。

邓淮修、王瓒、蔡芳纂:弘治《温州府志》,明弘治十六年刻本。

邓岚婕:《杭州湾南翼宁绍平原全新世环境变化与人类活动的微体古生物学记录》,硕士学位论文,华东师范大学,2021 年。

邓绍基编注:《元诗三百首》,百花文艺出版社 1991 年版。

丁仲礼:《米兰科维奇冰期旋回理论:挑战与机遇》,《第四纪研究》2006 年第 5 期。

董郁奎:《先秦至隋唐时期浙江盐业经济探略》,《盐业史研究》2006 年第 4 期。

杜佑撰:《通典》,清乾隆十二年刻本。

范存鑫、胡福良:《浅谈唐代蜜蜂产业与蜜蜂文化的多方位发展》,《蜜蜂杂志》2020 年第 3 期。

范锴撰:《范声山杂著》之《吴兴记》,民国二十年影印本。

樊维城修,胡震亨等纂:天启《海盐县图经》,明天启四年刻本。

冯怀珍、王宗涛:《全新世浙江的海岸变迁与海面变化》,《杭州大学学报(自然科学版)》1986 年第 1 期。

葛全胜等:《中国历朝气候变化》,科学出版社 2010 年版。

葛全胜、郑景云、满志敏等:《过去 2000a 中国东部冬半年温度变化序列重建及初步分析》,《地学前缘》2002 年第 1 期。

桂栖鹏、楼毅生等:《浙江通史·元代卷》,浙江人民出版社

2005 年版。

顾起元撰:《说略》,民国三至五年上元蒋氏慎修书屋铅印金陵丛书本。

归有光撰,归辅世重辑:《三吴水利录》,清咸丰海昌蒋氏刻涉闻梓旧本。

郭界撰:《云山日记》,清宣统三年横山草堂刻本。

郭梦雨:《试论钱山漾文化的内涵、分期与年代》,《考古》2020 年第 9 期。

郭锐:《元代养蜂业初探》,《农业考古》2010 年第 1 期。

郭正忠:《中国盐业史·古代编》,人民出版社 1997 年版。

海宁市志编纂委员会编:《海宁市志》,汉语大词典出版社 1995 年版。

韩德芬、张森水:《建德发现的一枚人的犬齿化石及浙江第四纪哺乳动物新资料》,《古脊椎动物与古人类》1978 年第 4 期。

韩茂莉:《中国历史农业地理》,北京大学出版社 2012 年版。

韩彦直撰:《橘录》,文渊阁四库本。

杭州市园林文物管理局编:《西湖志》,上海古籍出版社 1995 年版。

何伯伟、徐丹彬、姜娟萍等:《浙江省中药材产业向高质量发展的措施及建议》,《浙江农业科学》2019 年第 12 期。

何凡能、葛全胜、戴君虎等:《近 300 年来中国森林的变迁》,《地理学报》2007 年第 1 期。

何国俊:《良渚文化玉器原料来源探讨》,《南方文物》2005 年第 4 期。

何兆泉:《元代浙江农业发展试探》,《湖州师范学院学报》2006 年第 3 期。

忽思慧撰:《饮膳正要》,民国二十三至民国二十四年上海商务印书馆四部丛刊续编景明刻本。

华林甫:《唐代水稻生产的地理布局及其变迁初探》,《中国农史》1992 年第 2 期。

侯慧粦:《湘湖的形成演变及其发展前景》,《地理研究》,1988 年第 4 期。

胡勇军:《茭芦、湖田与水患:清末民国东太湖的水域开发与生态环境变迁研究》,《社会史研究》2023 年第 2 期。

黄勇主编《唐诗宋词全集》,北京燕山出版社 2007 年版。

蒋乐平:《钱塘江史前文明史纲要》,《南方文物》2012 年第 2 期。

蒋兆成:《明清杭嘉湖社会经济史研究》,杭州大学出版社 1994 年版。

江一麟修,陈敬则纂:嘉靖《安吉州志》,明嘉靖刻本。

金晶、陆德彪:《浙江茶叶产业发展七十年回顾》,《茶叶》2019 年第 3 期。

金普森等:《浙江通史·民国卷》,浙江人民出版社 2005 年版。

孔得伟、龚莉:《民国时期浙江粮食作物的空间分布及米谷市场初探》,《农业考古》2020 年第 6 期。

雷志松:《浙江林业史》,江西人民出版社 2011 年版。

李飞云:《浙江十年天然湿地面积减少相当于 27 个西湖》,《浙江林业》2014 年第 Z1 期。

李根有、陈征海、刘安兴等:《浙江省湿地植被分类系统及主要植被类型与分布特点》,《浙江林学院学报》2002 年第 4 期。

李吉甫撰,孙星衍辑:《元和郡县图志》,清光绪六年金陵书局校刊。

李美娇、何凡能、杨帆等：《明代省域耕地数量重建及时空特征分析》，《地理研究》2020 年第 2 期。

李明霖、莫多闻、孙国平等：《浙江田螺山遗址古盐度及其环境背景同河姆渡文化演化的关系》，《地理学报》2009 年第 7 期。

李琴生：《1949—2019 年浙江蚕桑丝绸产业发展历程及时代特征》，《丝绸》2019 年第 4 期。

李士豪、屈若搴：《中国渔业史》，商务印书馆 1998 年版。

李卫、嵇曾筠等修，沈翼机、傅王露等纂：雍正《浙江通志》，清光绪二十五年浙江书局重刻本。

李正泉、张青、马浩等：《浙江省年平均气温百年序列的构建》，《气象与环境科学》2014 年第 4 期。

李志庭：《浙江地区开发探源》，江西教育出版社 1997 年版。

李志庭：《浙江通史·隋唐五代卷》，浙江人民出版社 2005 年版。

梁方仲编著：《中国历代户口、田地、田赋统计》，上海人民出版社 1980 年版。

梁河、冯宝英、胡艳华等：《浙江杭州萧山跨湖桥遗址发掘中的一些地学问题研究》，《中国地质》2011 年第 2 期。

梁敬明、王大伟：《民国时期浙江水利事业述论》，《民国档案》2012 年第 4 期。

梁希文集编辑组编：《梁希文集》，中国林业出版社 1983 年版。

《临安市土地志》编纂委员会编：《临安市土地志》，中国大地出版社 1999 年版。

良渚博物院：《实证中华五千多年文明史的圣地》，《求是》2022 年第 14 期。

廖甜、蔡廷禄、刘毅飞等：《近 100a 来浙江大陆海岸线时空

变化特征》，《海洋学研究》2016 年第 3 期

林华东：《浙江通史·史前卷》，浙江人民出版社 2005 年版。

林树建：《元代的浙盐》，《浙江学刊》1991 年第 3 期。

林钟扬、金翔龙、管敏琳等：《长江三角洲南翼第四纪沉积层序及其与古环境演变的耦合》，《科学技术与工程》2019 年第 13 期。

林钟扬、赵旭东、金翔龙等：《长江三角洲平原 BZK03 孔更新世以来古环境演变及多重地层划分对比》，《西北地质》2019 年第 4 期。

刘伯缙等修，陈善等纂：万历《杭州府志》，明万历七年刻本。

刘枫主编《历代茶诗选注》，中央文献出版社 2009 年版。

刘惠新：《众擎力举：民国时期的浙江灾害与社会应对》，《江淮论坛》2010 年第 6 期。

刘丽丽：《明清长江下游自然灾害与乡村社会冲突》，硕士学位论文，安徽师范大学，2012 年。

刘兰英等编：《中国古代文学词典（第 5 卷）》，广西教育出版社 1989 年版。

刘明华主编《中华经典古诗词诵读宝典》，四川辞书出版社 2020 年版。

刘艳：《清代浙江罂粟种植考述》，《当代教育理论与实践》2014 年第 5 期。

刘彦威：《中国近代人口与耕地状况》，《农业考古》1999 年第 3 期。

龙国存：《试论民国时期浙江的灾荒》，《文史博览（理论）》，2009 年第 4 期。

陆文晨、叶玮：《浙江瓶窑 BHQ 孔全新统孢粉组合特征与气

候变化》,《古地理学报》2014 年第 5 期。

陆中华:《浙江省食用菌产业生产现状与发展思考》,《中国食用菌》2023 年第 4 期。

陆友仁撰:《研北杂志》,明万历绣水沈氏尚白斋刻宝颜堂秘笈本。

罗启龙、晋文:《秦汉时期南方天然林木的分布及人类影响》,《中国农史》2017 年第 4 期。

吕青、董传万、许红根等:《浙江良渚古城墙铺底垫石的特征与石源分析》,《华夏考古》2015 年第 2 期。

满志敏、张修桂:《中国东部十三世纪温暖期自然带的推移》,《复旦学报(社会科学版)》1990 年第 5 期。

南浔镇志编纂委员会编:《南浔镇志》,上海科学技术文献出版社 1996 年。

宁波市地方志编纂委员会编:《宁波市志》,中华书局 1995 年版。

宁波市水利志编纂委员会编:《宁波市水利志》,中华书局 2006 年版。

瓯江志编纂委员会编:《瓯江志》,水利电力出版社 1995 年版。

潘吉星:《中国造纸史》,上海人民出版社 2009 年版。

潘艳、袁靖:《新石器时代至先秦时期长江下游的生业形态研究(上)》,《南方文物》2018 年第 4 期。

潘艳、郑云飞、陈淳:《跨湖桥遗址的人类生态位构建模式》,《东南文化》2013 年第 6 期。

潘玉璿修,周学濬等纂:光绪《乌程县志》,清光绪七年刻本。

彭定求等编:《全唐诗》,延边人民出版社 2004 年版。

钱克金:《明清太湖流域植棉业的时空分布——基于环境

"应对"之分析》,《中国经济史研究》2018 年第 3 期。

钱茂竹:《绍兴茶业发展史略》,《绍兴文理学院学报》1997 年第 4 期。

钱塘江志编纂委员会编:《钱塘江志》,方志出版社 1998 年版。

秦超超:《试论夏商时期中国东南地区原始瓷产地的发展与特点》,《南方文物》2021 年第 1 期。

青田县志编纂委员会编:《青田县志》,浙江人民出版社 1990 年版。

任洛修、谭桓同纂:正德《桐乡县志》,正德九年修,嘉靖间补修,清影抄本。

萨都剌著,刘试骏等选注:《萨都剌诗选》,宁夏人民出版社 1982 年版。

绍兴市地方志编纂委员会编:《绍兴市志》,浙江人民出版社 1996 年版。

沈冬梅、范立舟:《浙江通史·宋代卷》,浙江人民出版社 2005 年版。

施金虎、杨金勇、李奎等:《浙江省蜂产业发展情况分析与建议》,《中国蜂业》2019 年第 12 期。

司马迁撰:《史记》,清乾隆四年武英殿校刻本。

实业部国际贸易局编:《中国实业志·浙江省》,上海华丰印刷铸字所,1933 年。

史辰羲:《长江中下游全新世环境演变及其对人类活动的影响——以屈家岭遗址和良渚遗址为例》,博士学位论文,北京大学,2011 年。

史辰羲、莫多闻、李春海等:《浙江良渚遗址群环境演变与人类活动的关系》,《地学前缘》2011 年第 3 期。

宋濂等撰：《元史》，清乾隆四年武英殿校刻本。

舒锦宏：《论好川文化陶器造型》，《中国陶瓷》2010 年第 6 期。

苏颂：《宋代两浙滨海地区土地开发探析》，《宋史研究论丛》2019 年第 2 期。

孙淑娟、黄向永、董占波等：《温州茶叶的发展与传承》，《中国茶叶加工》2020 年第 2 期。

孙湘君、杜乃秋、陈明洪：《"河姆渡"先人生活时期的古植被、古气候》，《综合植物生物学杂志》1981 年第 2 期。

唐志、张新华、郑四渭等：《浙江林业发展历程分析》，《林业经济问题》2003 年第 6 期。

陶宗仪撰：《说郛略》，民国三年至民国五年上元蒋氏慎修书屋铅印金陵丛书本。

脱脱等撰：《宋史》，清乾隆四年武英殿校刻本。

王凤：《上山遗址区地层记录的环境演变与人类活动》，硕士学位论文，浙江师范大学，2020 年。

王海宝、赵少华：《浙江萤石矿床的特征及开发利用对策》，《有色金属文摘》2015 年第 4 期。

王慧：《杭州湾跨湖桥新石器文化遗址兴衰——全新世海平面波动的响应》，硕士学位论文，华东师范大学，2007 年。

王佳琳：《明清时期杭嘉湖地区的湖泊变迁》，硕士学位论文，浙江师范大学，2017 年。

王靖泰、汪品先：《中国东部晚更新世以来海面升降与气候变化的关系》，《地理学报》1980 年第 4 期。

王磊：《元代的畜牧业及马政之探析》，硕士学位论文，中国农业大学，2005 年。

王启兴主编《校编全唐诗》,湖北人民出版社 2001 年版。

王榕煊:《吴兴钱山漾遗址资源域分析》,《丝绸之路》2020 年第 1 期。

王赛时:《绍酒史论》,《中国烹饪研究》1992 年第 4 期。

王社教:《明代苏皖浙赣地区的棉麻生产与蚕桑业分布》,《中国历史地理论丛》1997 年第 2 期。

王文、谢志仁:《从史料记载看中国历史时期海面波动》,《地球科学进展》2001 年第 2 期。

王文、谢志仁:《中国历史时期海面变化(Ⅰ)——塘工兴废与海面波动》,《河海大学学报(自然科学版)》1999 年第 4 期。

王心喜:《跨湖桥新石器时代文化遗存的考古学观察》,《文博》2004 年第 1 期。

王亚敏:《明代浙江的茶文化》,《商业经济与管理》2000 年第 5 期。

王祯撰:《王祯农书》,乾隆武英殿木活字印武英殿聚珍版书本。

王铮、张丕远、周清波:《历史气候变化对中国社会发展的影响——兼论人地关系》,《地理学报》1996 年第 4 期。

魏天安:《宋代渔业概观》,《中州学刊》1988 年第 6 期。

吴立、朱诚、郑朝贵等:《全新世以来浙江地区史前文化对环境变化的响应》,《地理学报》2012 年第 7 期。

吴松弟:《宋元以后温州山麓平原的生存环境与地域观念》,《历史地理》2016 年第 1 期。

吴胜天、赵燕燕:《杭州茶文化历史及遗存》,《农业考古》2006 年第 2 期。

吴伟志、方龙:《浙江省湿地资源现状及保护管理对策》,《浙江林业科技》2013 年第 3 期。

夏旦丹:《浙江花卉业发展现状、问题和对策》,《浙江农业科学》2014 年第 1 期。

夏湘蓉等编著:《中国古代矿业开发史》,地质出版社 1980年版。

项义华:《区域水环境与浙江史前文化变迁》,《浙江学刊》2015 年第 4 期。

肖晶晶、李正泉、郭芬芬等:《浙江省 1901－2017 年降水序列构建及变化特征分析》,《气候变化研究进展》,2018 年第14 期。

肖阳:《环太湖流域新石器时期遗址的空间分布及影响因素》,硕士学位论文,浙江师范大学,2019 年。

萧山县志编纂委员会编:《萧山县志》,浙江人民出版社 1987年版。

萧统编,张葆全、胡大雷主编:《文选译注》,上海古籍出版社2020 年版。

谢志仁:《海面变化与环境变迁——海面—地面系统和海—气—冰系统初探》,贵州科技出版社 1995 年版。

许尚枢:《葛玄与天台山茶文化圈》,《中国茶叶》2017 年第3 期。

徐光启撰:《农政全书》,清道光二十三年王寿康曙海楼刻本。

徐明德:《论清代中国的东方明珠——浙江乍浦港》,《清史研究》1997 年第 3 期。

徐苗铨:《浙江石材大有可为》,《石材》2004 年 4 期。

徐渭撰:《徐文长文集》,上海古籍出版社 2006 年版。

徐新民:《浙江旧石器考古综述》,《东南文化》2008 年第 2 期。

徐怡婷、林舟、蒋乐平:《上山文化遗址分布与地理环境的关系》,《南方文物》2016 年第 3 期。

杨怀仁、谢志仁:《气候变化与海面升降的过程和趋向》,《地理学报》1984 年第 1 期。

杨淑培、吴正恺:《中国养蜂大事记》,《古今农业》1994 年第 4 期。

杨印民:《元代江浙行省的酒业和酒课》,《中国经济史研究》2007 年第 4 期。

杨昀则、田鹏、李加林等:《浙江省水域系统时空变化特征及驱动力分析》,《浙江大学学报(理学版)》2022 年第 4 期。

叶宏明、叶国珍、叶培华等:《浙江青瓷文化研究》,《陶瓷学报》2004 年第 2 期。

叶建华:《论清代浙江的人口问题》,《浙江学刊》1999 年第 2 期。

叶建华:《浙江通史·清代卷》,浙江人民出版社 2005 年版。

叶建华:《论清代浙江水资源的开发利用与海塘江坝的修建工程》,《浙江学刊》1998 年第 6 期。

叶梦得撰:《避暑录话》,文渊阁四库本。

叶榕:《清中后期至民国初年杭州西湖浚治的主体变迁及其环境影响(1724—1927 年)》,博士学位论文,浙江大学,2019 年。

叶永棋、杨轩:《浙江省水土流失时空演变研究》,《土壤》2007 年第 3 期。

义乌市农业局编:《义乌市农业志》,内部印行,2011 年。

尹玲玲:《明代杭嘉湖地区的渔业经济》,《中国农史》2002

年第 2 期。

尹玲玲、王卫:《明清时期夏盖湖的垦废变迁及其原因分析》,《中国农史》2016 年第 1 期。

余杭水利志编纂委员会编:《余杭水利志》,中华书局 2014 年版。

《余姚市水利志》编纂委员会编:《余姚市水利志》,水利电力出版社 1993 年版。

袁慰顺、朱生保、林鸿福:《浙江优势非金属矿产资源的开发利用研究》,载浙江省科学技术协会编《浙江省科协学术研究报告论文集》,内部印行,2004 年。

章绍尧、姚继衡:《浙江森林的变迁》,《浙江林业科技》1988 年第 5 期。

张火法:《浙江加快现代畜牧业发展》,《中国畜牧业》2012 年第 6 期。

张剑光、邹国慰:《唐五代时期江南农业生产商品化及其影响》,《学术月刊》2010 年第 2 期。

张立、吴健平、刘树人:《中国江南先秦时期人类活动与环境变化》,《地理学报》2000 年第 6 期。

张丕远、王铮、刘啸雷等:《中国近 2000 年来气候演变的阶段性》,《中国科学》(B 辑)1994 年第 9 期。

张强、朱诚、刘春玲:《长江三角洲 7000 年来的环境变迁》,《地理学报》2004 年第 4 期。

张全明:《南宋两浙地区的气候变迁及其总体评估》,《宋史研究论丛(第 10 辑)》2009 年。

张全明:《南宋森林覆盖率及其变迁原因研究》,《国际社会科学杂志(中文版)》2016 年第 3 期。

张廷玉等撰:《明史》,清乾隆四年武英殿刊本。

张显运:《试论宋代东南地区的畜牧业》,《农业考古》2010年第4期。

张显运:《宋代养蜂业探研》,《蜜蜂杂志》2007年第5期。

张小伟、吴伟志、王海龙等:《基于国产高分影像的浙江省湿地资源动态监测》,《自然保护地》2021年第4期。

赵彦卫撰:《云麓漫钞》,清文渊阁四库全书本。

赵盛龙等主编《浙江海洋鱼类志》,浙江科学技术出版社2016年版。

赵晔撰:《吴越春秋》,元刻明修本。

赵哲远、马奇、华元春等:《浙江省1996—2005年土地利用变化分析》,《中国土地科学》2009年第11期。

郑建明:《环太湖地区与宁绍平原史前文化演变轨迹的比较研究》,博士学位论文,复旦大学,2007年。

郑建明、俞友良:《浙江出土先秦原始瓷鉴赏》,《文物鉴定与鉴赏》2011年第7期。

《浙江煤炭工业志》编纂委员会编:《中国煤炭工业志·浙江煤炭工业志(1991—2014)》,煤炭工业出版社1999年版。

《浙江省蚕桑志》编纂委员会编:《浙江省蚕桑志》,浙江大学出版社2004年版。

浙江省地质矿产志编纂委员会编:《浙江省地质矿产志》,方志出版社2003年版。

浙江省林业局:《2020年浙江省森林资源及其生态功能价值公告》,2021年1月28日发布。

浙江省林业志编纂委员会编:《浙江省林业志》,中华书局2001年版。

浙江省农业志编纂委员会编:《浙江省农业志》,中华书局 2004 年版。

浙江省气象志编纂委员会编:《浙江省气象志》,中华书局 1996 年版。

浙江省轻纺工业志编辑委员会编:《浙江省轻工业志》,中华书局 2000 年版。

浙江省水产志编纂委员会编:《浙江省水产志》,中华书局 1999 年版。

浙江省水利志编纂委员会编:《浙江省水利志》,中华书局 1998 年版。

浙江省人口志编纂委员会编:《浙江省人口志》,中华书局 2007 年版。

浙江省统计局:《2020 年浙江省国民经济和社会发展统计公报》,2021 年 2 月 28 日发布。

浙江省土地志编纂委员会编:《浙江省土地志》,方志出版社 2001 年版。

浙江省烟草志编纂委员会编:《浙江省烟草志》,浙江人民出版社 1995 年版。

浙江水文志编纂委员会编:《浙江省水文志》,中华书局 2000 年版。

《浙江通志》编纂委员会编:《浙江通志·地质勘查志》,浙江人民出版社 2019 年版。

《浙江通志》编纂委员会编:《浙江通志·海塘专志》,浙江人民出版社 2021 年版。

《浙江通志》编纂委员会编:《浙江通志·海洋经济专志》,浙江科学技术出版社 2021 年版。

《浙江通志》编纂委员会编:《浙江通志·交通运输业志》,浙江人民出版社 2021 年版。

《浙江通志》编纂委员会编:《浙江通志·农业志》,浙江人民出版社 2021 年版。

《浙江通志》编纂委员会编:《浙江通志·水利志》,浙江人民出版社 2020 年版。

《浙江通志》编纂委员会编:《浙江通志·盐业志》,浙江人民出版社 2017 年版。

《浙江通志》编纂委员会编:《浙江通志·医药制造业志》,浙江人民出版社 2010 年版。

《浙江通志》编纂委员会编:《浙江通志·渔业志》,浙江人民出版社 2020 年版。

《浙江通志》编纂委员会编:《浙江通志·政区志》,浙江人民出版社 2019 年版。

《浙江通志》编纂委员会编:《浙江通志·自然环境志》,浙江人民出版社 2019 年版。

郑涵中、史建忠:《杭州西湖风景区历史变迁初探》,《林业调查规划》2015 年第 6 期。

政协瑞安文史资料委员会编,郑缉之撰,孙诒让校集,宋维远点注:《永嘉郡记校集本》,内部印行,1993 年。

自然资源部:《2022 中国海平面公报》,内部资料,2023 年。

中国科学院《中国自然地理》编辑委员会编著:《中国自然地理·地表水》,科学出版社 1981 年版。

周芬、魏靖、王贝等:《浙江省区域水资源承载力分析及强载措施研究》,《水文水资源》2020 年第 8 期。

周洪福:《浙江盐业发展历程述略》,《中国盐业》2017 年第

22 期。

周匡明：《钱山漾残绢片出土的启示》，《文物》1980 年第 1 期。

周乐尧、黄立勇、黄建军等：《浙江地质构造环境与内生金属矿床成矿初探》，《科技通报》2013 年第 1 期。

周振甫主编《唐诗宋词元曲全集·全唐诗》，黄山书社 1999 年版。

邹逸麟：《两宋时代的钱塘江》，《浙江学刊》2011 年第 5 期。

朱德明：《古代浙江药业初探》，《中医文献杂志》1997 年第 1 期。

朱德明：《秦汉时期浙江医药概述》，《浙江中医药大学学报》2010 年第 6 期。

朱德明：《南宋浙江药学发展概论》，《中华医史杂志》2005 年第 2 期。

朱德明：《近代浙江中药材调查》，《浙江中医药大学学报》2010 年第 5 期。

竺可桢：《中国历史上气候之变迁》，《东方杂志》1925 年第 22 卷第 3 期。

竺可桢：《中国近五千年来气候变迁的初步研究》，《考古学报》1972 年第 1 期。

朱国祯撰：《涌幢小品》，明天启二年刻本。

朱丽东、金莉丹、谷喜吉等：《隋唐宋时期浙江采石格局及其环境驱动》，《浙江师范大学学报（自然科学版）》2014 年第 1 期。

朱震亨撰：《丹溪心法》，明弘治六年刻本。

祝穆、富大用辑：《事文类聚》，明万历三十二年金陵书林唐富春德寿堂刻本。

图书在版编目（CIP）数据

浙江自然简史 / 颜越虎，李迎春，李睿著 . -- 杭州：
浙江大学出版社，2025.6. -- ISBN 978-7-308-25271-3

Ⅰ. N095

中国国家版本馆 CIP 数据核字第 2024TM0970 号

浙江自然简史

颜越虎　李迎春　李　睿　著

责任编辑	赵　静
责任校对	胡　畔
封面设计	周　灵
出版发行	浙江大学出版社
	（杭州市天目山路 148 号　邮政编码 310007）
	（网址：http://www.zjupress.com）
排　　版	大千时代（杭州）文化传媒有限公司
印　　刷	杭州宏雅印刷有限公司
开　　本	880mm×1230mm　1/32
印　　张	11.625
字　　数	281 千
版 印 次	2025 年 6 月第 1 版　2025 年 6 月第 1 次印刷
书　　号	ISBN 978-7-308-25271-3
定　　价	88.00 元